工业和信息化“十三五”人才培养规划教材

Spring Boot企业级开发教程

黑马程序员 / 编著

人 民 邮 电 出 版 社
北 京

图书在版编目（CIP）数据

Spring Boot企业级开发教程 / 黑马程序员编著. --
北京 : 人民邮电出版社, 2019.9（2022.12重印）
工业和信息化“十三五”人才培养规划教材
ISBN 978-7-115-51279-6

Ⅰ. ①S… Ⅱ. ①黑… Ⅲ. ①JAVA语言－程序设计－高等学校－教材 Ⅳ. ①TP312.8

中国版本图书馆CIP数据核字(2019)第153044号

内容提要

本书讲解当前 Java EE 企业级开发的热门框架 Spring Boot，并结合实际开发场景，介绍如何使用 Spring Boot 整合第三方框架进行 Web 开发。全书共 10 章，其中，第 1～2 章介绍 Spring Boot 的相关概念、Spring Boot 核心配置与注解；第 3～9 章介绍 Spring Boot 开发 Web 应用的常见技术，包括数据访问、视图技术、实现 Web 的常用功能、缓存管理、安全管理、消息服务、任务管理。第 10 章结合前面所学的知识，开发一个综合项目——个人博客系统，希望读者通过项目实战，深刻体会使用 Spring Boot 框架开发 Web 应用的便捷之处。

本书附有配套视频、源代码、习题、教学 PPT、教学设计等资源；另外，为了帮助初学者更好地学习本书讲解的内容，我们还提供了在线答疑服务，希望可以帮助更多的读者。

本书既可作为高等院校本、专科计算机相关专业的教材，也可作为社会培训教材，是一本适合读者自学和参考的读物。

◆ 编　　著　黑马程序员
　责任编辑　范博涛
　责任印制　马振武

◆ 人民邮电出版社出版发行　　北京市丰台区成寿寺路 11 号
　邮编　100164　　电子邮件　315@ptpress.com.cn
　网址　http://www.ptpress.com.cn
　天津翔远印刷有限公司印刷

◆ 开本：787×1092　1/16
　印张：17.5　　　　2019 年 9 月第 1 版
　字数：437 千字　　2022 年12月天津第13次印刷

定价：56.00 元

读者服务热线：(010)81055256　印装质量热线：(010)81055316
反盗版热线：(010)81055315
广告经营许可证：京东市监广登字 20170147 号

序言 FOREWORD

本书的创作公司—江苏传智播客教育科技股份有限公司（简称“传智教育”）作为第一个实现 A 股 IPO 上市的教育企业，是一家培养高精尖数字化专业人才的公司，公司主要培养人工智能、大数据、智能制造、软件开发、互联网、区块链、数据分析、网络营销、新媒体等领域的人才。公司成立以来贯彻国家科技发展战略，始终保持以前沿先进技术为讲授内容，已向我国高科技企业输送数十万名技术人员，为企业数字化转型、升级提供了强有力的人才支撑。

公司的教师团队由一批拥有 10 年以上开发经验，且来自互联网企业或研究机构的 IT 精英组成，他们负责研究、开发教学模式和课程内容。公司具有完善的课程研发体系，一直走在整个行业的前列，在行业内树立起了口碑。公司在教育领域有 2 个子品牌：黑马程序员和院校邦。

一、黑马程序员——高端 IT 教育品牌

“黑马程序员”的学员多为大学毕业后想从事 IT 行业，但各方面条件还不成熟的年轻人。“黑马程序员”的学员筛选制度非常严格，包括了严格的技术测试、自学能力测试，还包括性格测试、压力测试、品德测试等。百里挑一的筛选制度确保了学员质量，从而降低了企业的用人风险。

自“黑马程序员”成立以来，教学研发团队一直致力于打造精品课程资源，不断在产、学、研 3 个层面创新自己的执教理念与教学方针，并集中“黑马程序员”的优势力量，有针对性地出版了计算机系列教材百余种，制作教学视频数百套，发表各类技术文章数千篇。

二、院校邦——院校服务品牌

院校邦以“协万千名校育人、助天下英才圆梦”为核心理念，立足于中国职业教育改革，为高校提供健全的校企合作解决方案，其中包括原创教材、高校教辅平台、师资培训、院校公开课、实习实训、协同育人、专业共建、传智杯大赛等，形成了系统的高校合作模式。院校邦旨在帮助高校深化教学改革，实现高校人才培养与企业发展的合作共赢。

（一）为大学生提供的配套服务

1. 请同学们登录“高校学习平台”，免费获取海量学习资源。该平台可以帮助同学们解决各类学习问题。

高校学习平台

2. 针对学习过程中存在的压力等问题，院校邦面向学生量身打造了 IT 学习小助手—邦小苑，可提供教材配套学习资源。同学们快来关注“邦小苑”微信公众号。

“邦小苑”微信公众号

（二）为教师提供的配套服务

1. 院校邦为所有教材精心设计了“教案+授课资源+考试系统+题库+教学辅助案例”的系列教学资源。教师可登录“高校教辅平台”免费使用。

高校教辅平台

2. 针对教学过程中存在的授课压力等问题，教师可扫描下方二维码，添加“码大牛”老师微信，或添加码大牛老师QQ：2770814393，获取最新的教学辅助资源。

码大牛老师微信号

三、意见与反馈

为了让教师和同学们有更好的教材使用体验，您如有任何关于教材的意见或建议请扫码下方二维码进行反馈，感谢对我们工作的支持。

调查问卷

FOREWORD 前言

当今时代，互联网技术盛行，以 Spring 框架为主导的 Java 互联网技术成为主流技术，而从 Spring 技术衍生出来的 Spring Boot，秉持“约定优于配置”的思想，极大地简化了 Spring 框架的开发。随着近些年来微服务技术的流行，Spring Boot 也成了时下的热点技术。2017 年 9 月，Spring 框架出现了重大版本升级，从 4.x 版本升级为 5.x 版本，随着这次升级，Spring Boot 的版本也在 2018 年 3 月从 1.x 升级到了 2.x。

为什么要学习本书

本书重点讲解 Spring Boot 2.x 技术，全面讲解如何运用 Spring Boot 提高开发效率，使应用程序的开发和管理更加高效。

本书在编排方式上，由浅入深，由易到难，循序渐进地讲解了全注解下的 Spring Boot 开发场景；在讲解方式上，本书采用理论和案例相结合的方式，使用通俗易懂的语言描述相关概念和原理，并且使用大量示例讲解 Spring Boot 在各类情景中的应用，让读者能够掌握使用 Spring Boot 框架开发 Web 应用的方法。

如何使用本书

本书共分为 10 章，接下来分别对每章进行简单的介绍，具体如下。

- 第 1 章主要讲解 Spring Boot 的相关概念，并通过一个入门程序，分析 Spring Boot 的相关原理。通过本章的学习，读者能了解 Spring Boot 框架，并通过搭建 Spring Boot 入门程序，掌握 Spring Boot 的单元测试和热部署，同时熟悉 Spring Boot 的依赖管理、自动配置和执行流程。
- 第 2 章主要讲解 Spring Boot 的核心配置与注解，包括全局配置文件、自定义配置以及 Profile 多环境配置。通过本章的学习，读者能够了解 Spring Boot 的内部配置，同时掌握自定义配置，从而更好地实现 Spring Boot 性能调试。
- 第 3 章主要讲解 Spring Boot 数据访问，包括与关系型数据库技术 MyBatis、Spring Data JPA 的整合使用，以及与非关系型数据库技术 Redis 的整合使用。通过本章的学习，读者能够掌握 Spring Boot 与各种类型数据库技术的整合实现，同时理解 Spring Boot 与第三方数据库技术整合的原理和过程。
- 第 4 章主要讲解 Spring Boot 视图技术。通过本章的学习，读者能够掌握 Spring Boot 与模板引擎技术 Thymeleaf 的整合实现，以及前端页面动态数据的显示。
- 第 5 章主要讲解 Spring Boot 实现 Web 的常用功能。通过本章的学习，读者能够在 Spring Boot 应用中定制和扩展 Spring MVC 功能，学会在 Spring Boot 中整合 Servlet 三大组件、实现文件上传与下载，同时掌握 Spring Boot 应用以 Jar 和 War 方式打包和部署的方法。
- 第 6 章主要讲解 Spring Boot 缓存管理。通过本章的学习，读者能够对 Spring Boot 默认缓存有一定的认识，同时能够掌握 Spring Boot 整合 Redis 实现缓存管理和定制的方法。
- 第 7 章主要讲解 Spring Boot 安全管理。通过本章的学习，读者能够对 Spring Boot 的安全管理有一定的认识，同时能够掌握使用 Spring Boot 整合 Spring Security 框架实现 MVC Security 安全管理的方法。

- 第 8 章主要讲解 Spring Boot 消息服务。通过本章的学习，读者能够了解当前开发中一些主流的消息服务中间件，熟悉 RabbitMQ 消息服务中间件的原理，同时能够掌握使用 Spring Boot 整合 RabbitMQ 实现消息服务的方法。
- 第 9 章主要讲解 Spring Boot 任务管理。通过本章的学习，读者能够在实际开发中，使用 Spring Boot 实现异步任务、定时任务以及邮件发送任务的方法。
- 第 10 章主要开发一个综合实战项目——个人博客系统，通过本章的学习，读者可以对 Spring Boot 项目有更深入的理解和认识，同时能够掌握实际开发中各种情况下的技术选择，以及与 Spring Boot 的整合实现。

在学习过程中，读者一定要亲自实践书中的案例代码。另外，如果读者在理解知识点的过程中遇到困难，建议不要纠结于某个地方，可以先往后学习。通常来讲，看到后面对知识点的讲解或者其他小节的内容后，前面看不懂的知识点一般就能理解了。如果读者在动手练习的过程中遇到问题，建议多思考，理清思路，认真分析问题发生的原因，并在问题解决后多总结。

致谢

本书的编写和整理工作由传智播客教育科技股份有限公司完成，主要参与人员有吕春林、高美云、石荣新、何晓霞，全体人员在这近一年的编写过程中付出了很多辛勤的汗水，在此一并表示衷心的感谢。

意见反馈

尽管我们尽了最大的努力，但书中难免会有不妥之处，欢迎各界专家和读者朋友们来信来函给予宝贵意见，我们将不胜感激。您在阅读本书时，如发现任何问题或有不认同之处，可以通过电子邮件或 QQ 与我们取得联系。

请发送电子邮件至 itcast_book@vip.sina.com。

黑马程序员

2019 年 5 月于北京

目 录 CONTENTS

Chapter 1

第1章 Spring Boot开发入门

Spring Boot

学习目标

- 了解 Spring Boot 的优点
- 掌握 Spring Boot 项目的构建
- 掌握 Spring Boot 的单元测试和热部署
- 熟悉 Spring Boot 的自动化配置原理
- 熟悉 Spring Boot 的执行流程

随着互联网的兴起，Spring 势如破竹地占据了 Java 领域轻量级开发的王者之位。随着 Java 语言的发展以及市场开发的需求，Spring 推陈出新，推出了全新的 Spring Boot 框架。Spring Boot 是 Spring 家族的一个子项目，其设计初衷是为了简化 Spring 配置，从而让用户可以轻松构建独立运行的程序，并极大提高开发效率。接下来，本章将从 Spring Boot 开发入门知识入手，带领大家正式进入 Spring Boot 框架的学习，并对 Spring Boot 的相关原理进行深入分析。

1.1 Spring Boot 概述

1.1.1 Spring Boot 简介

在 Spring Boot 框架出现之前，Java EE 开发最常用的框架是 Spring，该框架开始于 2003 年，它是由罗德·约翰逊（Rod Johnson）创建的一个轻量级开源框架。Spring 框架是为了解决企业应用开发的复杂性而创建的，它的出现使得开发者无须开发重量级的 Enterprise JavaBean（EJB），而是通过控制反转（IOC）和面向切面编程（AOP）的思想进行更轻松的企业应用开发，取代了 EJB 臃肿、低效的开发模式。

虽然 Spring 框架是轻量级的，但它的配置却是重量级的。Spring 的早期版本专注于 XML 配置，开发一个程序需要配置各种 XML 配置文件。为了简化开发，在 Spring 2.x 版本开始引入少量的注解，如@Component、@Service 等。由于支持的注解不是很多且功能尚不完善，所以只能辅助使用。

随着实际生产中敏捷开发的需要，以及 Spring 注解的大量出现和功能改进，到了 Spring 4.x 版本基本可以脱离 XML 配置文件进行项目开发，多数开发者也逐渐感受到了基于注解开发的便利，因此，在 Spring 中使用注解开发逐渐占据了主流地位。与此同时，Pivotal 团队在原有 Spring 框架的基础上通过注解的方式进一步简化了 Spring 框架的使用，并基于 Spring 框架开发了全新的 Spring Boot 框架，于 2014 年 4 月正式推出了 Spring Boot 1.0 版本，同时在 2018 年 3 月又推出了 Spring Boot 2.0 版本。Spring Boot 2.x 版本在 Spring Boot 1.x 版本的基础上进行了诸多功能的改进和扩展，同时进行了大量的代码重构，所以读者在学习开发过程中，选择合适的版本也是非常重要的。我们推荐使用优化后的 Spring Boot 2.x 版本。

Spring Boot 框架本身并不提供 Spring 框架的核心特性以及扩展功能，只是用于快速、敏捷地开发新一代基于 Spring 框架的应用，并且在开发过程中大量使用“约定优先配置”（convention over configuration）的思想来摆脱 Spring 框架中各种复杂的手动配置，同时衍生出了 Java Config（取代传统 XML 配置文件的 Java 配置类）这种优秀的配置方式。也就是说，Spring Boot 并不是替代 Spring 框架的解决方案，而是和 Spring 框架紧密结合用于提升 Spring 开发者体验的工具，同时 Spring Boot 还集成了大量常用的第三方库配置（例如 Jackson、JDBC、Redis、Mail 等）。使用 Spring Boot 开发程序时，几乎是开箱即用（out-of-the-box），大部分 Spring Boot 应用只需少量配置就能完成相应的功能，这一特性进一步促使开发者专注于业务逻辑的实现。

另外，随着近几年微服务开发需求的迅速增加，怎样快速、简便地构建一个准生产环境的 Spring 应用也是摆在开发者面前的一个难题，而 Spring Boot 框架的出现恰好完美地解决了这些问题，同时其内部还简化了许多常用的第三方库配置，使得微服务开发更加便利，这也间接体现了 Spring Boot 框架的优势和学习 Spring Boot 的必要性。

1.1.2 Spring Boot 的优点

相较于传统的 Spring 框架，Spring Boot 框架具有以下优点。

1. 可快速构建独立的 Spring 应用

Spring Boot 是一个依靠大量注解实现自动化配置的全新框架。在构建 Spring 应用时，我们只需要添加相应的场景依赖，Spring Boot 就会根据添加的场景依赖自动进行配置，在无须额外手动添加配置的情况下快速构建出一个独立的 Spring 应用。

2. 直接嵌入 Tomcat、Jetty 和 Undertow 服务器（无须部署 WAR 文件）

传统的 Spring 应用部署时，通常会将应用打成 WAR 包形式并部署到 Tomcat、Jetty 或 Undertow 服务器中。Spring Boot 框架内嵌了 Tomcat、Jetty 和 Undertow 服务器，而且可以自动将项目打包，并在项目运行时部署到服务器中。

3. 通过依赖启动器简化构建配置

在 Spring Boot 项目构建过程中，无须准备各种独立的 JAR 文件，只需在构建项目时根据开发场景需求选择对应的依赖启动器“starter”，在引入的依赖启动器“starter”内部已经包含了对应开发场景所需的依赖，并会自动下载和拉取相关 JAR 包。例如，在 Web 开发时，只需在构建项目时选择对应的 Web 场景依赖启动器 spring-boot-starter-web，Spring Boot 项目便会自动导入 spring-webmvc、spring-web、spring-boot-starter-tomcat 等子依赖，并自动下载和获取 Web 开发需要的相关 JAR 包。

4. 自动化配置 Spring 和第三方库

Spring Boot 充分考虑到与传统 Spring 框架以及其他第三方库融合的场景，在提供了各种场景依赖启动器的基础上，内部还默认提供了各种自动化配置类（例如 RedisAuto Configuration）。使用 Spring Boot 开发项目时，一旦引入了某个场景的依赖启动器，Spring Boot 内部提供的默认自动化配置类就会生效，开发者无须手动在配置文件中进行相关配置（除非开发者需要更改默认配置），从而极大减少了开发人员的工作量，提高了程序的开发效率。

5. 提供生产就绪功能

Spring Boot 提供了一些用于生产环境运行时的特性，例如指标、监控检查和外部化配置。其中，指标和监控检查可以帮助运维人员在运维期间监控项目运行情况；外部化配置可以使运维人员快速、方便地进行外部化配置和部署工作。

6. 极少的代码生成和 XML 配置

Spring Boot 框架内部已经实现了与 Spring 以及其他常用第三方库的整合连接，并提供了默认最优化的整合配置，使用时基本上不需要额外生成配置代码和 XML 配置文件。在需要自定义配置的情况下，Spring Boot 更加提倡使用 Java config（Java 配置类）替换传统的 XML 配置方式，这样更加方便查看和管理。

虽然说 Spring Boot 有诸多的优点，但 Spring Boot 也有一些缺点。例如，Spring Boot 入门较为简单，但是深入理解和学习却有一定的难度，这是因为 Spring Boot 是在 Spring 框架的基础上推出的，所以读者想要弄明白 Spring Boot 的底层运行机制，有必要对 Spring 框架有一定的了解。

1.2 Spring Boot 入门程序

通过上一节的学习，相信读者已经对 Spring Boot 有了初步认识，为了帮助读者快速地了解 Spring Boot 的基本用法，下面我们快速开发一个基于 Spring Boot 框架的入门程序。

1.2.1 环境准备

为了方便入门程序的编写，以及为后续章节提供对 Spring Boot 项目演示的支持，在开发入门程序之前，有必要对项目运行所需环境进行介绍，并提前准备完成。

1. JDK 环境

截止本书截稿时，Spring Boot 最新稳定版本为 2.1.3，因此本书讲解的 Spring Boot 版本是 2.1.3。根据 Spring Boot 官方文档说明，Spring Boot 2.1.3 版本要求 JDK 版本必须是 JDK 8 以上，本书使用的是 JDK 1.8.0_201 版本。

2. 项目构建工具

在进行 Spring Boot 项目构建和案例演示时，为了方便管理，我们选择官方支持并且开发最常用的项目构建工具进行项目管理。Spring Boot 2.1.3 版本官方文档声明支持的第三方项目构建工具包括 Maven（3.3+）和 Gradle（4.4+），本书将采用 Apache Maven 3.6.0 版本进行项目构建管理。

3. 开发工具

在 Spring Boot 项目开发之前，有必要选择一款优秀的开发工具。目前 Java 项目支持的常用开发工具包括 Spring Tool Suite（STS）、Eclipse 和 IntelliJ IDEA 等。其中 IntelliJ IDEA 是近几年比较流行的，且业界评价最高的一款 Java 开发工具，尤其在智能代码助手、重构、各类版本工具（Git、SVN 等）支持等方面的功能非常不错，因此本书选择使用 IntelliJ IDEA Ultimate 开发 Spring Boot 应用。

小提示

IDEA 工具有两个版本，分别是 Ultimate 旗舰版和 Community 社区版，它们的主要区别如下。

（1）Ultimate 版：收费，功能丰富，主要支持 Web 开发和企业级开发。

（2）Community 版：免费，功能有限，主要支持 JVM 和 Android 开发。

1.2.2 使用 Maven 方式构建 Spring Boot 项目

准备好项目运行所需的环境后，就可以使用 IDEA 开发工具搭建一个 Spring Boot 入门程序了。我们既可以使用 Maven 方式构建项目，也可以使用 Spring Initializr 快捷方式构建项目。这里先介绍如何使用 Maven 方式构建 Spring Boot 项目，具体步骤如下。

1. 初始化 IDEA 配置

如果是初次下载安装 IDEA 工具或者未打开任何项目，会先进入 IDEA 欢迎页，具体如图 1-1 所示。

为了避免后续每个项目都要配置 Maven 和 JDK，这里我们在 IDEA 中统一配置 Mavan 和

JDK，具体方式如下。

（1）Maven 初始化设置

打开 IDEA 进入欢迎页，单击页面右下角的【Configure】→【Project Defaults】→【Settings】选项进入默认项目设置页面，在左侧搜索“Maven”关键字找到 Maven 设置选项，在右侧对应的设置界面中进行 Maven 初始化设置，具体如图 1-2 所示。

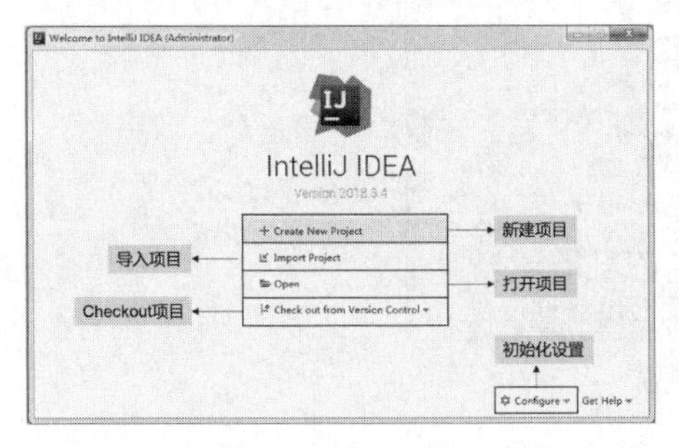

图1-1　IDEA欢迎页

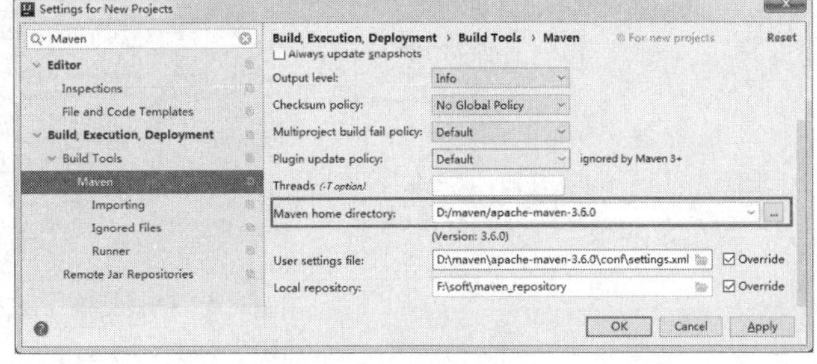

图1-2　Maven初始化设置

图 1-2 所示内容是对 Maven 安装目录（Maven home directory）、Maven 的 settings 配置文件（User settings file）和 Maven 本地仓库地址（Local repository）进行了设置。当然，读者可以根据自己的情况配置 Maven 选项。配置完成后，单击【Apply】→【OK】按钮即可完成 Maven 的初始化设置。

（2）JDK 初始化设置

在 IDEA 欢迎页面，单击【Configure】→【Project Defaults】→【Project Structure】选项进入 Project Structure 设置页面，在界面左侧选择【Project Settings】→【Project】选项，在打开的右侧页面中对 JDK 初始化设置，具体如图 1-3 所示。

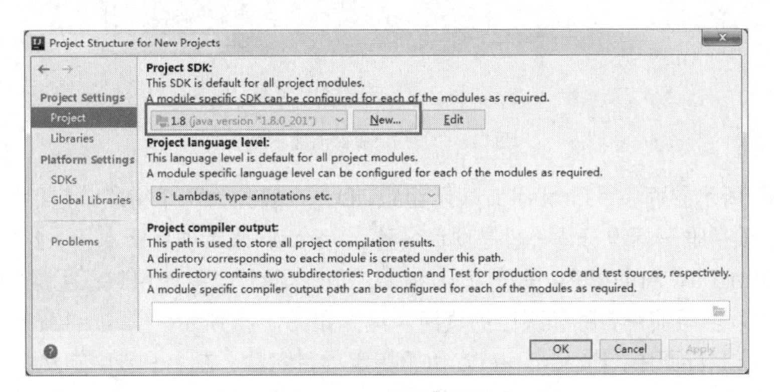

图1-3　JDK初始化设置

在图 1-3 所示界面中，可以通过单击右侧页面的【New】按钮选择自定义安装的 JDK 路径，设置完成后，单击【Apply】→【OK】按钮完成 JDK 的初始化配置。

2. 创建 Maven 项目

在 IDEA 欢迎页面，单击图 1-1 所示的【Create New Project】按钮创建项目，出现如图 1-4 所示的界面。

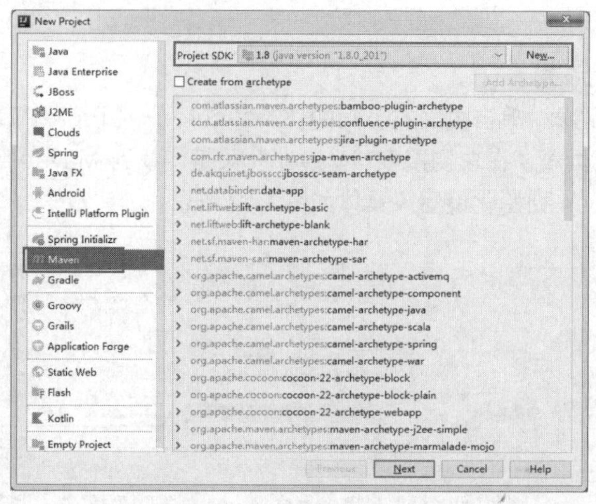

图1-4 项目类型选择设置

在图 1-4 所示界面中，左侧罗列的是可以选择创建的项目类型，包括 Spring 项目、Android 项目、Spring Initializr 项目（即 Spring Boot 项目）、Maven 项目等；右侧是不同类型项目对应的设置界面。这里，左侧选择【Maven】选项，右侧选择当前项目的 JDK（上一步预先设置的 JDK 环境），单击【Next】按钮进入 Maven 项目创建界面，具体如图 1-5 所示。

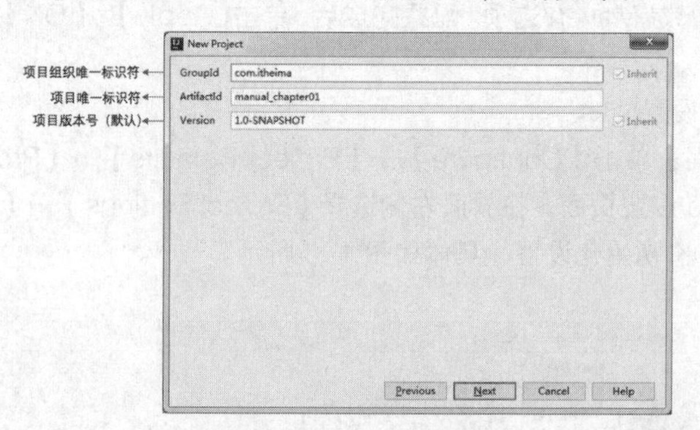

图1-5 Maven项目创建界面

在图 1-5 所示界面中，GroupId 表示组织 ID，一般分为两个字段，包括域名和公司名；ArtifactId 表示项目唯一标识符，一般是项目名称；Version 表示项目版本号。此处，将 GroupId 设置为 com.itheima，ArtifactId 设置为 manual_chapter01，并使用默认生成的版本号。单击【Next】按钮进入填写项目名称和路径的页面，具体如图 1-6 所示。

在图 1-6 所示界面中，Project name 用于指定项目名称，在上一步中定义的 ArtifactId 会默认作为项目名；Project location 用于指定项目的存储路径，默认会存放在 C 盘下。此处，我们使用上一步设置的 manual_chapter01 作为项目名称，存放路径可以单击右侧的【…】按钮修改。项目名称和存放路径设置好之后，单击【Finish】按钮完成项目的创建。

项目创建完成后，会默认打开创建 Maven 项目生成的 pom.xml 依赖文件，同时在右下角会弹出“Maven projects need to be imported”（需要导入 Maven 依赖）的提示框，具体如图 1-7 所示。

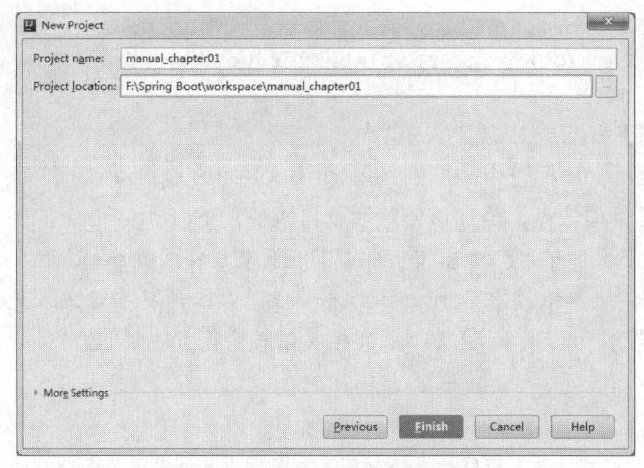

图1-6　填写项目名称和路径的界面

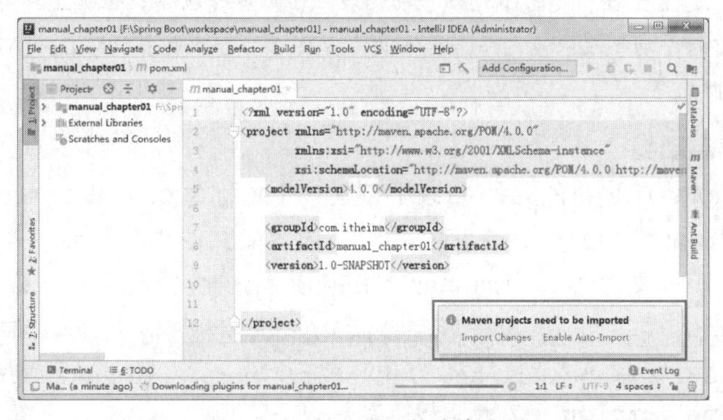

图1-7　Maven项目构建效果图

在图 1-7 所示界面中，“Maven projects need to be imported”提示框有两个选项：“Import Changes”表示导入版本变化，只会导入本次变化的依赖；“Enable Auto-Import”表示开启自动导入，后期会持续监测并自动导入变化的依赖。这里选择“Enable Auto-Import”选项，一旦 pom.xml 文件发生更改，依赖会自动导入。

至此，使用 IDEA 开发工具进行 Maven 项目的初始化搭建已经完成，但是该项目目前只是一个空的 Maven 项目，要构建 Spring Boot 项目，还需要额外进行一些工作。

3. 添加 Spring Boot 相关依赖

打开manual_chapter01项目下的pom.xml文件，在该pom.xml文件中添加构建Spring Boot 项目和 Web 场景开发对应的依赖，示例代码如下。

```
<!-- 引入 Spring Boot 依赖 -->
<parent>
    <groupId>org.springframework.boot</groupId>
    <artifactId>spring-boot-starter-parent</artifactId>
    <version>2.1.3.RELEASE</version>
</parent>
<dependencies>
    <!-- 引入 Web 场景依赖启动器 -->
    <dependency>
```

```
        <groupId>org.springframework.boot</groupId>
        <artifactId>spring-boot-starter-web</artifactId>
    </dependency>
</dependencies>
```

上述代码中，<parent>标签中添加的 spring-boot-starter-parent 依赖是 Spring Boot 框架集成项目的统一父类管理依赖，添加该依赖后就可以使用 Spring Boot 的相关特性；<version>标签指定 Spring Boot 的版本号是 2.1.3.RELEASE；<dependencies>标签中添加的 spring-boot-starter-web 依赖是 Spring Boot 框架对 Web 开发场景集成支持的依赖启动器，添加该依赖后就可以自动导入 Spring MVC 框架相关依赖进行 Web 开发了。

在项目 pom.xml 文件中导入新依赖或修改其他内容后，如果参考前面介绍的选择勾选了“Enable Auto-Import”选项，通常会自动更新而无须手动管理。但有些情况下，依赖文件可能还是无法自动加载，这时候就需要重新手动导入依赖文件，具体操作方法为：右键单击项目名→【Maven】→【Reimport】进行依赖重新导入即可。

4. 编写主程序启动类

在 manual_chapter01 项目的 java 目录下创建一个名称为 com.itheima 的包，在该包下新建一个主程序启动类 ManualChapter01Application，内容如文件 1-1 所示。

文件 1-1　ManualChapter01Application.java

```
1  import org.springframework.boot.SpringApplication;
2  import org.springframework.boot.autoconfigure.SpringBootApplication;
3  @SpringBootApplication  // 标记该类为主程序启动类
4  public class ManualChapter01Application {
5      // 主程序启动方法
6      public static void main(String[] args){
7          SpringApplication.run(ManualChapter01Application.class,args);
8      }
9  }
```

文件 1-1 中，第 3 行代码中的@SpringBootApplication 注解是 Spring Boot 框架的核心注解，该注解用于表明 ManualChapter01Application 类是 Spring Boot 项目的主程序启动类。第 7 行代码调用 SpringApplication.run()方法启动主程序类。

5. 创建一个用于 Web 访问的 Controller

在 com.itheima 包下创建名称为 controller 的包，在该包下创建一个名称为 HelloController 的请求处理控制类，并编写一个请求处理方法，内容如文件 1-2 所示。

文件 1-2　HelloController.java

```
1  import org.springframework.web.bind.annotation.GetMapping;
2  import org.springframework.web.bind.annotation.RestController;
3  @RestController  // 该注解为组合注解，等同于 Spring 中@Controller+@ResponseBody 注解
4  public class HelloController {
5      @GetMapping("/hello") //该注解等同于 Spring 中@RequestMapping(RequestMethod. GET)
6      public String hello(){
```

```
7           return "hello Spring Boot";
8       }
9   }
```

文件 1-2 中，请求处理控制类 HelloController 和请求处理方法 hello()都使用了注解，其中：

（1）@RestController 注解是一个组合注解，等同于@Controller 和@ResponseBody 两个注解结合使用的效果。主要作用是将当前类作为控制层的组件添加到 Spring 容器中，同时该类的方法无法返回 JSP 页面，而且会返回 JSON 字符串。

（2）@GetMapping 注解等同于@RequestMapping(method=RequestMethod.GET)注解，主要作用是设置方法的访问路径并限定其访问方式为 Get。文件 1-2 中，hello()方法的请求处理路径为“/hello”，并且方法的返回值是一个“hello Spring Boot”的字符串对象。

6. 运行项目

运行主程序启动类 ManualChapter01Application，项目启动成功后，在控制台上会发现 Spring Boot 项目默认启动的端口号为 8080，此时，可以在浏览器上访问“http://localhost:8080/hello”，具体如图 1-8 所示。

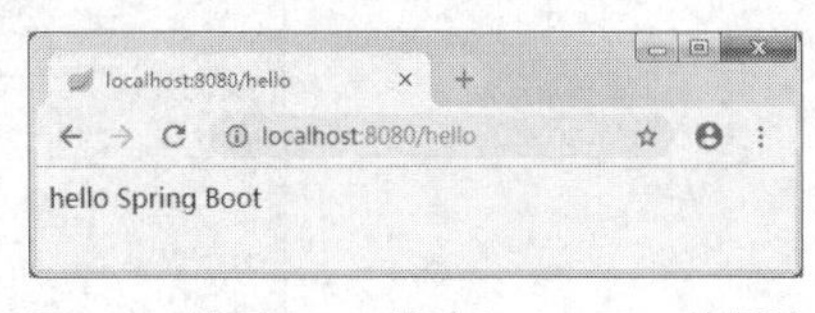

图1-8　使用Maven构建Spring Boot的测试

从图 1-8 可以看出，页面输出的内容是“hello Spring Boot”。至此，一个简单的 Spring Boot 项目就完成了。

1.2.3　使用 Spring Initializr 方式构建 Spring Boot 项目

除了可以使用 Maven 方式构建 Spring Boot 项目外，还可以通过 Spring Initializr 方式快速构建 Spring Boot 项目。从本质上说，Spring Initializr 是一个 Web 应用，它提供了一个基本的项目结构，能够帮助我们快速构建一个基础的 Spring Boot 项目。下面讲解如何使用 Spring Initializr 方式构建 Spring Boot 项目，具体步骤如下。

1. 创建 Spring Boot 项目

打开 IDEA，选择【Create New Project】新建项目，在弹出的“New Porject”界面中，左侧选择【Spring Initializr】选项进行 Spring Boot 项目快速构建，具体如图 1-9 所示。

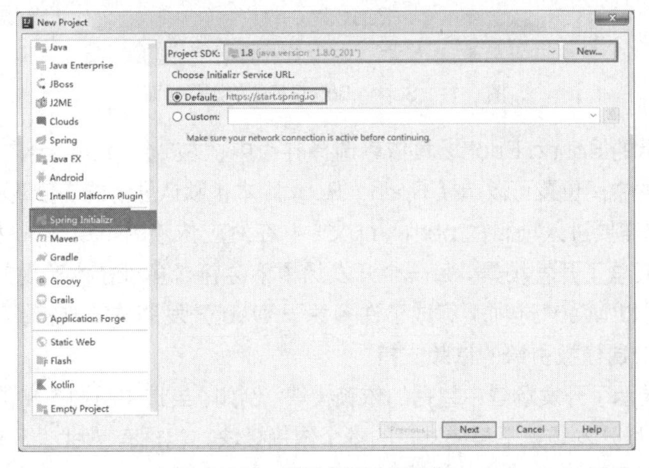

图1-9　项目类型选择界面

在图 1-9 所示界面中，“Project SDK”用于设置创建项目使用的 JDK 版本，这里，使用之前初始化设置好的 JDK 版本即可；在“Choose Initializr Service URL.”（选择初始化服务地址）下使用默认的初始化服务地址“https://start.spring.io”进行 Spring Boot 项目创建（注意使用快速方式创建 Spring Boot 项目时，所在主机须在联网状态下）。接着单击【Next】按钮进入下一步，具体如图 1-10 所示。

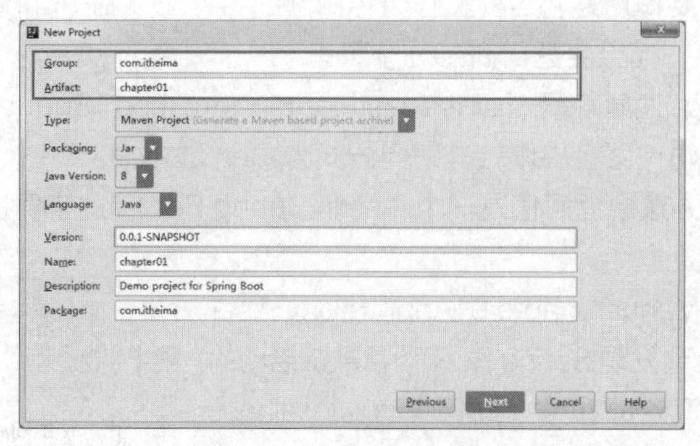

图1-10　项目配置信息界面

在图 1-10 所示界面中，将 Group 设置为 com.itheima，Artifact 设置为 chapter01，其余选项使用默认值。单击【Next】按钮进入 Spring Boot 场景依赖选择界面，具体如图 1-11 所示。

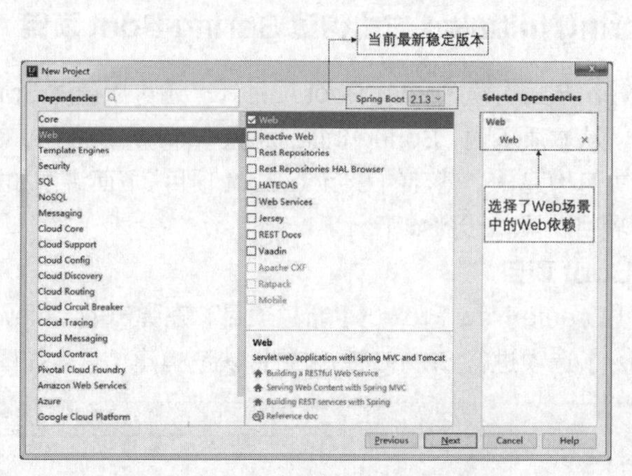

图1-11　Spring Boot场景依赖选择界面

在图 1-11 所示的 Spring Boot 场景依赖选择界面中，主要分为 4 部分内容，具体说明如下。

（1）页面顶部的中间位置可以选择 Spring Boot 版本，默认显示的是最新稳定版本。如果要自定义项目版本号，则需要进入项目的 pom.xml 文件，在对应依赖的<version>标签中指定版本号。

（2）页面左侧汇总了开发场景。每一个开发场景下会包含多种技术实现方案，同时提供多种集成的模块依赖。例如“Web”选项下集成了许多关于 Web 开发的依赖支持；“Template Engines”选项下集成了有关前端模板引擎的依赖支持。

（3）页面中间展示了开发场景中包括的依赖模块。例如，当选中页面左侧的 Web 开发场景后，页面中部会出现 Web 开发场景下集成支持的多个依赖模块，包括有 Web、Reactive Web 等。

（4）页面右侧展示已选择的依赖模块。当用户选择某个开发场景下的一些依赖模块后，此区域就会显示已选择的依赖模块，后续创建的 Spring Boot 项目中会自动导入这些依赖。

这里，选择 Web 开发场景下的 Web 依赖。单击【Next】按钮进入填写项目名和路径的界面，具体如图 1-12 所示。

在图 1-12 所示界面中，Project name 默认生成与图 1-10 中 Artifact 一致的项目名，Project location 默认使用的是上次创建项目所选择的地址。当然页面中的选项都是可以自定义的。单击【Finish】按钮完成项目创建。

至此，Spring Boot 项目就创建好了。创建好的 Spring Boot 项目目录结构如图 1-13 所示。

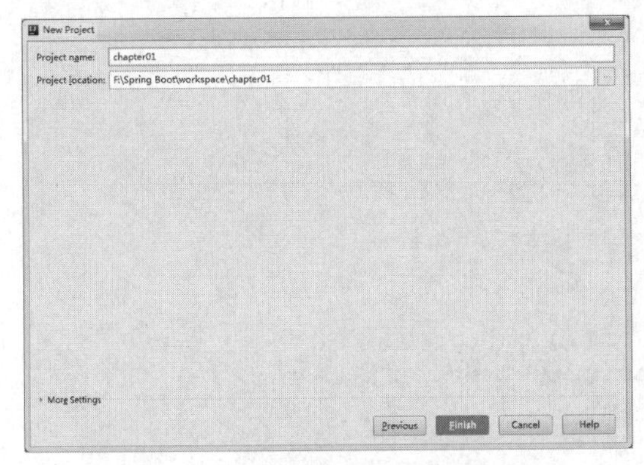

图1-12　填写项目名和路径的界面

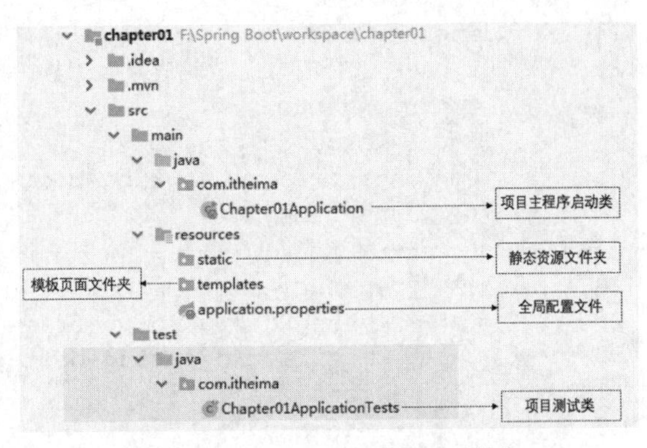

图1-13　Spring Boot项目目录结构

如图 1-13 所示，使用 Spring Initializr 方式构建的 Spring Boot 项目会默认生成项目启动类、存放前端静态资源和页面的文件夹、编写项目配置的配置文件以及进行项目单元测试的测试类。

打开并查看自动生成的项目启动类 Chapter01Application 和项目依赖管理文件 pom.xml，内容分别如文件 1-3 和文件 1-4 所示。

文件 1-3　Chapter01Application.java

```
1  import org.springframework.boot.SpringApplication;
2  import org.springframework.boot.autoconfigure.SpringBootApplication;
3  @SpringBootApplication
4  public class Chapter01Application {
5      public static void main(String[] args) {
6          SpringApplication.run(Chapter01Application.class, args);
7      }
8  }
```

文件 1-4　pom.xml

```
1  <?xml version="1.0" encoding="UTF-8"?>
2  <project xmlns="http://maven.apache.org/POM/4.0.0"
3      xmlns:xsi="http://www.w3.org/2001/XMLSchema-instance"
4      xsi:schemaLocation="http://maven.apache.org/POM/4.0.0
5      http://maven.apache.org/xsd/maven- 4.0.0.xsd">
6      <modelVersion>4.0.0</modelVersion>
7      <groupId>com.itheima</groupId>
8      <artifactId>chapter01</artifactId>
9      <version>0.0.1-SNAPSHOT</version>
10     <name>chapter01</name>
11     <description>Demo project for Spring Boot</description>
```

```
12      <parent>
13          <groupId>org.springframework.boot</groupId>
14          <artifactId>spring-boot-starter-parent</artifactId>
15          <version>2.1.3.RELEASE</version>
16          <relativePath/> <!-- lookup parent from repository -->
17      </parent>
18      <properties>
19          <java.version>1.8</java.version>
20      </properties>
21      <dependencies>
22          <!-- 选择的 Web 模块依赖启动器 -->
23          <dependency>
24              <groupId>org.springframework.boot</groupId>
25              <artifactId>spring-boot-starter-web</artifactId>
26          </dependency>
27          <!-- 测试类依赖 -->
28          <dependency>
29              <groupId>org.springframework.boot</groupId>
30              <artifactId>spring-boot-starter-test</artifactId>
31              <scope>test</scope>
32          </dependency>
33      </dependencies>
34      <!-- Maven 打包工具插件 -->
35      <build>
36          <plugins>
37              <plugin>
38                  <groupId>org.springframework.boot</groupId>
39                  <artifactId>spring-boot-maven-plugin</artifactId>
40              </plugin>
41          </plugins>
42      </build>
43  </project>
```

在文件 1-3 和文件 1-4 中，使用 IDEA 快捷方式搭建的 Spring Boot 项目已经自动生成了主程序启动类和 main()方法代码；同时，在项目依赖管理文件 pom.xml 中，除了有自动配置项目时选择的 Web 模块依赖外，还自动生成了测试类依赖 spring-boot-starter-test、Maven 打包插件 spring-boot-maven-plugin 以及其他一些通用默认配置信息。

2. 创建一个用于 Web 访问的 Controller

在项目 chapter01 的 com.itheima 包下创建名称为 controller 的包，在该包下创建一个请求处理控制类 HelloController，并编写一个请求处理方法，该类的代码与文件 1-2 相同。

3. 运行项目

运行chapter01项目的主程序启动类Chapter01Application，项目运行成功后，在浏览器上访问“http://localhost:8080/hello”，具体如图 1-14 所示。

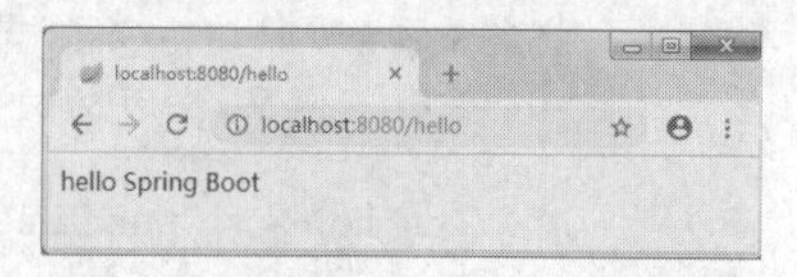

图1-14 使用Spring Initializr构建Spring Boot的测试效果

从图 1-14 可以看出，页面输出的内容是“hello Spring Boot”。至此，使用 Spring Initializr 方式构建的 Spring Boot 项目完成了。

本教材中，使用的是IDEA开发工具的“Spring Initializr”选项进行Spring Boot项目的快速构建。在实际开发中，可能有许多读者使用的是Eclipse开发工具。在Eclipse开发工具中也可以使用快捷方式搭建Spring Boot项目，前提是需要安装一个STS插件（新版Eclipse可能无须额外安装），安装完成之后在“New Project”选项框中搜索并选择【spring】→【spring starter project】，即可快速创建Spring Boot项目，具体操作读者可以查询相关资料。

1.3 单元测试与热部署

1.3.1 单元测试

在实际开发中，每当完成一个功能接口或业务方法的编写后，通常都会借助单元测试验证该功能是否正确。Spring Boot对项目的单元测试提供了很好的支持，在使用时，需要提前在项目的pom.xml文件中添加spring-boot-starter-test测试依赖启动器，可以通过相关注解实现单元测试。这里，以之前创建的chapter01项目为例对Spring Boot项目的单元测试进行使用演示，具体步骤如下。

1. 添加spring-boot-starter-test测试依赖启动器

在项目的pom.xml文件中添加spring-boot-starter-test测试依赖启动器，示例代码如下。

```
<dependency>
    <groupId>org.springframework.boot</groupId>
    <artifactId>spring-boot-starter-test</artifactId>
    <scope>test</scope>
</dependency>
```

需要说明的是，如果是使用Spring Initializr方式搭建的Spring Boot项目，会自动加入spring-boot-starter-test测试依赖启动器，无须开发者再手动添加。

2. 编写单元测试类和测试方法

在项目中添加测试依赖启动器后，可以编写Spring Boot项目中相关方法对应的单元测试。如果是使用Spring Initializr方式搭建的Spring Boot项目，会在src.test.java测试目录下自动创建与项目主程序启动类对应的单元测试类。例如，chapter01项目的Chapter01ApplicationTests是自动生成的单元测试类，内容如文件1-5所示。

文件1-5 Chapter01ApplicationTests.java

```
1  import org.junit.Test;
2  import org.junit.runner.RunWith;
3  import org.springframework.boot.test.context.SpringBootTest;
4  import org.springframework.test.context.junit4.SpringRunner;
5  /**
6   * 使用Spring Initializr方式自动创建的主程序启动类对应的单元测试类
7   */
8  @RunWith(SpringRunner.class) // 测试运行器，并加载Spring Boot测试注解
9  @SpringBootTest  // 标记单元测试类，并加载项目的上下文环境ApplicationContext
```

```
10 public class Chapter01ApplicationTests {
11     // 自动创建的单元测试方法示例
12     @Test
13     public void contextLoads() {
14     }
15 }
```

文件 1-5 中，Chapter01ApplicationTests 是 chapter01 项目主程序启动类对应的单元测试类，该类自动生成了一个单元测试方法的示例。第 9 行代码的@SpringBootTest 注解用于标记测试类，并加载项目的上下文环境 ApplicationContext；第 8 行代码的@RunWith 注解是一个测试类运行器，用于加载 Spring Boot 测试注解@SpringBootTest。

下面在单元测试类 Chapter01ApplicationTests 中新增单元测试方法 helloControllerTest()方法，示例代码如下。

```
@Autowired
private HelloController helloController;
@Test
public void helloControllerTest() {
    String hello = helloController.hello();
    System.out.println(hello);
}
```

上述代码中，先使用@Autowired 注解注入了 HelloController 实例对象，然后在 helloControllerTest()方法中调用了 HelloController 类中对应的请求控制方法 hello()，并输出打印结果。

选中单元测试方法 helloControllerTest()，鼠标右键单击【Run "helloControllerTest()"】选项启动测试方法，此时控制台的打印信息如图 1-15 所示。

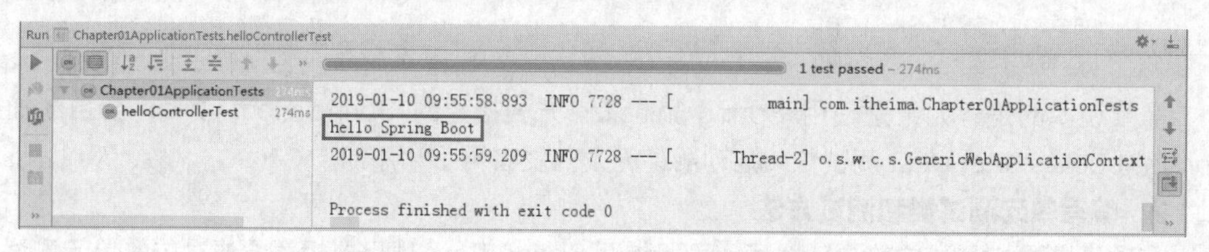

图1-15 helloControllerTest()单元测试方法效果

从图 1-15 可以看出，控制台打印出了“hello Spring Boot”信息，说明控制类 HelloController 中的 hello()方法被成功调用并执行。

1.3.2 热部署

在开发过程中，通常会对一段业务代码不断地修改测试，在修改之后往往需要重启服务，有些服务需要加载很久才能启动成功，这种不必要的重复操作极大降低了程序开发效率。为此，Spring Boot 框架专门提供了进行热部署的依赖启动器，用于进行项目热部署，而无须开发人员手动重启项目。下面，在 chapter01 项目基础上讲解如何进行热部署，具体步骤如下。

1. 添加 spring-boot-devtools 热部署依赖启动器

在 Spring Boot 项目进行热部署测试之前，需要先在项目的 pom.xml 文件中添加

spring-boot-devtools 热部署依赖启动器，示例代码如下。

```
<!-- 引入热部署依赖 -->
<dependency>
  <groupId>org.springframework.boot</groupId>
  <artifactId>spring-boot-devtools</artifactId>
</dependency>
```

2. IDEA 工具热部署设置

选择 IDEA 工具界面的【File】→【Settings】选项，打开 Compiler 面板设置页面，具体如图 1-16 所示。

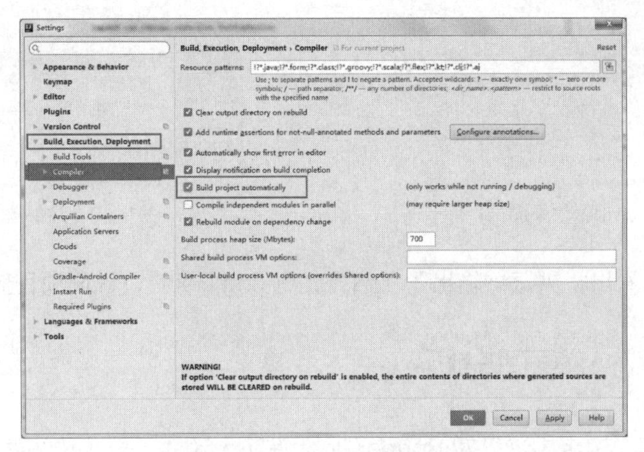

图1-16　Compiler面板设置页面

在图 1-16 所示界面中，选择【Build,Execution,Deployment】→【Compiler】选项，在右侧勾选【Build project automatically】选项将项目设置为自动编译，单击【Apply】→【OK】按钮保存设置。

在项目任意页面中使用组合键“Ctrl+Shift+Alt+/”打开 Maintenance 选项框，选中并打开 Registry 界面，具体如图 1-17 所示。

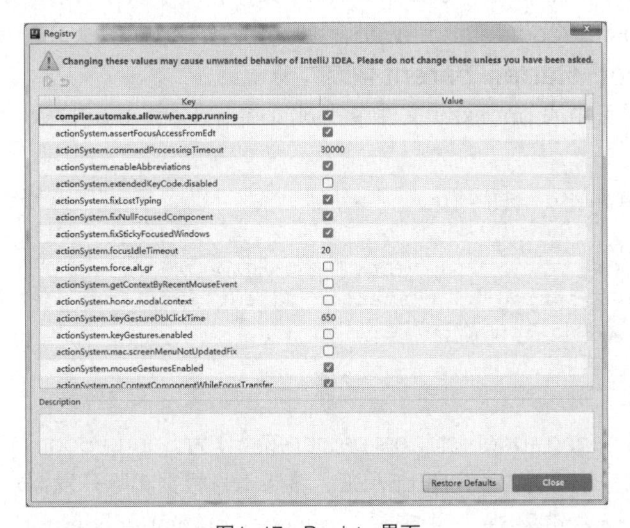

图1-17　Registry界面

在图 1–17 所示的列表中找到“compiler.automake.allow.when.app.running”，勾选对应的 Value 值将程序运行方式设置为自动编译，最后单击【Close】按钮完成设置。

3. 热部署效果测试

启动 chapter01 项目，通过浏览器访问“http://localhost:8080/hello”，具体如图 1–18 所示。从图 1–18 可以看出，页面原始输出的内容是“hello Spring Boot”。

为了测试配置的热部署是否有效，接下来在不关闭当前项目的情况下，将 HelloController 类中的请求处理方法 hello()的返回值修改为“你好，Spring Boot”并保存，查看控制台信息会发现项目能够自动构建和编译，说明项目热部署生效。此时，刷新图 1–18 所示的浏览器页面，效果如图 1–19 所示。

图1–18 热部署效果测试1

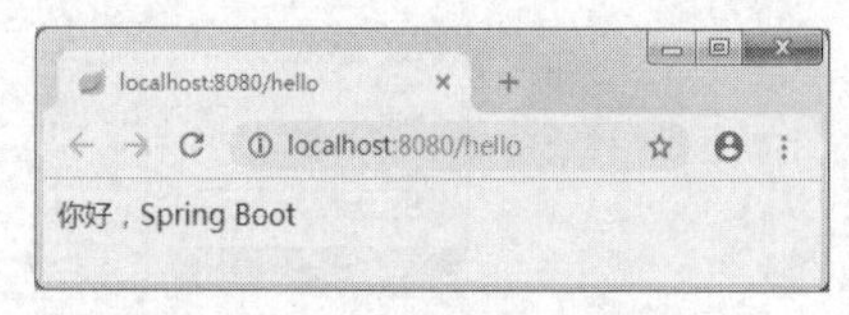

图1–19 热部署效果测试2

从图 1–19 可以看出，浏览器输出了“你好，Spring Boot”，说明项目热部署配置成功。

1.4 Spring Boot 原理分析

通过前面的学习，读者应该已对 Spring Boot 有了大致的了解。传统的 Spring 框架实现一个 Web 服务，需要导入各种依赖 JAR 包，然后编写对应的 XML 配置文件等；相较而言，Spring Boot 显得更加方便、快捷和高效。那么，Spring Boot 究竟如何做到这些呢？下面，分别针对 Spring Boot 框架的依赖管理、自动配置和执行流程进行深入分析和讲解。

1.4.1 Spring Boot 依赖管理

在 Spring Boot 入门程序中，项目 pom.xml 文件有两个核心依赖，分别是 spring-boot-starter-parent 和 spring-boot-starter-web，关于这两个依赖的相关介绍具体如下。

1. spring-boot-starter-parent 依赖

在 chapter01 项目中的 pom.xml 文件中找到 spring-boot-starter-parent 依赖，示例代码如下。

```
<!-- Spring Boot 父项目依赖管理 -->
<parent>
    <groupId>org.springframework.boot</groupId>
    <artifactId>spring-boot-starter-parent</artifactId>
    <version>2.1.3.RELEASE</version>
    <relativePath/>
</parent>
```

上述代码中，将 spring-boot-starter-parent 依赖作为 Spring Boot 项目的统一父项目依赖管理，并将项目版本号统一为 2.1.3.RELEASE，该版本号根据实际开发需求是可以修改的。

使用“Ctrl+鼠标左键”进入并查看 spring-boot-starter-parent 底层源文件，发现

spring-boot-starter-parent 的底层有一个父依赖 spring-boot-dependencies，核心代码如下。

```
<parent>
    <groupId>org.springframework.boot</groupId>
    <artifactId>spring-boot-dependencies</artifactId>
    <version>2.1.3.RELEASE</version>
    <relativePath>../../spring-boot-dependencies</relativePath>
</parent>
...
```

继续查看 spring-boot-dependencies 底层源文件，核心代码如下。

```
<properties>
    <activemq.version>5.15.8</activemq.version>
    ...
    <solr.version>7.4.0</solr.version>
    <spring.version>5.1.5.RELEASE</spring.version>
    <spring-amqp.version>2.1.4.RELEASE</spring-amqp.version>
    <spring-batch.version>4.1.1.RELEASE</spring-batch.version>
    <spring-cloud-connectors.version>2.0.4.RELEASE</spring-cloud-connectors.version>
    <spring-data-releasetrain.version>Lovelace-SR5</spring-data-releasetrain.version>
    <spring-framework.version>${spring.version}</spring-framework.version>
    <spring-security.version>5.1.4.RELEASE</spring-security.version>
    <spring-session-bom.version>Bean-SR3</spring-session-bom.version>
    <spring-ws.version>3.0.6.RELEASE</spring-ws.version>
    <sqlite-jdbc.version>3.25.2</sqlite-jdbc.version>
    <statsd-client.version>3.1.0</statsd-client.version>
    <sun-mail.version>${javax-mail.version}</sun-mail.version>
    <thymeleaf.version>3.0.11.RELEASE</thymeleaf.version>
    <tomcat.version>9.0.16</tomcat.version>
    <unboundid-ldapsdk.version>4.0.9</unboundid-ldapsdk.version>
    <undertow.version>2.0.17.Final</undertow.version>
    <versions-maven-plugin.version>2.7</versions-maven-plugin.version>
    <webjars-hal-browser.version>3325375</webjars-hal-browser.version>
    <webjars-locator-core.version>0.35</webjars-locator-core.version>
</properties>
```

从 spring-boot-dependencies 底层源文件可以看出，该文件通过<properties>标签对一些常用技术框架的依赖文件进行了统一版本号管理，例如 activemq、spring、tomcat 等，都有与 Spring Boot 2.1.3 版本相匹配的版本，这也是 pom.xml 引入依赖文件不需要标注依赖文件版本号的原因。

需要说明的是，如果 pom.xml 引入的依赖文件不是 spring-boot-starter-parent 管理的，那么在 pom.xml 引入依赖文件时，需要使用<version>标签指定依赖文件的版本号。

2. spring-boot-starter-web 依赖

spring-boot-starter-parent 父依赖启动器的主要作用是进行版本统一管理，那么项目运行依赖的 JAR 包是从何而来，又是怎样管理的呢？下面，查看项目 pom.xml 文件中的 spring-boot-starter-web 依赖。

查看 spring-boot-starter-web 依赖文件源码，核心代码如下。

```
<dependencies>
    <dependency>
```

```
        <groupId>org.springframework.boot</groupId>
        <artifactId>spring-boot-starter</artifactId>
        <version>2.1.3.RELEASE</version>
        <scope>compile</scope>
      </dependency>
      <dependency>
        <groupId>org.springframework.boot</groupId>
        <artifactId>spring-boot-starter-json</artifactId>
        <version>2.1.3.RELEASE</version>
        <scope>compile</scope>
      </dependency>
      <dependency>
        <groupId>org.springframework.boot</groupId>
        <artifactId>spring-boot-starter-tomcat</artifactId>
        <version>2.1.3.RELEASE</version>
        <scope>compile</scope>
      </dependency>
      <dependency>
        <groupId>org.hibernate.validator</groupId>
        <artifactId>hibernate-validator</artifactId>
        <version>6.0.14.Final</version>
        <scope>compile</scope>
      </dependency>
      <dependency>
        <groupId>org.springframework</groupId>
        <artifactId>spring-web</artifactId>
        <version>5.1.5.RELEASE</version>
        <scope>compile</scope>
      </dependency>
      <dependency>
        <groupId>org.springframework</groupId>
        <artifactId>spring-webmvc</artifactId>
        <version>5.1.5.RELEASE</version>
        <scope>compile</scope>
      </dependency>
    </dependencies>
```

从上述代码可以发现，spring-boot-starter-web 依赖启动器的主要作用是提供 Web 开发场景所需的底层所有依赖文件，它对 Web 开发场景所需的依赖文件进行了统一管理。

正是如此，在 pom.xml 中引入 spring-boot-starter-web 依赖启动器时，就可以实现 Web 场景开发，而不需要额外导入 Tomcat 服务器以及其他 Web 依赖文件等。当然，这些引入的依赖文件的版本号还是由 spring-boot-starter-parent 父依赖进行统一管理。

Spring Boot 除了提供上述介绍的 Web 依赖启动器外，还提供了其他许多开发场景的相关依赖，我们可以打开 Spring Boot 官方文档，搜索“starter”关键字查询场景依赖启动器，具体如图 1-20 所示。

图 1-20 中列出了 Spring Boot 官方提供的部分场景依赖启动器，这些依赖启动器适用于不同的场景开发，使用时只需要在 pox.xml 文件中导入对应的依赖启动器即可。

Table 13.1. Spring Boot application starters

Name	Description	Pom
spring-boot-starter	Core starter, including auto-configuration support, logging and YAML	Pom
spring-boot-starter-activemq	Starter for JMS messaging using Apache ActiveMQ	Pom
spring-boot-starter-amqp	Starter for using Spring AMQP and Rabbit MQ	Pom
spring-boot-starter-aop	Starter for aspect-oriented programming with Spring AOP and AspectJ	Pom
spring-boot-starter-artemis	Starter for JMS messaging using Apache Artemis	Pom
spring-boot-starter-batch	Starter for using Spring Batch	Pom
spring-boot-starter-cache	Starter for using Spring Framework's caching support	Pom
spring-boot-starter-cloud-connectors	Starter for using Spring Cloud Connectors which simplifies connecting to services in cloud platforms like Cloud Foundry and Heroku	Pom
spring-boot-starter-data-cassandra	Starter for using Cassandra distributed database and Spring Data Cassandra	Pom
spring-boot-starter-data-cassandra-reactive	Starter for using Cassandra distributed database and Spring Data Cassandra Reactive	Pom
spring-boot-starter-data-couchbase	Starter for using Couchbase document-oriented database and Spring Data Couchbase	Pom

图1-20 Spring Boot 官方提供的部分场景依赖启动器

需要说明的是，Spring Boot 官方并不是针对所有场景开发的技术框架都提供了依赖启动器，例如数据库操作框架 MyBatis、阿里巴巴的 Druid 数据源等，Spring Boot 官方就没有提供对应的依赖启动器。为了充分利用 Spring Boot 框架的优势，在 Spring Boot 官方没有整合这些技术框架的情况下，MyBatis、Druid 等技术框架所在的开发团队主动与 Spring Boot 框架进行了整合，实现了各自的依赖启动器，例如 mybatis-spring-boot-starter、druid-spring-boot-starter 等。我们在 pom.xml 文件中引入这些第三方的依赖启动器时，切记要配置对应的版本号。

1.4.2 Spring Boot 自动配置

前面提到过，Spring Boot 应用的启动入口是@SpringBootApplication 注解标注类中的 main() 方法，@SpringBootApplication 能够扫描 Spring 组件并自动配置 Spring Boot，那么它到底是如何自动配置 Spring Boot 的呢？下面我们通过查看@SpringBootApplication 内部源码进行分析，核心代码如下。

```
@Target({ElementType.TYPE})
@Retention(RetentionPolicy.RUNTIME)
@Documented
@Inherited
@SpringBootConfiguration      // 标明该类为配置类
@EnableAutoConfiguration      // 启动自动配置功能
@ComponentScan(               // 包扫描器
    excludeFilters = {@Filter(
    type = FilterType.CUSTOM,
    classes = {TypeExcludeFilter.class}
), @Filter(
    type = FilterType.CUSTOM,
    classes = {AutoConfigurationExcludeFilter.class}
)}
)
public @interface SpringBootApplication {
...
}
```

从上述源码可以看出，@SpringBootApplication 注解是一个组合注解，包含@SpringBoot Configuration、@EnableAutoConfiguration、@ComponentScan 3 个核心注解，关于这 3 个核

心注解的相关说明具体如下。

1. @SpringBootConfiguration 注解

@SpringBootConfiguration 注解表示 Spring Boot 配置类。查看@SpringBootConfiguration 注解源码，核心代码如下。

```
@Target({ElementType.TYPE})
@Retention(RetentionPolicy.RUNTIME)
@Documented
@Configuration
public @interface SpringBootConfiguration {
}
```

从上述源码可以看出,@SpringBootConfiguration 注解内部有一个核心注解@Configuration，该注解是 Spring 框架提供的，表示当前类为一个配置类（XML 配置文件的注解表现形式），并可以被组件扫描器扫描。由此可见，@SpringBootConfiguration 注解的作用与@Configuration 注解相同，都是标识一个可以被组件扫描器扫描的配置类，只不过@SpringBootConfiguration 是被 Spring Boot 进行了重新封装命名而已。

2. @EnableAutoConfiguration 注解

@EnableAutoConfiguration 注解表示开启自动配置功能，该注解是 Spring Boot 框架最重要的注解，也是实现自动化配置的注解。同样，查看该注解内部查看源码信息，核心代码如下。

```
@Target({ElementType.TYPE})
@Retention(RetentionPolicy.RUNTIME)
@Documented
@Inherited
@AutoConfigurationPackage                              // 自动配置包
@Import({AutoConfigurationImportSelector.class}) // 自动配置类扫描导入
public @interface EnableAutoConfiguration {
    String ENABLED_OVERRIDE_PROPERTY = "spring.boot.enableautoconfiguration";
    Class<?>[] exclude() default {};
    String[] excludeName() default {};
}
```

从上述源码可以看出，@EnableAutoConfiguration 注解是一个组合注解，它主要包括有@AutoConfigurationPackage 和@Import 两个核心注解。下面我们对这两个核心注解分别讲解。

（1）@AutoConfigurationPackage 注解

查看@AutoConfigurationPackage 注解内部源码信息，核心代码如下。

```
@Target({ElementType.TYPE})
@Retention(RetentionPolicy.RUNTIME)
@Documented
@Inherited
@Import({Registrar.class})       // 导入 Registrar 中注册的组件
public @interface AutoConfigurationPackage {
}
```

从上述源码可以看出，@AutoConfigurationPackage 注解的功能是由@Import 注解实现的，作用是向容器导入注册的所有组件，导入的组件由 Registrar 决定。查看 Registrar 类源码信息，核心代码如下。

```
static class Registrar implements ImportBeanDefinitionRegistrar,DeterminableImports{
    Registrar() {   }
    public void registerBeanDefinitions(AnnotationMetadata metadata,
                                     BeanDefinitionRegistry registry) {
        AutoConfigurationPackages.register(registry,
           (new AutoConfigurationPackages.PackageImport(metadata)).getPackageName());
    }
    ...
}
```

从上述源码可以看出，在 Registrar 类中有一个 registerBeanDefinitions()方法，使用 Debug 模式启动项目，会发现上述代码中加粗部分获取的是项目主程序启动类所在的目录 com.itheima。也就是说，@AutoConfigurationPackage 注解的主要作用是获取项目主程序启动类所在根目录，从而指定后续组件扫描器要扫描的包位置。因此在定义项目包结构时，要求定义的包结构非常规范，项目主程序启动类要定义在最外层的根目录位置，然后在根目录位置内部建立子包和类进行业务开发，这样才能够保证定义的类能够被组件扫描器扫描。

（2）@Import({AutoConfigurationImportSelector.class})注解

查看 AutoConfigurationImportSelector 类的 getAutoConfigurationEntry()方法，核心代码如下。

```
protected AutoConfigurationImportSelector.AutoConfigurationEntry
        getAutoConfigurationEntry(AutoConfigurationMetadata autoConfigurationMetadata,
                                  AnnotationMetadata annotationMetadata) {
    if (!this.isEnabled(annotationMetadata)) {
        return EMPTY_ENTRY;
    } else {
        AnnotationAttributes attributes = this.getAttributes(annotationMetadata);
        // 获取所有 Spring Boot 提供的后续自动配置类 XxxAutoConfiguration
        List<String> configurations =
                 this.getCandidateConfigurations(annotationMetadata, attributes);
        configurations = this.removeDuplicates(configurations);
        Set<String> exclusions = this.getExclusions(annotationMetadata, attributes);
        this.checkExcludedClasses(configurations, exclusions);
        configurations.removeAll(exclusions);
        // 筛选并过滤出当前应用环境下需要的自动配置类 XxxAutoConfiguration
        configurations = this.filter(configurations, autoConfigurationMetadata);
        this.fireAutoConfigurationImportEvents(configurations, exclusions);
        return new AutoConfigurationImportSelector.AutoConfigurationEntry(
                                        configurations, exclusions);
    }
}
```

上述展示的 getAutoConfigurationEntry()方法，其主要作用是筛选出当前项目环境需要启动的自动配置类 XxxAutoConfiguration，从而实现当前项目运行所需的自动配置环境。另外，在上述核心方法中加粗显示了两个重要的业务处理方法，具体说明如下。

- this.getCandidateConfigurations(annotationMetadata, attributes)方法：该方法的主要作用是从 Spring Boot 提供的自动配置依赖 META-INF/spring.factories 文件中获取所有候选自动配置类 XxxAutoConfiguration（2.1.3 版本提供有 121 个自动配置类）。
- this.filter(configurations, autoConfigurationMetadata)方法：该方法的作用是对所有候选

的自动配置类进行筛选，根据项目 pom.xml 文件中加入的依赖文件筛选出最终符合当前项目运行环境对应的自动配置类（筛选完成后可能只有 25 个）。

为了让初学者更清楚地知道 META-INF/spring.factories 类路径下 META-INF 下的 spring.factores 文件中 Spring Boot 提供的候选自动配置类 XxxAutoConfiguration 有哪些，这里以 chapter01 项目结构为例进行展示说明，具体如图 1-21 所示。

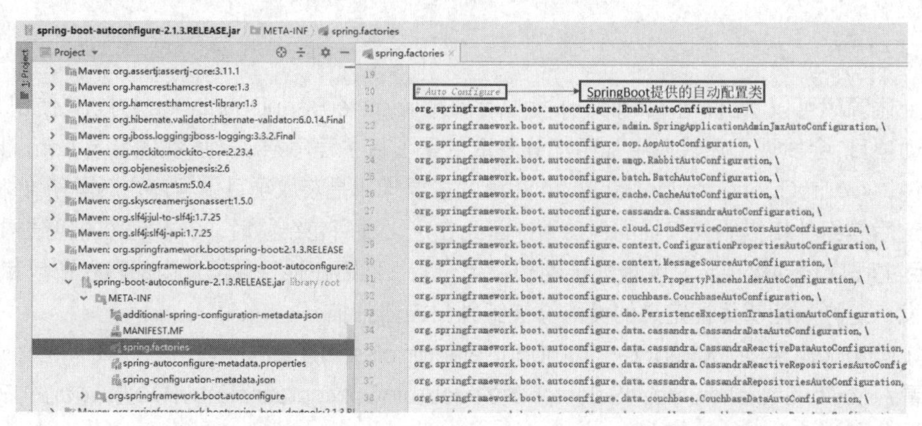

图1-21 META-INF/spring.factories下的Spring Boot自动配置类

同样以 chapter01 项目为例，在项目中加入了 Web 环境依赖启动器，对应的 WebMvcAutoConfiguration 自动配置类就会生效。打开该自动配置类会发现，在该配置类中通过全注解配置类的方式对 Spring MVC 运行所需环境进行了默认配置，包括默认前缀、默认后缀、视图解析器、MVC 校验器等。而这些自动配置类的本质是传统 Spring MVC 框架中对应的 XML 配置文件，只不过在 Spring Boot 中以自动配置类的形式进行了预先配置。因此，在 Spring Boot 项目中加入相关依赖启动器后，基本上不需要任何配置就可以运行程序。当然，我们也可以对这些自动配置类中默认的配置进行更改。

3. @ComponentScan 注解

@ComponentScan 注解是一个组件包扫描器，用于将指定包中的注解类自动装配到 Spring 的 Bean 容器中。

@ComponentScan 注解具体扫描的包的根路径由 Spring Boot 项目主程序启动类所在包位置决定，在扫描过程中由前面介绍的@AutoConfigurationPackage 注解进行解析，从而得到 Spring Boot 项目主程序启动类所在包的具体位置。

1.4.3 Spring Boot 执行流程

每个 Spring Boot 项目都有一个主程序启动类，在主程序启动类中有一个启动项目的 main() 方法，在该方法中通过执行 SpringApplication.run()即可启动整个 Spring Boot 程序。那么 SpringApplication.run()方法到底是如何做到启动 Spring Boot 项目的呢？下面我们查看 run()方法内部的源码，核心代码如下。

```
public static ConfigurableApplicationContext run(Class<?> primarySource,
                                                  String... args) {
    return run(new Class[]{primarySource}, args);
}
```

```
public static ConfigurableApplicationContext run(Class<?>[] primarySources,
                                                  String[] args) {
    return (new SpringApplication(primarySources)).run(args);
}
```

从上述源码可以看出，SpringApplication.run()方法内部执行了两个操作，分别是SpringApplication实例的初始化和调用run()启动项目，这两个阶段的实现具体说明如下。

1. SpringApplication 实例的初始化

查看SpringApplication实例对象初始化的源码信息，核心代码如下。

```
public SpringApplication(ResourceLoader resourceLoader, Class... primarySources) {
    this.sources = new LinkedHashSet();
    this.bannerMode = Mode.CONSOLE;
    this.logStartupInfo = true;
    this.addCommandLineProperties = true;
    this.addConversionService = true;
    this.headless = true;
    this.registerShutdownHook = true;
    this.additionalProfiles = new HashSet();
    this.isCustomEnvironment = false;
    this.resourceLoader = resourceLoader;
    Assert.notNull(primarySources, "PrimarySources must not be null");
    this.primarySources = new LinkedHashSet(Arrays.asList(primarySources));
    this.webApplicationType = WebApplicationType.deduceFromClasspath();
    this.setInitializers(this.getSpringFactoriesInstances(
                                  ApplicationContextInitializer.class));
    this.setListeners(this.getSpringFactoriesInstances(ApplicationListener.class));
    this.mainApplicationClass = this.deduceMainApplicationClass();
}
```

从上述源码可以看出，SpringApplication的初始化过程主要包括4部分，具体说明如下。

（1）this.webApplicationType = WebApplicationType.deduceFromClasspath()

用于判断当前webApplicationType应用的类型。deduceFromClasspath()方法用于查看Classpath类路径下是否存在某个特征类，从而判断当前webApplicationType类型是SERVLET应用（Spring 5之前的传统MVC应用）还是REACTIVE应用（Spring 5开始出现的WebFlux交互式应用）。

（2）this.setInitializers(this.getSpringFactoriesInstances(ApplicationContextInitializer.class))

用于设置SpringApplication应用的初始化器。在初始化器设置过程中，会使用Spring类加载器SpringFactoriesLoader从META-INF/spring.factories类路径下的META-INF下的spring.factores文件中获取所有可用的应用初始化器类ApplicationContextInitializer。

（3）this.setListeners(this.getSpringFactoriesInstances(ApplicationListener.class))

用于设置SpringApplication应用的监听器。监听器设置的过程与上一步初始化器设置的过程基本一样，也是使用SpringFactoriesLoader从META-INF/spring.factories类路径下的META-INF下的spring.factores文件中获取所有可用的监听器类ApplicationListener。

（4）this.mainApplicationClass = this.deduceMainApplicationClass()

用于推断并设置项目main()方法启动的主程序启动类。

2. 项目的初始化启动

分析完(new SpringApplication(primarySources)).run(args)源码前一部分 SpringApplication 实例对象的初始化后，查看 run(args)方法执行的项目初始化启动过程，核心代码如下。

```
public ConfigurableApplicationContext run(String... args) {
    StopWatch stopWatch = new StopWatch();
    stopWatch.start();
    ConfigurableApplicationContext context = null;
    Collection<SpringBootExceptionReporter> exceptionReporters = new ArrayList();
    this.configureHeadlessProperty();
    //（1）获取 SpringApplication 初始化的 SpringApplicationRunListener 运行监听器并运行
    SpringApplicationRunListeners listeners = this.getRunListeners(args);
    listeners.starting();
    Collection exceptionReporters;
    try {
        ApplicationArguments applicationArguments =
                                new DefaultApplicationArguments(args);
        //（2）项目运行环境 Environment 的预配置
        ConfigurableEnvironment environment =
                      this.prepareEnvironment(listeners, applicationArguments);
        this.configureIgnoreBeanInfo(environment);
        Banner printedBanner = this.printBanner(environment);
        //（3）项目应用上下文 ApplicationContext 的预配置
        context = this.createApplicationContext();
        exceptionReporters =
                this.getSpringFactoriesInstances(SpringBootExceptionReporter.class,
            new Class[]{ConfigurableApplicationContext.class}, new Object[]{context});
                   this.prepareContext(context, environment, listeners,
                                 applicationArguments, printedBanner);
        this.refreshContext(context);
        this.afterRefresh(context, applicationArguments);
        stopWatch.stop();
        if(this.logStartupInfo) {
            (new StartupInfoLogger(this.mainApplicationClass))
                          .logStarted(this.getApplicationLog(), stopWatch);
        }
        //（4）由项目运行监听器启动配置好的应用上下文 ApplicationContext
        listeners.started(context);
        //（5）调用应用上下文 ApplicationContext 中配置的程序执行器 XxxRunner
        this.callRunners(context, applicationArguments);
    } catch (Throwable var10) {
        this.handleRunFailure(context, var10, exceptionReporters, listeners);
        throw new IllegalStateException(var10);
    }
    try {
        //（6）由项目运行监听器持续运行配置好的应用上下文 ApplicationContext
        listeners.running(context);
        return context;
    } catch (Throwable var9) {
```

```
            this.handleRunFailure(context, var9, exceptionReporters,
                                        (SpringApplicationRunListeners)null);
            throw new IllegalStateException(var9);
        }
    }
```

从上述源码可以看出，项目初始化启动过程大致包括以下 6 部分。

（1）this.getRunListeners(args)和 listeners.starting()方法主要用于获取 SpringApplication 实例初始化过程中初始化的 SpringApplicationRunListener 监听器并运行。

（2）this.prepareEnvironment(listeners, applicationArguments)方法主要用于对项目运行环境进行预设置，同时通过 this.configureIgnoreBeanInfo(environment)方法排除一些不需要的运行环境。

（3）this.createApplicationContext()方法及下面加粗部分代码，主要作用是对项目应用上下文 ApplicationContext 的预配置，包括先创建应用上下文环境 ApplicationContext，接着使用之前初始化设置的 context（应用上下文环境）、environment（项目运行环境）、listeners（运行监听器）、applicationArguments（项目参数）和 printedBanner（项目图标信息）进行应用上下文的组装配置，并刷新配置。

（4）listeners.started(context)方法用于使运行监听器 SpringApplicationRunListener 启动配置好的应用上下文 ApplicationContext。

（5）this.callRunners(context, applicationArguments)方法用于调用项目中自定义的执行器 XxxRunner 类，使得在项目启动完成后立即执行一些特定程序。其中，Spring Boot 提供的执行器接口有 ApplicationRunner 和 CommandLineRunner 两种，在使用时只需要自定义一个执行器类实现其中一个接口并重写对应的 run()方法接口，Spring Boot 项目启动后即会立即执行这些特定程序。

（6）listeners.running(context)方法表示在前面一切初始化启动都没有问题的情况下，使用运行监听器 SpringApplicationRunListener 持续运行配置好的应用上下文 ApplicationContext，这样整个 Spring Boot 项目就正式启动完成了。与此同时，经过初始化封装设置的应用上下文 ApplicationContext 也处于活跃状态。

至此，关于 Spring Boot 执行流程中项目的初始化启动已经分析完毕。经过上面对项目启动过程中两阶段源码的详细分析，相信大家对 Spring Boot 执行流程已经有了大体的认识，虽然大部分内容都较为复杂，但在学习过程中只要了解源码中部分重要内容即可。

下面我们通过一个 Spring Boot 执行流程图，来让大家更清晰地知道 Spring Boot 的整体执行流程和主要启动阶段，具体如图 1-22 所示。

需要说明的是，图 1-22 所示的 Spring Boot 执行流程是基于本教材编写时的最新稳定版本 Spring Boot 2.1.3 进行分析讲解的，不同版本的内部执行过程和源码实现细节略有不同，大家要学会借助源码分析对应版本

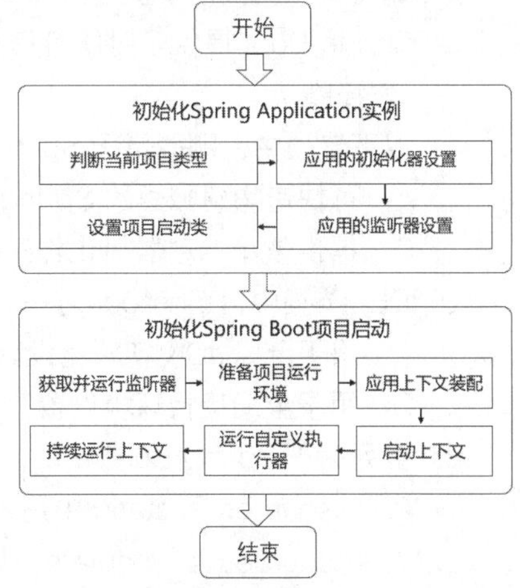

图1-22 Spring Boot执行流程图

程序的执行流程。

1.5 本章小结

本章主要对 Spring Boot 入门的一些基础知识进行了讲解。首先，对 Spring Boot 概念和特点进行了介绍，让读者快速了解 Spring Boot 框架的优势以及学习的必要性；然后，通过一个入门程序让读者快速体验到了 Spring Boot 项目开发的便捷；其次，讲解了 Spring Boot 项目开发中经常用到的单元测试和热部署；最后，深入分析了 Spring Boot 的原理，包括依赖管理、自动配置和执行流程。通过本章的学习，大家应该对 Spring Boot 有一个初步认识，为后续学习 Spring Boot 做好铺垫。

1.6 习题

一、填空题

1. Pivotal 团队在原有_______框架的基础上开发了全新的 Spring Boot 框架。
2. Spring Boot 框架在开发过程中大量使用_______的思想来摆脱框架中各种复杂的手动配置。
3. Spring Boot 2.1.3 版本要求 Java_______及以上版本的支持。
4. Spring Boot 2.1.3 版本框架官方声明支持的第三方项目构建工具包括有_______和_______。
5. @RestController 注解是一个组合注解，主要包含_______和_______两个核心注解。

二、判断题

1. Spring Boot 2.1.3 版本要求 Java 7 及以上版本的支持，同时兼容 Java 11。(　　)
2. 使用 Spring Initializr 搭建 Spring Boot 项目，可以选择任意不同的 Spring Boot 版本，而无须修改。(　　)
3. 使用 Spring Initializr 搭建的 Spring Boot 项目会默认生成项目启动类。(　　)
4. 编写单元测试需要提前加入 spring-boot-starter-test 测试依赖启动器。(　　)
5. Spring Boot 提供了对所有第三方技术框架的整合支持和版本管理。(　　)

三、选择题

1. 以下选项中，哪些属于 Spring Boot 的优点？(　　)(多选)

   A. 可快速构建独立的 Spring 应用　　B. 无须打包即可快速部署

   C. 提供依赖启动器简化构建配置　　D. 极大程度地自动化配置了 Spring 和第三方库

2. IDEA 界面中，【Configure】→【Project Defaults】中的 Project Structure 主要作用是(　　)。

   A. 用于全局 JDK 初始化设置　　B. 用于全局 Maven 初始化设置

   C. 用于全局运行环境设置　　D. 以上都不对

3. 下列关于 Spring Boot 项目各个包作用的说法，正确的是(　　)。(多选)

   A. resources 下 static 中用于存放静态资源文件

   B. resources 下 templates 中用于存放模板文件

   C. application.properties 是项目的全局配置文件

   D. 以上都正确

4. 下列关于 Spring Boot 依赖管理的说法，正确的是（　　）。
   A. spring-boot-starter-parent 父依赖可以为项目提供整合的子依赖文件
   B. spring-boot-starter-parent 父依赖可以为项目提供整合的子依赖版本管理
   C. Web 场景开发依赖 spring-boot-starter-web 可以针对所有 Web 场景开发
   D. Web 场景开发依赖 spring-boot-starter-web 的版本需要自行管理
5. 下列关于 Spring Boot 自动配置原理的说法，错误的是（　　）。
   A. @SpringBootApplication 只包含@SpringBootConfiguration、@EnableAutoConfiguration、@ComponentScan 3 个注解
   B. @SpringBootConfiguration 注解表示当前类为一个配置类并可以被组件扫描器扫描
   C. @EnableAutoConfiguration 的作用是启动自动配置，向容器中导入所有选中的自动配置类
   D. @ComponentScan 注解的主要作用是扫描指定包及其子包下所有注解类文件作为 Spring 容器的组件使用

Spring Boot

2 Chapter

第 2 章 Spring Boot 核心配置与注解

学习目标

- 熟悉 Spring Boot 全局配置文件的使用
- 熟悉 Spring Boot 自定义配置
- 掌握 Spring Boot 配置文件属性值注入
- 掌握 Profile 多环境配置
- 了解随机值设置以及参数间引用

第 1 章简单介绍了 Spring Boot 的基本知识，并动手搭建了第一个 Spring Boot 应用，我们应该体会到了 Spring Boot 在配置方面的惊人简化。本章将带大家学习 Spring Boot 的核心配置与注解，了解 Spring Boot 为什么能做到如此精简。

2.1 全局配置文件

全局配置文件能够对一些默认配置值进行修改。Spring Boot 使用一个 application.properties 或者 application.yaml 的文件作为全局配置文件，该文件存放在 src/main/resource 目录或者类路径的/config，一般会选择 resource 目录。本节将针对这两种全局配置文件进行讲解。

2.1.1 application.properties 配置文件

使用 Spring Initializr 方式构建 Spring Boot 项目时，会在 resource 目录下自动生成一个空的 application.properties 文件，Spring Boot 项目启动时会自动加载 application.properties 文件。

我们可以在 application.properties 文件中定义 Spring Boot 项目的相关属性，当然，这些相关属性可以是系统属性、环境变量、命令参数等信息，也可以是自定义配置文件名称和位置。示例代码如下：

```
server.address=80
server.port=8443
spring.datasource.driver-class-name=com.mysql.jdbc.Driver
spring.config.additional-location=
spring.config.location=
spring.config.name=application
```

更多配置属性，详见官网说明文档。

接下来我们通过一个案例对 Spring Boot 项目中 application.properties 配置文件的具体使用进行讲解。

（1）使用 Spring Initializr 方式创建一个名为 chapter02 的 Spring Boot 项目（本书统一指定创建项目的包结构为 com.itheima），在 Dependencies 依赖选择中选择 Web 依赖。

（2）为了方便查看 application.properties 配置文件属性配置的效果，先在 chapter02 项目的 com.itheima 包下创建一个 domain 包，并在该包下创建两个实体类 Pet 和 Person，内容如文件 2-1 和文件 2-2 所示。

文件2-1　Pet.java

```
1 public class Pet {
2     private String type;
3     private String name;
4     // 省略属性 getter 和 setter 方法
5     // 省略 toString()方法
6 }
```

文件 2-2 Person.java

```
1  import org.springframework.boot.context.properties.ConfigurationProperties;
2  import org.springframework.stereotype.Component;
3  import java.util.*;
4  @Component    //用于将Person类作为Bean注入Spring容器中
5  @ConfigurationProperties(prefix = "person") //将配置文件中以person开头的属性注入该类中
6  public class Person {
7      private int id;           //id
8      private String name;      //名称
9      private List hobby;       //爱好
10     private String[] family; //家庭成员
11     private Map map;
12     private Pet pet;         //宠物
13     // 省略属性getter和setter方法
14     // 省略toString()方法
15 }
```

文件2-1和文件2-2预先准备了两个实体类文件，后续我们会演示将application.properties配置文件中的自定义配置属性注入Person实体类的对应属性中。其中，@ConfigurationProperties(prefix = "person")注解的作用是将配置文件中以person开头的属性值通过setter方法注入实体类对应属性中（此处大家只需要知道该注解的作用即可，后续将会进行详细说明）；@Component注解的作用是将当前注入属性值的Person类对象作为Bean组件放到Spring容器中，只有这样它才能被@ConfigurationProperties注解赋值。

在上述自定义Person类中，添加了一个@Component注解，将该自定义类作为Spring容器的组件，其根本目的是让Spring Boot可以自动扫描到该组件，然后进行其他功能实现。而如果想要将一个自定义类添加为Spring容器的组件，除了可以使用@Component注解外，还可以使用@Controller、@Service、@Repository、@Configuration（关于该注解，会在后续小节进行详细讲解）等注解。

（3）打开chapter02的resources目录下的application.properties配置文件，在该配置文件中编写需要对Person类设置的配置属性，内容如文件2-3所示。

文件 2-3 application.properties

```
1  #对实体类对象Person进行属性配置
2  person.id=1
3  person.name=tom
4  person.hobby=play,read,sleep
5  person.family=father,mother
6  person.map.k1=v1
7  person.map.k2=v2
8  person.pet.type=dog
9  person.pet.name=kity
```

文件2-3中，在Spring Boot默认全局配置文件application.properties中通过“person.xx”对Person的相关属性进行了配置，这些配置属性会通过@ConfigurationProperties(prefix = "person")注解注入Person实体类的对应属性中。

在编写 application.properties 配置文件时，由于要配置的 Person 对象属性是我们自定义的，Spring Boot 无法自动识别，所以不会有任何书写提示。在实际开发中，为了出现代码提示的效果来方便配置，在使用@ConfigurationProperties 注解进行配置文件属性值注入时，可以在 pom.xml 文件中添加一个 Spring Boot 提供的配置处理器依赖，示例代码如下。

```
<dependency>
    <groupId>org.springframework.boot</groupId>
    <artifactId>spring-boot-configuration-processor</artifactId>
    <optional>true</optional>
</dependency>
```

在 pom.xml 中添加上述配置依赖后，还需要重新运行项目启动类或者使用“Ctrl+F9”组合键(即 Build Project)重构当前 Spring Boot 项目方可生效。

(4)为了查看 application.properties 配置文件是否正确，同时查看属性配置效果，在项目 chapter02 的测试类 Chapter02ApplicationTests 中引入 Person 实体类 Bean，并进行输出测试，内容如文件 2-4 所示。

文件 2-4　Chapter02ApplicationTests.java

```
1  import com.itheima.domain.Person;
2  import org.junit.Test;
3  import org.junit.runner.RunWith;
4  import org.springframework.beans.factory.annotation.Autowired;
5  import org.springframework.boot.test.context.SpringBootTest;
6  import org.springframework.test.context.junit4.SpringRunner;
7  @RunWith(SpringRunner.class)
8  @SpringBootTest
9  public class Chapter02ApplicationTests {
10     @Autowired
11     private Person person;
12     @Test
13     public void contextLoads() {
14         System.out.println(person);
15     }
16 }
```

文件 2-4 中，第 10 行代码通过@Autowired 注解将 Person 作为 Bean 注入 Spring 容器，然后在 contextLoads()方法中输出 Person。

运行 contextLoads()方法，控制台的输出结果如图 2-1 所示。

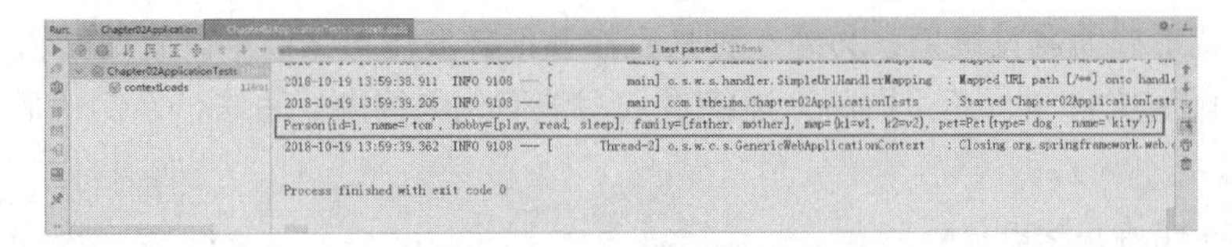

图2-1　contextLoads()方法执行结果

从图 2-1 可以看出，测试方法 contextLoads()运行成功，同时正确打印出了 Person 实体类对象。至此，说明 application.properties 配置文件属性配置正确，并通过相关注解自动完成了属性注入。

2.1.2 application.yaml 配置文件

YAML 文件格式是 Spring Boot 支持的一种 JSON 超集文件格式，相较于传统的 Properties 配置文件，YAML 文件以数据为核心，是一种更为直观且容易被计算机识别的数据序列化格式。application.yaml 配置文件的工作原理和 application.properties 是一样的，只不过 YAML 格式配置文件看起来更简洁一些。

application.yaml 文件使用“key:（空格）value”格式配置属性，使用缩进控制层级关系。

这里我们针对不同数据类型的属性值，介绍一下 YAML 文件配置属性的写法，具体如下所示。

（1）value 值为普通数据类型（如数字、字符串、布尔等）

当 YAML 配置文件中配置的属性值为普通数据类型时，可以直接配置对应的属性值，同时对于字符串类型的属性值，不需要额外添加引号，示例代码如下。

```
server:
    port: 8081
    path: /hello
```

上述代码用于配置 server 的 port 和 path 属性，port 和 path 属于同一层级。

（2）value 值为数组和单列集合

当 YAML 配置文件中配置的属性值为数组或单列集合类型时，主要有两种书写方式：缩进式写法和行内式写法。

其中，缩进式写法还有两种表示形式，示例代码如下。

```
person:
  hobby:
    - play
    - read
    - sleep
```

或者使用如下示例形式。

```
person:
  hobby:
    play,
    read,
    sleep
```

上述代码使用两种缩进式写法为 person 对象的属性 hobby 赋值，其中一种是通过“-（空格）属性值”的形式为属性赋值，另外一种是直接赋值并使用英文逗号分隔属性值。

在 YAML 配置文件中，还可以将上述缩进式写法简化为行内式写法，示例代码如下。

```
person:
  hobby: [play,read,sleep]
```

在 YAML 配置文件中，行内式的写法显然比缩进式更加简便。使用行内式写法设置属性值时，中括号“[ ]”是可以省略的，程序会自动匹配校对属性的值。

（3）value值为Map集合和对象

当YAML配置文件中配置的属性值为Map集合或对象类型时，YAML配置文件格式同样可以分为两种书写方式：缩进式写法和行内式写法。

其中，缩进式写法的示例代码如下。

```
person:
  map:
    k1:v1
    k2:v2
```

对应的行内式写法示例代码如下。

```
person:
  map:{k1:v1,k2:v2}
```

在YAML配置文件中，配置的属性值为Map集合或对象类型时，缩进式写法的形式按照YAML文件格式编写即可，而行内式写法的属性值要用大括号“{}”包含。

接下来在2.1.1节案例的基础上，演示如何使用配置文件application.yaml为Person对象赋值，具体步骤如下。

（1）在chapter02项目的resources目录下，新建一个application.yaml配置文件，在该配置文件中设置Person对象的属性值，内容如文件2-5所示。

文件2-5 application.yaml

```
1  #对实体类对象Person进行属性配置
2  person:
3    id:2
4    name:张三
5    hobby:[sing,read,sleep]
6    family:[father,mother]
7    map:{k1:v1,k2:v2}
8    pet:{type:cat, name:tom}
```

文件2-5中，在Spring Boot全局配置文件application.yaml中配置了person的相关属性，这些配置属性也将会通过@ConfigurationProperties(prefix = "person")注解注入Person实体类的对应属性中。

（2）打开chapter02项目的测试类Chapter02ApplicationTests，再次执行测试方法contextLoads()，对该Person对象进行输出打印（需要将之前在application.properties配置文件中编写过的配置进行注释），查看控制台输出效果，具体如图2-2所示。

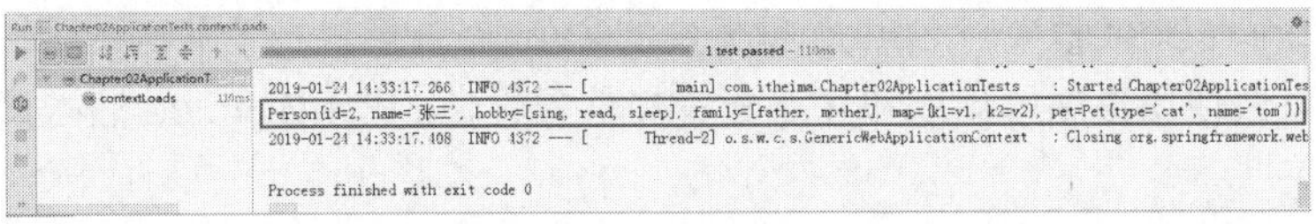

图2-2 contextLoads()方法执行结果

从图2-2可以看出，测试方法contextLoads()同样运行成功，并正确打印出了Person实体类对象。需要说明的是，本次使用application.yaml配置文件进行测试时需要提前将application.properties配置文件中编写过的配置进行注释，这是因为application.properties配置文件的优先级要高于application.yaml配置文件。

至此，关于 Spring Boot 全局配置文件 application.properties 和 application.yaml 的语法格式和使用说明就讲解完毕了。通过对比可以发现，YAML 配置文件的格式更加简明、方便，因此我们推荐使用 YAML 格式配置文件。

2.2 配置文件属性值的注入

使用 Spring Boot 全局配置文件配置属性时，如果配置的属性是 Spring Boot 默认提供的属性，例如服务器端口 server.port，那么 Spring Boot 内部会自动扫描并读取属性值。如果配置的属性是用户自定义属性，例如 2.1 节自定义的 Person 实体类属性，则必须在程序中注入这些配置属性方可生效。Spring Boot 支持多种注入配置文件属性的方式，本节我们将介绍如何使用注解@ConfigurationProperties 和@Value 注入属性。

2.2.1 使用@ConfigurationProperties 注入属性

Spring Boot 提供的@ConfigurationProperties 注解用来快速、方便地将配置文件中的自定义属性值批量注入某个 Bean 对象的多个对应属性中。假设现在有一个配置文件，使用@ConfigurationProperties 注入配置文件的属性，示例代码如下：

```
@Component
@ConfigurationProperties(prefix = "person")
public class Person {
    private int id;
    // 属性的 setXX()方法
    public void setId(int id) {
        this.id = id;
    }
}
```

上述代码使用@Component 和@ConfigurationProperties(prefix = “person”)将配置文件中的每个属性映射到 person 类属性中。

需要注意的是，使用@ConfigurationProperties 注解批量注入属性值时，要保证配置文件中的属性与对应实体类的属性名一致，否则无法正确获取并注入属性值。

2.2.2 使用@Value 注入属性

@Value 注解是 Spring 框架提供的，用来读取配置文件中的属性值并逐个注入 Bean 对象的对应属性中。Spring Boot 框架对 Spring 框架中的@Value 注解进行了默认继承，所以在 Spring Boot 框架中还可以使用该注解读取和注入配置文件属性值。使用@Value 注入属性的示例代码如下：

```
@Component
public class Person {
    @Value("${person.id}")
    private int id;
}
```

上述代码中，@Component 和@Value 用于注入 Person 的 id 属性。其中，@Value 不仅支

持注入 Person 的 id 属性，而且还可以直接为 id 属性赋值，这是@ConfigurationProperties 不支持的。

下面在项目 chapter02 的基础上，演示@Value 注入属性的用法，具体步骤如下：

（1）在 com.itheima.domain 包下新创建一个实体类 Student，并使用@Value 注解注入属性 id 和 name，内容如文件 2-6 所示。

文件 2-6 Student.java

```
1  import org.springframework.beans.factory.annotation.Value;
2  import org.springframework.stereotype.Component;
3  import java.util.*;
4  @Component  // 用于将 Student 类作为 Bean 注入 Spring 容器中
5  public class Student {
6      @Value("${person.id}")
7      private int id;                     //id
8      @Value("${person.name}")
9      private String name;                //名称
10     private List hobby;                 //爱好
11     private String[] family;            //家庭成员
12     private Map map;
13     private Pet pet;                    //宠物
14     @Override
15     public String toString() {
16         return "Student{" +
17                 "id=" + id +
18                 ", name='" + name + '\'' +
19                 ", hobby=" + hobby +
20                 ", family=" + Arrays.toString(family) +
21                 ", map=" + map +
22                 ", pet=" + pet +
23                 '}';
24     }
25 }
```

（2）为了查看@Value 注解方式的使用效果，打开 chapter02 项目的测试类 Chapter02 ApplicationTests，在该测试类中引入 Student 实体类 Bean，并新增一个测试方法进行输出测试，示例代码如下。

```
@Autowired
private Student student;
@Test
public void studentTest() {
    System.out.println(student);
}
```

上述代码中，通过@Autowired 注解引入了 Spring 容器中的 Student 实体类 Bean，在测试方法 studentTest()中对该 Bean 对象进行了输出打印。

执行测试方法 studentTest()后，查看控制台输出效果，结果如图 2-3 所示。

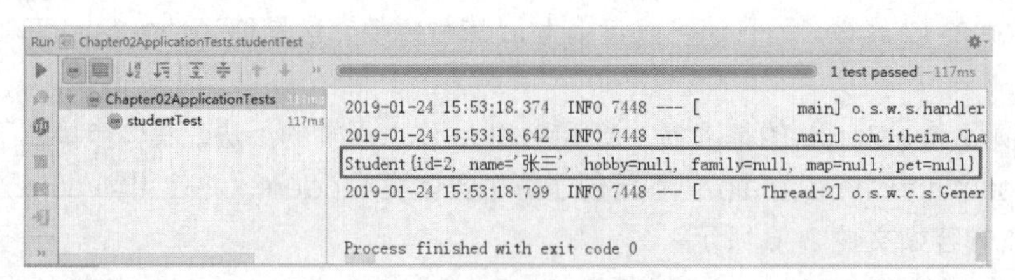

图2-3 studentTest()方法执行结果

从图 2-3 可以看出，测试方法 studentTest()运行成功，同时正确打印出了 Student 实体类对象。需要注意的是，使用@Value 注入的属性类型只能是基本数据类型。

2.2.3 两种注解对比分析

下面我们针对 Spring Boot 支持的配置文件属性注入的两个主要注解@ConfigurationProperties 和@Value 进行对比分析，具体如表 2-1 所示。

表 2-1 @ConfigurationProperties 和@Value 注解对比分析

对比点	@ConfigurationProperties	@Value
底层框架	Spring Boot	Spring
功能	批量注入配置文件中的属性	单个注入
setter 方法	需要	不需要
复杂类型属性注入	支持	不支持
松散绑定	支持	不支持
JSR303 数据校验	支持	不支持
SpEL 表达式	不支持	支持

关于表 2-1 中@ConfigurationProperties 和@Value 注解的对比分析，具体说明如下。

1. 底层框架

@ConfigurationProperties 注解是 Spring Boot 框架自带的；而@Value 注解是 Spring 框架支持的，只不过 Spring Boot 框架对 Spring 进行了默认支持，所以也可以使用@Value 注解的相关功能。

2. 功能

@ConfigurationProperties 能够将配置文件中的属性批量注入 Bean 对象，而@Value 只能一个一个单独注入。

3. 属性 setter 方法

在使用@ConfigurationProperties 注解进行配置文件属性值读取注入时，还必须为每一个属性设置 setter 方法，通过对应的注解才能够将配置文件中的属性一一匹配并注入对应的 Bean 属性上。如果配置文件中没有配置属性值，则会自动将对应的 Bean 属性设置为空。

@Value 完全不需要为属性设置 setter 方法，该注解会先通过表达式读取配置文件中指定的属性值，然后自动注入下方的 Bean 属性上。如果读取的配置文件属性为空，进行属性注入时程序会自动报错。

4. 复杂类型属性注入

@ConfigurationProperties 和@Value 都能注入配置文件中的属性，不同的是，@Configuration

Properties 支持任意数据类型的属性注入，包括基本数据类型和复杂数据类型，而@Value 只能注入基本类型的属性。

5. 松散绑定

@ConfigurationProperties 注解进行配置文件属性值注入时，支持松散绑定语法。例如 Person 类有一个字符串类型的属性 firstName，那么在配置文件中进行属性配置时可以使用如下配置方式，示例代码如下。

```
person.firstName=james        // 标准写法，对应 Person 类属性名
person.first-name=james       // 使用横线“-”分隔多个单词
person.first_name=james       // 使用下划线“_”分隔多个单词
PERSON.FIRST_NAME=james       // 使用大小写格式，推荐常量属性配置
```

如果要注入上述松散绑定语法的属性，那么使用@Value 注入是无效的，只能使用@ConfigurationProperties。

6. JSR303 数据校验

@ConfigurationProperties 注解进行配置文件属性值注入时，支持 JSR303 数据校验，其主要作用是校验配置文件中注入对应 Bean 属性的值是否符合相关值的规则，示例代码如下。

```
@Component
@ConfigurationProperties(prefix = "person")
@Validated      // 引入 Spring 框架支持的数据校验规则
public class Example {
    @Email   // 对属性进行规则匹配
    private String email;
    public void setEmail(String email) {
        this.email = email;
    }
}
```

上述代码中，使用@ConfigurationProperties 注解注入配置文件属性值时，在实体类 Example 上引入@Validated 注解进行数据校验，在属性 email 上引入@Email 注解进行邮件规则校验。如果注入的配置文件属性值不符合相关校验规则，程序会自动报错。@Value 注解不支持 JSR303 数据校验功能。

7. SpEL 表达式

@Value 注解注入配置文件属性时，支持 SpEL 表达式语法，即“#{xx}”。例如 Person 类有一个整数类型的属性 id，直接使用 SpEL 表达式语法进行属性注入，示例代码如下。

```
@Value("#{5*2}")    // 使用@Value 注解的 SpEL 表达式直接为属性注入值
private int id;
```

上述代码在不使用配置文件的情况下，直接使用@Value 注解支持的 SpEL 表达式注入 Bean 属性，而@ConfigurationProperties 注解不支持此功能。

前面的部分我们对@ConfigurationProperties 和@Value 两种注解注入配置文件属性的情况进行了对比分析，那么在实际开发中，到底如何选择使用呢？这里参考两种注解的主要优缺点，并结合实际开发情况给出具体选择说明，如下所述。

（1）如果只是针对某一个业务需求，要引入配置文件中的个别属性值，推荐使用@Value

注解；

（2）如果针对某个 JavaBean 类，需要批量注入属性值，则推荐使用@ConfigurationProperties 注解。

2.3 Spring Boot 自定义配置

Spring Boot 免除了项目中大部分的手动配置，对于一些特定情况，我们可以通过修改全局配置文件以适应具体生产环境，可以说，几乎所有的配置都可以写在全局配置文件中，Spring Boot 会自动加载全局配置文件从而免除我们手动加载的烦恼。但是，如果我们自定义配置文件，Spring Boot 是无法识别这些配置文件的，此时就需要我们手动加载。本节将针对 Spring Boot 的自定义配置文件及其加载方式进行详细讲解。

2.3.1 使用@PropertySource 加载配置文件

如果要加载自定义配置文件，可以使用@PropertySource 和@Configuration 注解实现。@PropertySource 注解可以指定自定义配置文件的位置和名称，@Configuration 注解可以将实体类指定为自定义配置类。如果需要将自定义配置文件中的属性值注入实体类属性，可以使用@ConfigurationProperties 或@Value 注入属性值。

下面在项目 chapter02 的基础上，通过一个案例来演示如何使用@PropertySource 注解加载自定义配置文件，具体步骤如下。

（1）打开 Spring Boot 项目 chapter02 的 resources 目录，在项目的类路径下新建一个 test.properties 自定义配置文件，在该配置文件中编写需要设置的配置属性，内容如文件 2-7 所示。

文件 2-7 test.properties

```
1  #对实体类对象 MyProperties 进行属性配置
2  test.id=110
3  test.name=test
```

（2）在 com.itheima.domain 包自定义一个配置类 MyProperties，内容如文件 2-8 所示。

文件 2-8 MyProperties.java

```
1  import org.springframework.boot.context.properties.ConfigurationProperties;
2  import org.springframework.boot.context.properties.EnableConfigurationProperties;
3  import org.springframework.context.annotation.Configuration;
4  import org.springframework.context.annotation.PropertySource;
5  @Configuration    // 自定义配置类
6  @PropertySource("classpath:test.properties")    // 指定自定义配置文件位置和名称
7  @EnableConfigurationProperties(MyProperties.class) // 开启对应配置类的属性注入功能
8  @ConfigurationProperties(prefix = "test")      // 指定配置文件注入属性前缀
9  public class MyProperties {
10     private int id;
11     private String name;
12     // 省略属性 getter 和 setter 方法
13     // 省略 toString()方法
14 }
```

文件 2-8 中，MyProperties 是一个自定义配置类，用于借助相关注解引入自定义配置文件并注入自定义属性值。关于 MyProperties 类中核心注解的介绍具体如下。

- @Configuration 注解用于表示当前类是一个自定义配置类，该类会作为 Bean 组件添加到 Spring 容器中，这里等同于@Component 注解。
- @PropertySource("classpath:test.properties")注解指定了自定义配置文件的位置和名称，此示例表示自定义配置文件为 classpath 类路径下的 test.properties 文件。
- @ConfigurationProperties(prefix = "test")注解将上述自定义配置文件 test.properties 中以 test 开头的属性值注入该配置类属性中。
- @EnableConfigurationProperties(MyProperties.class) 注解表示开启对应配置类 MyProperties 的属性注入功能，该注解是配合@ConfigurationProperties 使用的。如果自定义配置类使用了@Component 注解而非@Configuration 注解，那么@EnableConfigurationProperties 注解可以省略。

（3）打开 chapter02 项目的测试类 Chapter02ApplicationTests，在该测试类中引入 MyProperties 类型的 Bean，并新增一个测试方法进行输出测试，示例代码如下。

```
@Autowired
private MyProperties myProperties;
@Test
public void myPropertiesTest() {
    System.out.println(myProperties);
}
```

上述代码中，通过@Autowired 注解将 MyProperties 类型的对象自动装载为 Bean，并在测试方法 myPropertiesTest()中输出 Bean。然后在测试方法 myPropertiesTest()中对该 Bean 对象进行了输出打印。

执行上述测试方法 myPropertiesTest()后，查看控制台输出效果，结果如图 2-4 所示。

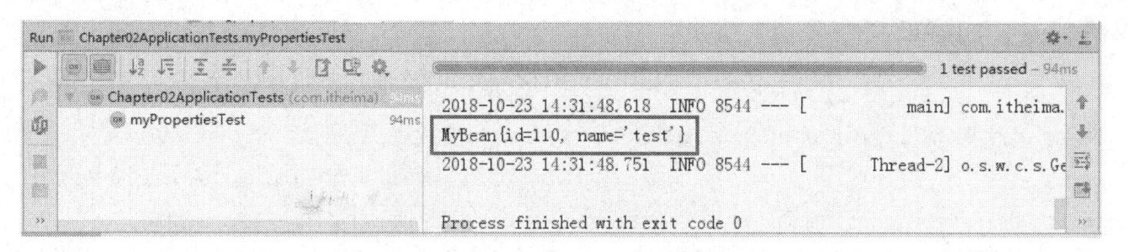

图2-4 myPropertiesTest()方法执行结果

从图 2-4 可以看出，测试方法 myPropertiesTest()运行成功，同时正确打印出了 MyProperties 实体类对象，说明@PropertySource 注解成功加载了自定义配置文件。

2.3.2 使用@ImportResource 加载 XML 配置文件

传统的 Spring 项目配置主要基于 XML 文件。Spring Boot 框架在 Spring 4.x 基础上进行了改进，默认不再使用 XML 文件配置项目，且 XML 配置文件不会加载到 Spring 容器中。如果希望将外部的 XML 文件文件加载到程序中，可以使用@ImportResource 注解加载配置文件。

@ImportResource 注解标注在一个配置类上，通常放置在应用启动类上，使用时需要指定

XML 配置文件的路径和名称。

为了演示@ImportResource 注解的使用，下面我们在 chapter02 项目的基础上通过一个案例来演示说明，具体步骤如下。

（1）在 chapter02 项目下新建一个 com.itheima.config 包，并在该包下创建一个类 MyService，该类中不需要编写任何代码，内容如文件 2-9 所示。

文件 2-9　MyService.java

```
1  public class MyService {
2  }
```

文件 2-9 中创建了一个空的 MyService 类，而该类目前没有添加任何配置和注解，因此还无法正常被 Spring Boot 扫描和识别。

（2）打开 chapter02 项目的 resources 目录，在该目录下创建一个名为 beans.xml 的 XML 自定义配置文件，在该配置文件中将 MyService 配置为 Bean，内容如文件 2-10 所示。

文件 2-10　beans.xml

```
1  <?xml version="1.0" encoding="UTF-8"?>
2  <beans xmlns="http://www.springframework.org/schema/beans"
3       xmlns:xsi="http://www.w3.org/2001/XMLSchema-instance"
4       xsi:schemaLocation="http://www.springframework.org/schema/beans
5               http://www.springframework.org/schema/beans/spring-beans.xsd">
6     <bean id="myService" class="com.itheima.config.MyService" />
7  </beans>
```

文件 2-10 中的 beans.xml 配置文件是使用传统的 Spring 框架 XML 方式编写的配置文件，在该配置文件中通过<bean>标签将 MyService 标注为 Spring 容器中的 Bean 组件。

（3）编写完 Spring 的 XML 配置文件后，Spring Boot 默认是无法识别的，为了保证 XML 配置文件生效，需要在项目启动类 Chapter02Application 上添加@ImportResource 注解来指定 XML 文件位置，内容如文件 2-11 所示。

文件 2-11　Chapter02Application.java

```
1  import org.springframework.boot.SpringApplication;
2  import org.springframework.boot.autoconfigure.SpringBootApplication;
3  import org.springframework.context.annotation.ImportResource;
4  @ImportResource("classpath:beans.xml") // 加载自定义 XML 配置文件位置
5  @SpringBootApplication
6  public class Chapter02Application {
7      public static void main(String[] args) {
8          SpringApplication.run(Chapter02Application.class, args);
9      }
10 }
```

（4）打开 chapter02 项目的测试类 Chapter02ApplicationTests，在该测试类中引入 ApplicationContext 实体类 Bean，并新增一个测试方法进行输出测试，示例代码如下。

```
@Autowired
private ApplicationContext applicationContext;
```

```
@Test
public void iocTest() {
    System.out.println(applicationContext.containsBean("myService"));
}
```

上述代码中，先通过@Autowired 注解引入了 Spring 容器实例 ApplicationContext，然后在测试方法 iocTest()中测试查看该容器中是否包含 id 为 myService 的组件。

执行测试方法 iocTest()后，查看控制台输出效果，结果如图 2-5 所示。

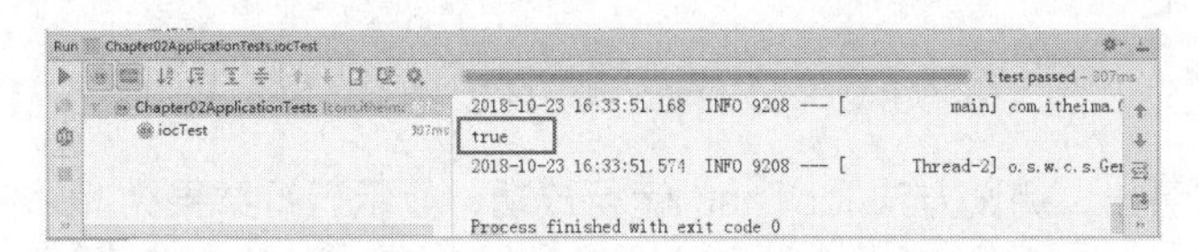

图2-5　使用@ImportResource加载XML配置文件的运行结果

从图 2-5 可以看出，测试方法 iocTest()运行成功，输出结果 true 表示 Spring 容器中已经包含了 id 为 myService 实例，说明@ImportResource 注解成功加载了 Spring 框架的 XML 配置文件。

2.3.3　使用@Configuration 编写自定义配置类

在 2.3.2 小节讲解了如何在 Spring Boot 中引入自定义的 XML 配置文件，这种配置方式在实际开发中的特殊情况下才会使用。在 Spring Boot 开发中，“约定大于配置”的思想，更推荐使用配置类的方式代替 XML 配置。

使用@Configuration 注解可以指定配置类，它的作用和 XML 配置是一样的，配置类中@Bean 注解方法返回的对象都将作为 Bean 注入 Spring 容器，并且默认情况下，使用@Bean 注解的方法名就是组件名。

下面在 chapter02 的基础上，演示@Configuration 编写自定义配置类的用法，具体步骤如下：

（1）在 chapter02 项目的 com.itheima.config 包下，新建一个类 MyConfig，并使用@Configuration 注解将该类声明一个配置类，内容如文件 2-12 所示。

文件 2-12　MyConfig.java

```
1  import org.springframework.context.annotation.Bean;
2  import org.springframework.context.annotation.Configuration;
3  @Configuration  // 定义该类是一个配置类
4  public class MyConfig {
5      @Bean        // 将返回值对象作为组件添加到 Spring 容器中，该组件 id 默认为方法名
6      public MyService myService(){
7          return new MyService();
8      }
9  }
```

文件 2-12 中，MyConfig 是@Configuration 注解声明的配置类（类似于声明了一个 XML 配置文件），该配置类会被 Spring Boot 自动扫描识别；使用@Bean 注解的 myService()方法，其返回值对象会作为组件添加到 Spring 容器中（类似于 XML 配置文件中的<bean>标签配置），并且该组件的 id 默认是方法名 myService。

（2）为了查看@Configuration 注解配置类的效果，我们将之前项目启动类 Chapter02Application 上添加的@ImportResource 注解注释，执行项目测试类 Chapter02ApplicationTests 中的测试方法 iocTest()，查看控制台输出效果，结果如图 2-6 所示。

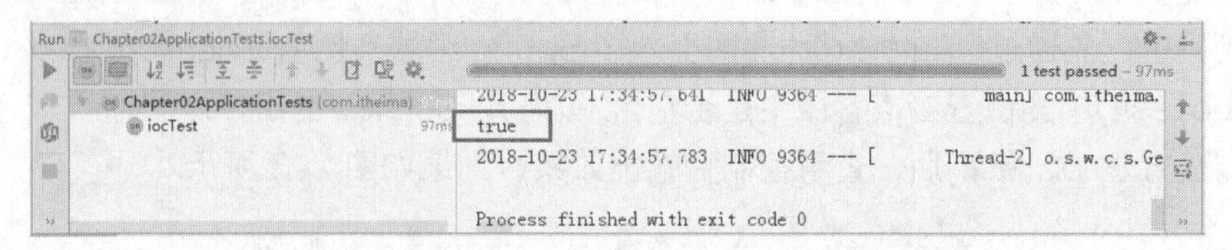

图2-6 使用@Configuration编写自定义配置类的运行结果

从图 2-6 可以看出，测试方法 iocTest()运行成功，显示运行结果为 true，表示 Spring 容器中已经包含了 id 为 myService 的实例对象组件，说明使用自定义配置类的方式同样可以向 Spring 容器添加和配置组件。

2.4 Profile 多环境配置

在实际开发中，应用程序通常需要部署到不同的运行环境中，如开发环境、测试环境、生产环境等。不同的环境可能需要不同的环境配置，针对这种情况，显然手动修改配置文件适应不同开发环境的做法是不太现实的，此时通常会对项目进行多环境配置。Spring Boot 框架提供了两种多环境配置的方式，分别是 Profile 文件多环境配置和@Profile 注解多环境配置。

2.4.1 使用 Profile 文件进行多环境配置

在 Spring Boot 框架中，使用 Profile 配置文件进行多环境配置时，该配置文件名必须满足 application-{profile}.properties 的格式，其中{profile}对应具体的环境标识。这里以开发环境、测试环境和生产环境为例，编写对应环境的配置文件，示例代码如下。

```
application-dev.properties        // 开发环境配置文件
application-test.properties       // 测试环境配置文件
application-prod.properties       // 生产环境配置文件
```

如果想要使用上述对应环境的配置文件，只需要在 Spring Boot 全局配置文件中激活指定环境的配置文件即可。例如，在控制台执行下列命令激活环境配置，命令如下：

```
java -jar xxx.jar --spring.profiles.active=dev
```

除了在控制台使用命令激活指定环境的方式外，还可以在项目全局配置文件中配置 spring.profiles.active 属性激活配置。这里以激活 dev 开发环境配置文件为例，在全局配置文件 application.properties 中配置激活环境的属性，示例代码如下。

```
# 激活开发环境配置文件
spring.profiles.active=dev
```

接下来我们通过一个案例来演示 Profile 多环境配置文件的具体使用，具体步骤如下。

（1）打开 chapter02 项目的 resources 目录，在该目录下按照 Profile 文件命名规则创建不同运行环境对应的配置文件，这里分别创建 application-dev.properties、application-test.properties 和 application-prod.properties 多环境配置文件，并在各个配置文件中对服务端口进行不同的设置，示例代码如下。

- application-dev.properties

```
server.port=8081
```

- application-test.properties

```
server.port=8082
```

- application-prod.properties

```
server.port=8083
```

在 Spring Boot 项目中，程序内部默认端口为 8080，而上述示例中通过 Profile 文件进行了多环境配置，不同的运行环境设置了不同的服务端口号。其中，application-dev.properties 开发环境中，设置服务端口号为 8081；application-test.properties 测试环境中，设置服务端口号为 8082；application-prod.properties 生产环境中，设置服务端口号为 8083。

（2）打开 chapter02 项目的 resources 目录下的全局配置文件 application.properties，在该配置文件中配置 spring.profiles.active 属性选择性激活 Profile 文件设置，示例代码如下。

```
# 指定要激活的 profile 多环境配置文件
spring.profiles.active=dev
```

上述代码中，在全局配置文件 application.properties 中指定激活了开发环境的配置文件，即 application-dev.properties 配置文件。

（3）为了查看使用 Profile 文件进行多环境配置的效果，直接启动 chapter02 项目的启动类 Chapter02Application，并查看控制台输出效果，结果如图 2-7 所示。

```
Run  Chapter02Application
2018-10-24 11:21:58.806  INFO 7640 --- [           main] s.w.s.m.m.a.RequestMappingHandlerMapping : Mapped "{[/error],produces=[text/html]}" onto public org.spri
2018-10-24 11:21:58.839  INFO 7640 --- [           main] o.s.w.s.handler.SimpleUrlHandlerMapping  : Mapped URL path [/webjars/**] onto handler of type [class org
2018-10-24 11:21:58.839  INFO 7640 --- [           main] o.s.w.s.handler.SimpleUrlHandlerMapping  : Mapped URL path [/**] onto handler of type [class org.springf
2018-10-24 11:21:58.998  INFO 7640 --- [           main] o.s.j.e.a.AnnotationMBeanExporter        : Registering beans for JMX exposure on startup
2018-10-24 11:21:59.055  INFO 7640 --- [           main] o.s.b.w.embedded.tomcat.TomcatWebServer  : Tomcat started on port(s): 8081 (http) with context path ''
2018-10-24 11:21:59.063  INFO 7640 --- [           main] com.itheima.Chapter02Application         : Started Chapter02Application in 2.859 seconds (JVM running fo
```

图2-7　使用Profile文件多环境配置的运行结果

从图 2-7 可以看出，程序正常启动，并显示服务启动的端口号为 8081，这与选择激活的配置文件 application-dev.properties 中的端口号一致，说明 Profile 多环境配置文件生效。如果想使用 Profile 文件激活其他环境，可以在全局配置文件 application.properties 中设置对应的配置文件，重启项目查看效果。

2.4.2　使用@Profile 注解进行多环境配置

除了使用 Profile 文件进行多环境配置外，还可以使用@Profile 注解进行多环境配置。@Profile 注解主要作用于类，并通过 value 属性指定配置环境（等同于 Profile 文件名称中的 profile 值）。使用@Profile 注解配置的环境，同样需要在全局配置文件中激活。

下面通过一个案例来演示如何使用@Profile 注解进行多环境配置，具体步骤如下。

（1）在 chapter02 项目的 com.itheima.config 包下，创建一个用于配置数据库的接口文件 DBConnector，具体如文件 2-13 所示。

文件 2-13　DBConnector.java

```
1  public interface DBConnector {
2      public void configure();
3  }
```

（2）在 com.itheima.config 包下，创建三个实现了 DBConnector 接口的类 DevDBConnector、TestDBConnector 和 ProdDBConnector 并重写 configure()方法，分别模拟连接配置不同的数据库环境，具体如文件 2-14、文件 2-15 和文件 2-16 所示。

文件 2-14　DevDBConnector.java

```
1  import org.springframework.context.annotation.Configuration;
2  import org.springframework.context.annotation.Profile;
3  @Configuration
4  @Profile("dev")    // 指定多环境配置类标识
5  public class DevDBConnector implements DBConnector {
6      @Override
7      public void configure() {
8          System.out.println("数据库配置环境 dev");
9      }
10 }
```

文件 2-15　TestDBConnector.java

```
1  import org.springframework.context.annotation.Configuration;
2  import org.springframework.context.annotation.Profile;
3  @Configuration
4  @Profile("test")    // 指定多环境配置类标识
5  public class TestDBConnector implements DBConnector {
6      @Override
7      public void configure() {
8          System.out.println("数据库配置环境 test");
9      }
10 }
```

文件 2-16　ProdDBConnector.java

```
1  import org.springframework.context.annotation.Configuration;
2  import org.springframework.context.annotation.Profile;
3  @Configuration
4  @Profile("prod")    // 指定多环境配置类标识
5  public class ProdDBConnector implements DBConnector {
6      @Override
7      public void configure() {
8          System.out.println("数据库配置环境 prod");
9      }
10 }
```

上述三个实现类都使用了@Configuration 和@Profile 注解，其中，@Configuration 注解将实现类声明为配置类，可以保证 Spring Boot 自动扫描并识别；@Profile 注解用于进行多环境配置，并通过属性标识配置环境。

（3）在全局配置文件 application.properties 中设置 spring.profiles.active 属性激活使用@Profile 注解构建的多环境配置。

（4）为了测试@Profile 注解多环境配置的效果，在 chapter02 项目中新建一个 com.itheima.controller 包，并在该包下创建一个表示数据库连接配置的 DBController 类进行测试，具体如文件 2-17 所示。

文件 2-17　DBController.java

```
1  import com.itheima.config.DBConnector;
2  import org.springframework.beans.factory.annotation.Autowired;
3  import org.springframework.web.bind.annotation.GetMapping;
4  import org.springframework.web.bind.annotation.RestController;
5  @RestController
6  public class DBController {
7      @Autowired
8      private DBConnector dbConnector;
9      @GetMapping("/showDB")
10     public void showDB(){
11         dbConnector.configure();
12     }
13 }
```

文件 2-17 中，@Autowired 注解用于注入 DBConnector，@GetMapping（“/showDB”）注解用于映射 GET 请求,这里用来映射路径为“/showDB”的请求。

（5）启动 chapter02 项目的 Chapter02Application 启动类，查看控制台输出效果，结果如图 2-8 所示。

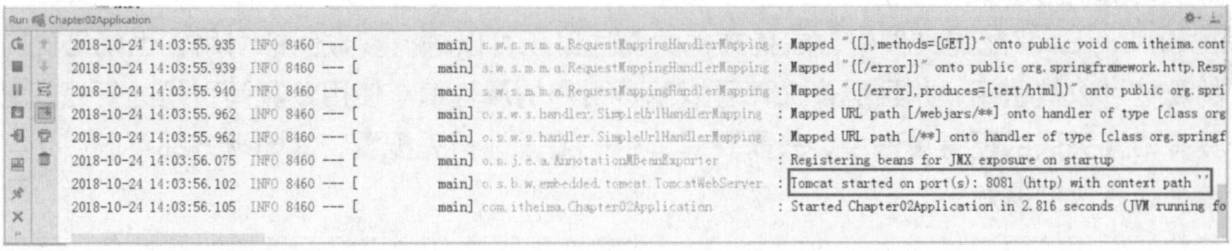

```
2018-10-24 14:03:55.935 INFO 8460 --- [ main] s.w.s.m.m.a.RequestMappingHandlerMapping : Mapped "{[],methods=[GET]}" onto public void com.itheima.cont
2018-10-24 14:03:55.939 INFO 8460 --- [ main] s.w.s.m.m.a.RequestMappingHandlerMapping : Mapped "{[/error]}" onto public org.springframework.http.Resp
2018-10-24 14:03:55.940 INFO 8460 --- [ main] s.w.s.m.m.a.RequestMappingHandlerMapping : Mapped "{[/error],produces=[text/html]}" onto public org.spri
2018-10-24 14:03:55.962 INFO 8460 --- [ main] o.s.w.s.handler.SimpleUrlHandlerMapping : Mapped URL path [/webjars/**] onto handler of type [class org
2018-10-24 14:03:55.962 INFO 8460 --- [ main] o.s.w.s.handler.SimpleUrlHandlerMapping : Mapped URL path [/**] onto handler of type [class org.springf
2018-10-24 14:03:56.075 INFO 8460 --- [ main] o.s.j.e.a.AnnotationMBeanExporter : Registering beans for JMX exposure on startup
2018-10-24 14:03:56.102 INFO 8460 --- [ main] o.s.b.w.embedded.tomcat.TomcatWebServer : Tomcat started on port(s): 8081 (http) with context path ''
2018-10-24 14:03:56.105 INFO 8460 --- [ main] com.itheima.Chapter02Application : Started Chapter02Application in 2.816 seconds (JVM running fo
```

图2-8　使用@Profile注解多环境配置的运行结果

从图 2-8 中可以看出，程序能够正常启动，并且控制台显示 dev 开发环境的端口号是 8081，说明通过 Profile 文件配置的多环境仍然生效。

接着，在浏览器上访问“http://localhost:8081/showDB”，查看控制台输出效果，结果如图 2-9 所示。

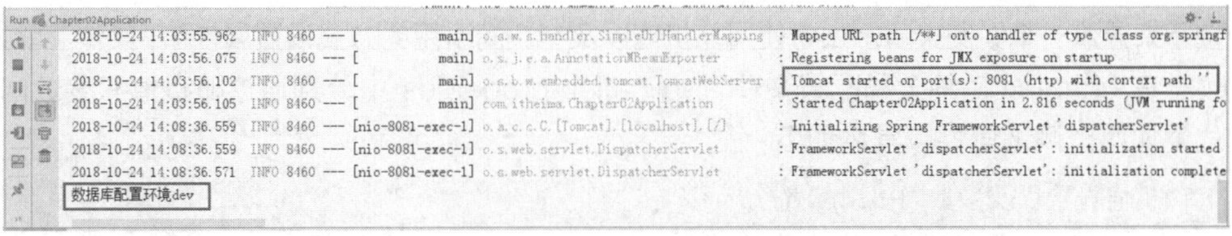

```
2018-10-24 14:03:55.962 INFO 8460 --- [ main] o.s.w.s.handler.SimpleUrlHandlerMapping : Mapped URL path [/**] onto handler of type [class org.springf
2018-10-24 14:03:56.075 INFO 8460 --- [ main] o.s.j.e.a.AnnotationMBeanExporter : Registering beans for JMX exposure on startup
2018-10-24 14:03:56.102 INFO 8460 --- [ main] o.s.b.w.embedded.tomcat.TomcatWebServer : Tomcat started on port(s): 8081 (http) with context path ''
2018-10-24 14:03:56.105 INFO 8460 --- [ main] com.itheima.Chapter02Application : Started Chapter02Application in 2.816 seconds (JVM running fo
2018-10-24 14:08:36.559 INFO 8460 --- [nio-8081-exec-1] o.a.c.c.C.[Tomcat].[localhost].[/] : Initializing Spring FrameworkServlet 'dispatcherServlet'
2018-10-24 14:08:36.559 INFO 8460 --- [nio-8081-exec-1] o.s.web.servlet.DispatcherServlet : FrameworkServlet 'dispatcherServlet': initialization started
2018-10-24 14:08:36.571 INFO 8460 --- [nio-8081-exec-1] o.s.web.servlet.DispatcherServlet : FrameworkServlet 'dispatcherServlet': initialization complete
数据库配置环境dev
```

图2-9　访问http://localhost:8081/showDB控制台输出效果

从图 2-9 可以看出，控制台的端口号为 8081,并打印出指定标识为 dev 的数据库配置信息，也就是说程序执行了数据库连接配置方法 configure()。由此可知无论使用 Profile 文件还是@Profile 注解类都可以进行多环境配置，而且相互之间不会干扰。

2.5 随机值设置以及参数间引用

在 Spring Boot 配置文件中设置属性时，除了可以像前面示例中显示的配置属性值外，还可以使用随机值和参数间引用对属性值进行设置。下面我们针对配置文件中这两种属性值的设置方式进行详细讲解。

1. 随机值设置

在 Spring Boot 配置文件中，随机值设置使用到了 Spring Boot 内嵌的 RandomValueProperty Source 类，对一些隐秘属性值或者测试用例属性值进行随机值注入。

随机值设置的语法格式为￥{random.xx}，xx 表示需要指定生成的随机数类型和范围，它可以生成随机的整数、通用唯一识别码（UUID）或字符串，示例代码如下。

```
my.string=${random.value}          // 配置随机字符串
my.number=${random.int}            // 配置随机的整数
my.bignumber=${random.long}        // 配置随机 long 类型数
my.uuid=${random.uuid}             // 配置随机 UUID 类型数
my.number.less.than.ten=${random.int(10)}    // 配置小于 10 的随机整数
my.number.in.range=${random.int[1024,65536]} // 配置范围在[1024,65536]之间的随机整数
```

上述代码中，使用 RandomValuePropertySource 类中 random 提供的随机数类型，分别展示了不同类型随机值的设置示例。

2. 参数间引用

在 Spring Boot 配置文件中，配置文件的属性值还可以进行参数间的引用，也就是说，先前定义的属性可以被引用，并且配置文件可以解析引用的属性值。使用参数间引用的好处就是，在多个具有相互关联的配置属性中，只需要对其中一处属性预先配置，其他地方都可以引用，省去了后续多处修改的麻烦。

参数间引用的语法格式为￥{xx}，xx 表示先前在配置文件中已经配置过的属性名，示例代码如下。

```
app.name=MyApp
app.description=${app.name} is a Spring Boot application
```

在上述参数间引用设置示例中，先设置了“app.name=MyApp”，将 app.name 属性的属性值设置为了 MyApp；接着，在 app.description 属性配置中，使用￥{app.name}对前一个属性值进行了引用。

接下来通过一个案例来演示如何使用随机值以及参数间引用的方式设置属性值，具体步骤如下：

（1）在 chapter02 的全局配置文件 application.properties 中分别通过随机值和参数间引用的方式添加两个测试属性，具体如下：

```
# 随机值设置以及参数间引用配置
tom.age=${random.int[10,20]}
tom.description=Tom 的年龄可能是${tom.age}
```

在上述 application.properties 配置文件中，先使用随机值设置了 tom.age 属性的属性值，该属性值设置在了[10,20]之间，随后使用参数间引用配置了 tom.description 属性。

（2）在测试类 Chapter02ApplicationTests 中定义 description 属性，并使用@Value 注解注入 tom.description 属性。定义一个测试方法 placeholderTest()输出 description 属性值，示例代码如下：

```
@Value("${tom.description}")
private String description;
@Test
public void placeholderTest() {
    System.out.println(description);
}
```

执行测试方法 placeholderTest()后，查看控制台输出效果，结果如图 2-10 所示。

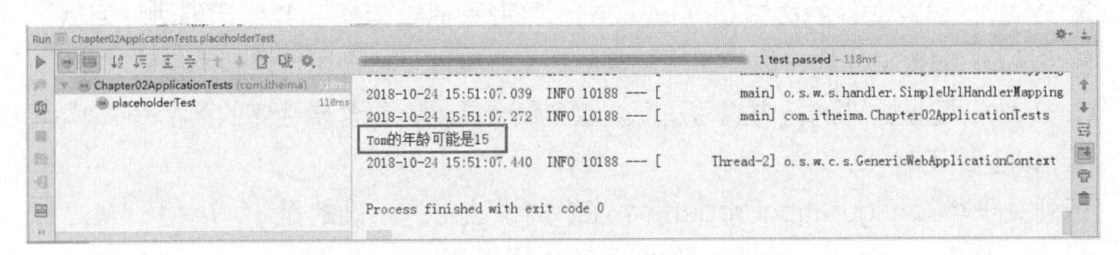

图2-10 placeholderTest()方法执行结果

需要说明的是，由于属性 description 引用了属性 age 的值，age 是 [10,20]范围的随机值，因此执行 placeholderTest()方法输出的结果将是[10,20]范围的某个值。

2.6 本章小结

本章主要讲解了 Spring Boot 的核心配置与注解，包括全局配置的使用、配置文件属性值的注入、Spring Boot 自定义配置、多环境配置、随机值设置以及参数间引用。希望通过本章的学习，大家能够掌握 Spring Boot 的核心配置并灵活运用 Spring Boot 注解进行开发。

2.7 习题

一、填空题

1. 默认情况下，Spring Boot 生成的全局配置文件是________。
2. Spring Boot 项目中，application.yaml 文件使用________格式配置属性。
3. Spring Boot 提供的________注解可以批量将配置文件的属性注入 Bean 对象。
4. 使用________注解注入配置文件属性时，支持 SpEL 表达式语法。
5. Spring Boot 中能够使用________注解进行多环境配置。

二、判断题

1. application.yaml 配置文件的属性类型只能是数组类型。(　　)
2. 使用@ConfigurationProperties 注解注入属性值时，必须为对应的属性提供 setter 方法。(　　)

3. @Value 注解是 Spring Boot 提供的，用来读取配置文件的属性并能够批量注入 Bean。( )

4. @Value 注解支持所有数据类型的属性读取和注入。( )

5. Spring Boot 可以使用@PropertiesResource 注解引入 XML 配置文件。( )

三、选择题

1. 下列关于 Spring Boot 全局配置文件的说法，正确的是 ( )。(多选)
   A. Spring Boot 支持 application.properties 全局配置文件
   B. Spring Boot 支持 application.yaml 全局配置文件
   C. Spring Boot 支持 application.yml 全局配置文件
   D. Spring Boot 全局配置文件必须在项目 resources 根目录下

2. 下列关于 YAML 配置文件的说法，正确的是 ( )。
   A. YAML 配置文件的内容是“key:value”形式的键值对，并使用缩进式写法
   B. YAML 配置文件的行内式写法配置单列集合属性，包含属性值的中括号“[]”可以省略
   C. YAML 配置文件的行内式写法配置双列集合属性，包含属性值的大括号“{}”可以省略
   D. 以上都不对

3. 下列关于@ConfigurationProperties 注解的说法中，正确的是 ( )
   A. @ConfigurationProperties 注解只能作用于类
   B. 使用@ConfigurationProperties 注解为 Bean 注入属性时，必须为 Bean 设置 setter 方法
   C. @ConfigurationProperties 注解必须和@Component 结合使用
   D. 要想使@ConfigurationProperties 注解注入的属性生效，必须使用@EnableConfigurationProperties 注解开启注入

4. 下列关于@ConfigurationProperties 和@Value 注解的说法，正确的是 ( )。
   A. @ConfigurationProperties 和@Value 注解都是 Spring Boot 框架自带的
   B. 进行属性值注入时，@ConfigurationProperties 和@Value 注解配置中必须设置属性的 setter 方法
   C. @ConfigurationProperties 注解进行配置文件属性值注入时，支持 JSR303 数据校验
   D. @Value 注解进行配置文件属性值注入时，支持松散绑定语法

5. 下列关于 Spring Boot 的 Profile 多环境配置的说法，错误的是 ( )。
   A. Spring Boot 提供了两种多环境配置的方式：Profile 文件多环境配置和@Profile 注解多环境配置
   B. Profile 配置文件的名必须满足 application-{profile}.properties 的格式
   C. 可以在项目全局配置文件中配置 spring.profiles.active 属性激活指定的多环境配置文件
   D. 在多个自定义类上直接使用@Profile 注解可以进行多环境配置

3 Chapter

第3章 Spring Boot数据访问

Spring Boot

学习目标

- 掌握Spring Boot整合MyBatis的使用
- 掌握Spring Boot整合JPA的使用
- 掌握Spring Boot整合Redis的使用

在开发中，我们通常会对数据库的数据进行操作，Spring Boot 在简化项目开发以及实现自动化配置的基础上，对关系型数据库和非关系型数据库的访问操作都提供了非常好的整合支持。本章将针对 Spring Boot 的数据访问进行讲解。

3.1 Spring Boot 数据访问概述

Spring Data 是 Spring 提供的一个用于简化数据库访问、支持云服务的开源框架。它是一个伞形项目，包含了大量关系型数据库及非关系型数据库的数据访问解决方案，其设计目的是使我们可以快速且简单地使用各种数据访问技术。Spring Boot 默认采用整合 Spring Data 的方式统一处理数据访问层，通过添加大量自动配置，引入各种数据访问模板 xxxTemplate 以及统一的 Repository 接口，从而达到简化数据访问层的操作。

Spring Data 提供了多种类型数据库支持，Spring Boot 对 Spring Data 支持的数据库进行了整合管理，提供了各种依赖启动器。接下来我们通过一张表罗列 Spring Boot 提供的常见数据库依赖启动器，如表 3-1 所示。

表 3-1 Spring Boot 提供的数据库依赖启动器

名称	描述
spring-boot-starter-data-jpa	Spring Data JPA 与 Hibernate 的启动器
spring-boot-starter-data-mongodb	MongoDB 和 Spring Data MongoDB 的启动器
spring-boot-starter-data-neo4j	Neo4j 图数据库和 Spring Data Neo4j 的启动器
spring-boot-starter-data-redis	Redis 键值数据存储与 Spring Data Redis 和 Jedis 客户端的启动器

需要说明的是，MyBatis 作为操作数据库的流行框架，Spring Boot 没有提供 MyBatis 场景依赖，但是 MyBatis 开发团队自己适配了 Spring Boot，提供了 mybatis-spring-boot-starter 依赖启动器实现数据访问操作。

3.2 Spring Boot 整合 MyBatis

MyBatis 是一款优秀的持久层框架，它支持定制化 SQL、存储过程以及高级映射，避免了几乎所有的 JDBC 代码和手动设置参数以及获取结果集。MyBatis 可以使用简单的 XML 或注解配置和映射原生信息，并将接口和 Java 的 POJOs（Plain Old Java Objects，普通 Java 对象）映射成数据库中的记录。Spring Boot 官方虽然没有对 MyBatis 进行整合，但是 MyBatis 团队自行适配了对应的启动器，进一步简化了 MyBatis 对数据的操作。

3.2.1 基础环境搭建

因为 Spring Boot 框架开发很便利，所以实现 Spring Boot 与数据访问层框架（例如 MyBatis）的整合非常简单，主要是引入对应的依赖启动器，并进行数据库相关参数设置即可。下面我们先来搭建一个 Spring Boot 整合 MyBatis 的基础环境，具体步骤如下：

1. 数据准备

在 MySQL 中，创建一个名为 springbootdata 的数据库，在该数据库中创建两个表 t_article

和t_comment，并预先插入几条测试数据，SQL语句如文件3-1所示。

文件3-1 springbootdata.sql

```
1  # 创建数据库
2  CREATE DATABASE springbootdata;
3  # 选择使用数据库
4  USE springbootdata;
5  # 创建表t_article并插入相关数据
6  DROP TABLE IF EXISTS 't_article';
7  CREATE TABLE 't_article' (
8    'id' int(20) NOT NULL AUTO_INCREMENT COMMENT '文章id',
9    'title' varchar(200) DEFAULT NULL COMMENT '文章标题',
10   'content' longtext COMMENT '文章内容',
11   PRIMARY KEY ('id')
12 ) ENGINE=InnoDB AUTO_INCREMENT=2 DEFAULT CHARSET=utf8;
13 INSERT INTO 't_article' VALUES ('1', 'Spring Boot基础入门', '从入门到精通讲解...');
14 INSERT INTO 't_article' VALUES ('2', 'Spring Cloud基础入门', '从入门到精通讲解...');
15 # 创建表t_comment并插入相关数据
16 DROP TABLE IF EXISTS 't_comment';
17 CREATE TABLE 't_comment' (
18   'id' int(20) NOT NULL AUTO_INCREMENT COMMENT '评论id',
19   'content' longtext COMMENT '评论内容',
20   'author' varchar(200) DEFAULT NULL COMMENT '评论作者',
21   'a_id' int(20) DEFAULT NULL COMMENT '关联的文章id',
22   PRIMARY KEY ('id')
23 ) ENGINE=InnoDB AUTO_INCREMENT=3 DEFAULT CHARSET=utf8;
24 INSERT INTO 't_comment' VALUES ('1', '很全、很详细', '狂奔的蜗牛', '1');
25 INSERT INTO 't_comment' VALUES ('2', '赞一个', 'tom', '1');
26 INSERT INTO 't_comment' VALUES ('3', '很详细', 'kitty', '1');
27 INSERT INTO 't_comment' VALUES ('4', '很好，非常详细', '张三', '1');
28 INSERT INTO 't_comment' VALUES ('5', '很不错', '张杨', '2');
```

文件3-1中，先创建了一个数据库springbootdata，然后创建了两个表t_article和t_comment，并向表中插入数据。其中评论表t_comment的a_id与文章表t_article的主键id相关联。

2. 创建项目，引入相应的启动器

（1）创建Spring Boot项目。创建一个名为chapter03的Spring Boot项目，在Dependencies依赖中选择SQL模块中的MySQL和MyBatis依赖，并根据后续提示完成项目创建。其中，项目依赖选择效果如图3-1所示。

在图3-1所示界面选择的功能模块启动器中，“MySQL”是为了提供MySQL数据库连接驱动，“MyBatis”则是为了提供“MyBatis”框架来操作数据库。

（2）编写数据库表对应的实体类。在chapter03项目中创建名为com.itheima.domain的包，并在该包中编写与数据库表t_comment和t_article对应的实体类Comment和Article，内容分别如文件3-2和文件3-3所示。

文件3-2 Comment.java

```
1  public class Comment {
2      private Integer id;
3      private String content;
```

```
4      private String author;
5      private Integer aId;
6      // 省略属性 getter 和 setter 方法
7      // 省略 toString()方法
8  }
```

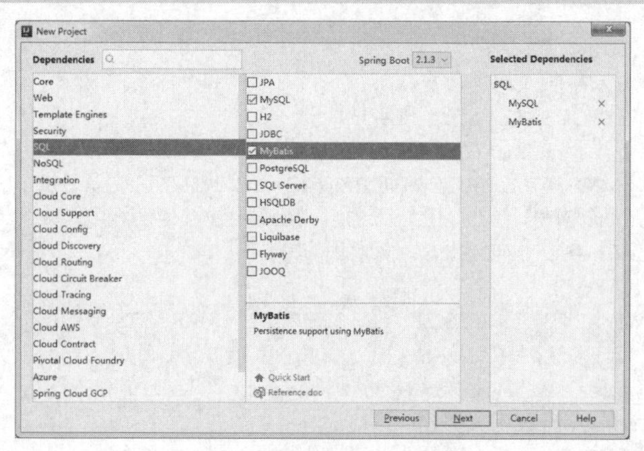

图3-1 项目依赖选择效果

文件 3-3 Article.java

```
1  import java.util.List;
2  public class Article {
3      private Integer id;
4      private String title;
5      private String content;
6      private List<Comment> commentList;
7      // 省略属性 getter 和 setter 方法
8      // 省略 toString()方法
9  }
```

文件 3-2 和文件 3-3 中，实体类 Comment 和 Article 中的属性分别对应的是数据库表 t_comment 和 t_article 的字段，同时还封装了实体类属性的 getter 和 setter 方法。

3. 编写配置文件

（1）在 application.properties 配置文件中进行数据库连接配置。打开全局配置文件 application.properties，在配置文件中编写对应的 MySQL 数据库连接配置，内容如文件 3-4 所示。

文件 3-4 application.properties

```
1  # MySQL 数据库连接配置
2  spring.datasource.url=jdbc:mysql://localhost:3306/springbootdata?serverTimezone=UTC
3  spring.datasource.username=root
4  spring.datasource.password=root
```

文件 3-4 中，编写了连接本地 MySQL 数据库 springbootdata 的相关配置，其中默认连接数据库的用户名和密码均为 root。

（2）数据源类型选择配置。Spring Boot 1.x 版本默认使用的是 tomcat.jdbc 数据源，Spring Boot 2.x 版本默认使用的是 hikari 数据源。如果使用其他数据源，还需要进行额外配置。

这里选择使用阿里巴巴的 Druid 数据源。在 pom.xml 文件中添加 Druid 数据源的依赖启动器，示例代码如下。

```
<dependency>
    <groupId>com.alibaba</groupId>
    <artifactId>druid-spring-boot-starter</artifactId>
    <version>1.1.10</version>
</dependency>
```

上述引入的依赖 druid-spring-boot-starter，同样是阿里巴巴为了迎合 Spring Boot 项目而适配的 Druid 数据源启动器，当在 pom.xml 文件中引入该启动器后，不需要再进行其他额外配置，Spring Boot 项目会自动识别配置 Druid 数据源。

需要说明的是，上述配置的 Druid 数据源启动器内部已经初始化了一些运行参数（例如 initialSize、maxActive 等），如果开发过程中需要修改第三方 Druid 的运行参数，则必须在全局配置文件中修改。修改后的内容如文件 3-5 所示。

文件 3-5　application.properties

```
1  # MySQL 数据库连接配置
2  spring.datasource.url=jdbc:mysql://localhost:3306/springbootdata?serverTimezone=UTC
3  spring.datasource.username = root
4  spring.datasource.password = root
5  #添加并配置第三方数据源 Druid
6  spring.datasource.type = com.alibaba.druid.pool.DruidDataSource
7  spring.datasource.initialSize=20
8  spring.datasource.minIdle=10
9  spring.datasource.maxActive=100
```

文件 3-5 中修改了 Druid 数据源的类型、初始化连接数、最小空闲数和最大连接数属性。如果有其他需求，还可以参考 Druid 属性设置更多参数。

在 application.properties 配置文件中添加上述配置后，会发现配置的 initialSize、minIdle 和 maxActive 属性底纹为黄色（IDEA 开发工具中的显示色），这是因为在 Spring Boot 提供的数据源自动配置类 org.springframework.boot.autoconfigure.jdbc.DataSourceProperties 中，没有与这些参数对应的默认属性，所以这些设置的属性值无法识别和生效。为此，还需要编写一个自定义配置类，将配置文件中的属性注入到 Druid 数据源属性中。

在 chapter03 项目中创建名为 com.itheima.config 的包，并在该包下创建一个自定义配置类对 Druid 数据源属性值进行注入，内容如文件 3-6 所示。

文件 3-6　DataSourceConfig.java

```
1  import com.alibaba.druid.pool.DruidDataSource;
2  import org.springframework.boot.context.properties.ConfigurationProperties;
3  import org.springframework.context.annotation.Bean;
4  import org.springframework.context.annotation.Configuration;
5  import javax.sql.DataSource;
6  @Configuration
7  public class DataSourceConfig {
8      @Bean
9      @ConfigurationProperties(prefix = "spring.datasource")
10     public DataSource getDruid(){
11         return new DruidDataSource();
```

```
12      }
13 }
```

在文件 3-6 中，通过@Configuration 注解标识了一个自定义配置类 DataSourceConfig，在该配置类中通过@Bean 注解注入了一个 DataSource 实例对象，@ConfigurationProperties(prefix = "spring.datasource")注解的作用是将全局配置文件中以 spring.datasource 开头的属性值注入到 getDruid()方法返回的 DataSource 类对象属性中，这样就可以完成第三方数据源参数值的注入。

小提示

上述编写配置文件的第（2）步中，在本教材中不用进行数据源类型选择配置也是可以完成案例演示的，但是为了更贴近实际开发需求，我们更完善地讲解了在 Spring Boot 中数据源配置的具体操作。

另外，在 pom.xml 中添加第三方数据源 Druid 依赖时，本书直接选了适配 Spring Boot 开发的 Druid 启动器 druid-spring-boot-starter，所以可以不需要再进行其他配置，项目就会自动识别该数据源。而有些读者可能会使用独立的 Druid 依赖文件，这时就必须在全局配置文件中额外添加“spring.datasource.type = com.alibaba.druid.pool.DruidDataSource”配置，这样项目才会识别配置的 Druid 数据源。

3.2.2 使用注解的方式整合 MyBatis

相比 Spring 与 Mybatis 的整合，Spring Boot 与 MyBatis 的整合会使项目开发更加简便，同时还支持 XML 和注解两种配置方式。下面我们使用注解的方式讲解 Spring Boot 与 MyBatis 的整合使用，具体步骤如下。

（1）创建 Mapper 接口文件。在 chapter03 项目中创建名为 com.itheima.mapper 的包，并在该包下创建一个用于对数据库表 t_comment 数据操作的接口 CommentMapper，内容如文件 3-7 所示。

文件 3-7 CommentMapper.java

```
1  import com.itheima.domain.Comment;
2  import org.apache.ibatis.annotations.*;
3  @Mapper
4  public interface CommentMapper {
5      @Select("SELECT * FROM t_comment WHERE id =#{id}")
6      public Comment findById(Integer id);
7      @Insert("INSERT INTO t_comment(content,author,a_id) " +
8              "values (#{content},#{author},#{aId})")
9      public int insertComment(Comment comment);
10     @Update("UPDATE t_comment SET content=#{content} WHERE id=#{id}")
11     public int updateComment(Comment comment);
12     @Delete("DELETE FROM t_comment WHERE id=#{id}")
13     public int deleteComment(Integer id);
14 }
```

文件 3-7 中，@Mapper 注解表示该类是一个 MyBatis 接口文件，并保证能够被 Spring Boot 自动扫描到 Spring 容器中；在该接口内部，分别通过@Select、@Insert、@Update、@Delete 注解配合 SQL 语句完成了对数据库表 t_comment 数据的增删改查操作。

文件3-7中，在对应的接口类上添加了@Mapper注解，如果编写的Mapper接口过多时，需要重复为每一个接口文件添加@Mapper注解。为了避免这种麻烦，可以直接在Spring Boot项目启动类上添加@MapperScan("xxx")注解，不需要再逐个添加@Mapper 注解。@MapperScan("xxx")注解的作用和@Mapper注解类似，但是它必须指定需要扫描的具体包名，例如@MapperScan("com.itheima.mapper")。

（2）编写单元测试进行接口方法测试。打开chapter03项目的测试类Chapter03ApplicationTests，在该测试类中引入CommentMapper接口，并对接口方法进行测试，内容如文件3-8所示。

文件3-8　Chapter03ApplicationTests.java

```
1  import com.itheima.mapper.CommentMapper;
2  import com.itheima.domain.*;
3  import org.junit.Test;
4  import org.junit.runner.RunWith;
5  import org.springframework.beans.factory.annotation.Autowired;
6  import org.springframework.boot.test.context.SpringBootTest;
7  import org.springframework.test.context.junit4.SpringRunner;
8  @RunWith(SpringRunner.class)
9  @SpringBootTest
10 public class Chapter03ApplicationTests {
11     @Autowired
12     private CommentMapper commentMapper;
13     @Test
14     public void selectComment() {
15         Comment comment = commentMapper.findById(1);
16         System.out.println(comment);
17     }
18 }
```

文件3-8中，首先通过@Autowired注解将CommentMapper接口自动装配为Spring容器中的Bean，然后使用@Test注解标注selectComment()方法是单元测试方法。由于篇幅有限，这里仅演示Mapper接口中的数据查询。

（3）整合测试。执行测试方法selectComment()，控制台的输出结果如图3-2所示。

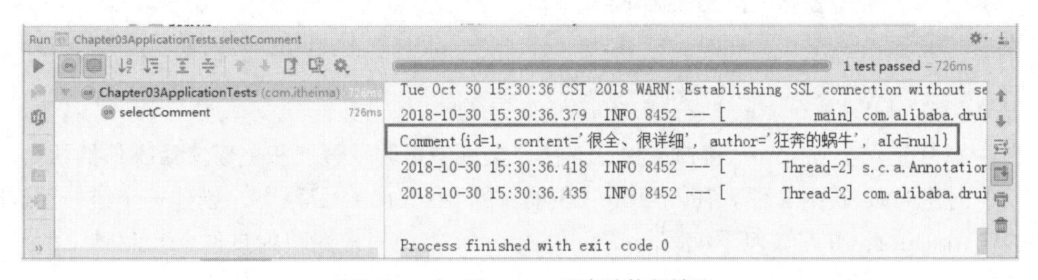

图3-2　selectComment()方法执行结果

从图3-2可以看出，selectComment()方法执行成功，在控制台中打印出了查询的结果信息，这说明使用注解的方式整合MyBatis成功。

细心的读者会发现，控制台中查询的 Comment 的 aId 属性值为 null，没有映射成功。这是因为编写的实体类Comment中使用了驼峰命名方式将t_comment表中的a_id字段设计成了aId属性，所以无法正确映射查询结果。为了解决上述由于驼峰命名方式造成的表字段值无法正确映射到类属性的情况，可以在Spring Boot全局配置文件application.properties中添加开启驼峰命名匹配映射配置，示例代码如下。

```
#开启驼峰命名匹配映射
mybatis.configuration.map-underscore-to-camel-case=true
```

在全局配置文件 application.properties 中配置开启驼峰命名匹配映射后，再次执行 selectComment()单元测试方法，控制台效果如图 3-3 所示。

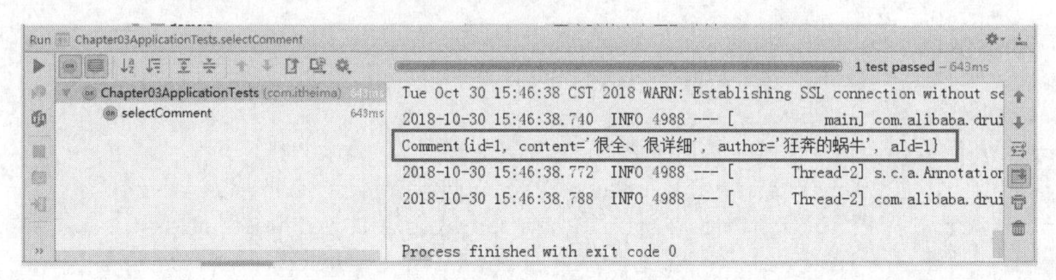

图3-3 selectComment()方法执行结果

从图 3-3 可以看出，开启驼峰命名匹配映射规则后，查询的 t_comment 表数据全部成功映射到与之对应的 Comment 实体类对象中。

3.2.3 使用配置文件的方式整合 MyBatis

Spring Boot 与 MyBatis 整合使用时，不仅支持注解方式，还支持 XML 配置文件的方式。下面通过一个案例来演示如何使用配置文件的方式整合 MyBatis，具体步骤如下。

（1）创建 Mapper 接口文件。在 chapter03 项目的 com.itheima.mapper 包中，创建一个操作数据表 t_article 的接口 ArticleMapper，内容如文件 3-9 所示。

文件 3-9 ArticleMapper.java

```
1  import com.itheima.domain.Article;
2  import org.apache.ibatis.annotations.Mapper;
3  @Mapper
4  public interface ArticleMapper {
5      public Article selectArticle(Integer id);
6      public int updateArticle(Article article);
7  }
```

文件 3-9 是一个 Mapper 接口文件，该接口文件中声明了查询和更新文章操作的两个方法。

（2）创建 XML 映射文件。在 chapter03 项目的 resources 目录下，创建一个统一管理映射文件的包 mapper，并在该包下编写与 ArticleMapper 接口对应的映射文件 ArticleMapper.xml，内容如文件 3-10 所示。

文件 3-10 ArticleMapper.xml

```
1  <?xml version="1.0" encoding="UTF-8" ?>
2  <!DOCTYPE mapper PUBLIC "-//mybatis.org//DTD Mapper 3.0//EN"
3          "http://mybatis.org/dtd/mybatis-3-mapper.dtd">
```

```
4  <mapper namespace="com.itheima.mapper.ArticleMapper">
5     <!-- 1.查询文章详细（包括评论信息） -->
6     <select id="selectArticle" resultMap="articleWithComment">
7       SELECT a.*,c.id c_id,c.content c_content,c.author
8       FROM t_article a,t_comment c
9       WHERE a.id=c.a_id AND a.id = #{id}
10    </select>
11    <resultMap id="articleWithComment" type="Article">
12       <id property="id" column="id" />
13       <result property="title" column="title" />
14       <result property="content" column="content" />
15       <collection property="commentList" ofType="Comment">
16          <id property="id" column="c_id" />
17          <result property="content" column="c_content" />
18          <result property="author" column="author" />
19       </collection>
20    </resultMap>
21    <!-- 2.根据文章id更新文章信息 -->
22    <update id="updateArticle" parameterType="Article" >
23       UPDATE t_article
24       <set>
25          <if test="title !=null and title !=''">
26             title=#{title},
27          </if>
28          <if test="content !=null and content !=''">
29             content=#{content}
30          </if>
31       </set>
32       WHERE id=#{id}
33    </update>
34 </mapper>
```

文件3-10中，<mapper>标签的namespace属性值对应的是ArticleMapper接口文件的全路径名称，在映射文件中根据ArticleMapper接口文件中的方法，编写两个对应的SQL语句；同时配置数据类型映射时，没有使用类的全路径名称，而是使用了类的别名（例如，没有使用com.itheima.domain.Article而是使用了Article）。

需要说明的是，这里只是演示了使用配置文件方式整合MyBatis的使用，关于MyBatis映射文件中SQL语句的具体语法，读者可以自行查阅MyBatis官方文档说明。

（3）配置XML映射文件路径。我们在项目中编写的XML映射文件，Spring Boot并无从知晓，所以无法扫描到该自定义编写的XML配置文件，还必须在全局配置文件application.properties中添加MyBatis映射文件路径的配置，同时需要添加实体类别名映射路径，示例代码如下。

```
#配置MyBatis的XML配置文件路径
mybatis.mapper-locations=classpath:mapper/*.xml
#配置XML映射文件中指定的实体类别名路径
mybatis.type-aliases-package=com.itheima.domain
```

上述代码中，在使用配置文件方式整合MyBatis时，MyBatis映射文件路径的配置必不可少；

而实体类别名映射路径的配置是根据前面创建的 XML 映射文件别名使用情况来确定的，如果XML 映射文件中使用的都是类的全路径名称，则不需要该配置项。

（4）编写单元测试进行接口方法测试。打开项目的测试类 Chapter03ApplicationTests，在该测试类中引入 ArticleMapper 接口，并对接口方法进行测试，示例代码如下。

```
@Autowired
private ArticleMapper articleMapper;
@Test
public void selectArticle() {
    Article article = articleMapper.selectArticle(1);
    System.out.println(article);
}
```

（5）整合测试。为了方便查看，这里选择 Debug 方式执行 selectArticle()方法查看 id 为 1 的 article 对象，结果如图 3-4 所示。

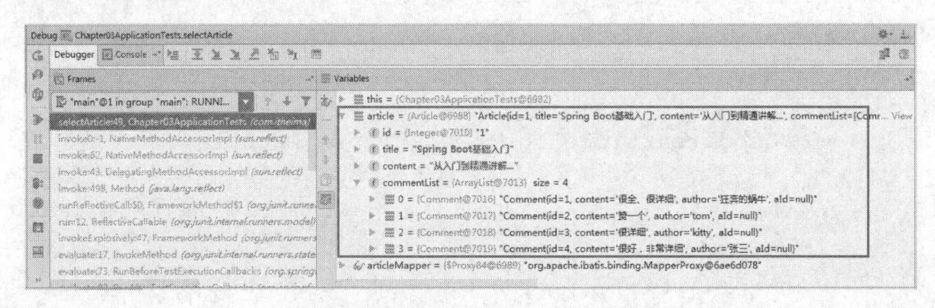

图3-4　selectArticle()方法执行结果

从图 3-4 可以看出，selectArticle()方法执行成功，查询出了文章 id 为 1 的文章详情，并关联查询出了对应的评论信息，这说明使用配置文件的方式整合 MyBatis 成功。

对于 Spring Boot 支持与 MyBatis 整合的两种方式而言，使用注解的方式比较适合简单的增删改查操作；而使用配置文件的方式稍微麻烦，但对于复杂的数据操作却显得比较实用。实际开发中，使用 Spring Boot 整合 MyBatis 进行项目开发时，通常会混合使用两种整合方式。

3.3 Spring Boot 整合 JPA

JPA（Java Persistence API，Java 持久化 API）是 Sun 公司官方提出的 Java 持久化规范，它为 Java 开发人员提供了一种对象/关系映射的工具管理 Java 中的关系型数据，其主要目的是简化现有的持久化开发工作和整合 ORM（Object Relational Mapping，对象/关系映射）技术。Spring Data 在 JPA 规范的基础上，充分利用其优点，提出了 Spring Data JPA 模块对具有 ORM 关系数据进行持久化操作。

3.3.1 Spring Data JPA 介绍

Spring Data JPA 是 Spring 在 ORM 框架、JPA 规范的基础上封装的一套 JPA 应用框架，它提供了增删改查等常用功能，使开发者可以用较少的代码实现数据操作，同时还易于扩展。考虑到部分读者可能对 Spring Data JPA 并不熟悉，在正式讲解 Spring Boot 整合 JPA 之前，我们先针对 Spring Data JPA 的基本使用进行简单介绍，具体内容如下。

1. 编写ORM实体类

Spring Data JPA框架是针对具有ORM关系的数据进行操作，所以在使用Spring Data JPA时，首先需要编写一个实体类与数据表进行映射，并且配置好映射关系，示例代码如下。

```
@Entity(name = "t_comment")
public class Discuss {
    @Id
    @GeneratedValue(strategy = GenerationType.IDENTITY)
    private Integer id;
    @Column(name = "a_id")
    private Integer aId;
    // 省略getXX()和setXX()方法
}
```

上述代码定义了一个Spring Data JPA实体类Discuss，并将该类与数据表t_comment进行映射。下面针对上述代码用到的注解进行简要说明，具体如下。

（1）@Entity：标注要与数据库做映射的实体类，默认情况下，数据表的名称就是首字母小写的类名。当然，还可以使用name属性指定映射的表名。

（2）@Id：标注在类属性或者getter方法上，表示某一个属性对应表中的主键。

（3）@GeneratedValue：与@Id注解标注在同一位置，用于表示属性对应主键的生成策略，可省略。Spring Data JPA支持的主键生成策略包括有TABLE（使用一个特定的数据库表格来保存主键）、SEQUENCE（不支持主键自增长的数据库主键生成策略）、IDENTITY（主键自增）和AUTO（JPA自主选择前面3种合适的策略，是默认选项）。

（4）@Column：标注在属性上，当类属性与表字段名不同时，能够配合name属性表示类属性对应的表字段名。

2. 编写Repository接口

下面我们针对不同的表数据操作编写各自对应的Repository接口，并根据需要编写对应的数据操作方法，示例代码如下。

```
public interface DiscussRepository extends JpaRepository<Discuss,Integer> {
    public List<Discuss> findByAuthorNotNull();
    @Query("SELECT c FROM t_comment c WHERE c.aId = ?1")
    public List<Discuss> getDiscussPaged(Integer aid,Pageable pageable);
    @Query(value = "SELECT * FROM t_comment  WHERE  a_Id = ?1",nativeQuery = true)
    public List<Discuss> getDiscussPaged2(Integer aid,Pageable pageable);
    @Transactional
    @Modifying
    @Query("UPDATE t_comment c SET c.author = ?1 WHERE c.id = ?2")
    public int updateDiscuss(String author,Integer id);
    @Transactional
    @Modifying
    @Query("DELETE t_comment c WHERE c.id = ?1")
    public int deleteDiscuss(Integer id);
}
```

上述代码实现了对数据进行删除、修改和查询的操作，下面针对这些操作的相关方法进行介绍，具体如下。

（1）findByAuthorNotNull()方法：该方法是一个基本的查询方法，上方没有任何注解，属于JPA 支持的方法名关键字查询方式；同时通过定义的方法名可以猜测出，该方法的作用是查询author 非空的 Discuss 评论信息。

（2）getDiscussPaged()方法：该方法上方通过@Query 注解引入了一个 SQL 语句，用于通过文章分页 ID 查询 Discuss 评论信息。

（3）getDiscussPaged2()方法：该方法的功能与 getDiscussPaged()基本类似，区别是该方法上方的@Query 注解将 nativeQuery 属性设置为 true（默认 false），用来编写原生 SQL 语句。

（4）updateDiscuss()方法和 deleteDiscuss()方法：这两个方法同样使用@Query 注解配置了对应的 SQL 语句，这两个方法分别对应数据的更新和删除操作；需要说明的是，数据更新或者删除操作的方法上还使用了@Modifying 和@Transactional 注解，其中，@Modifying 表示支持数据变更，@Transactional 表示支持事务管理。

下面我们针对编写 Spring Data JPA 的 Repository 接口方法时需要注意的问题进行重点说明。

（1）使用 Spring Data JPA 自定义 Repository 接口，必须继承 XXRepository<T, ID>接口，其中的 T 代表要操作的实体类，ID 代表实体类主键数据类型。在上述示例中，选择继承了 JpaRepository 接口，它的继承结构如图 3-5 所示。

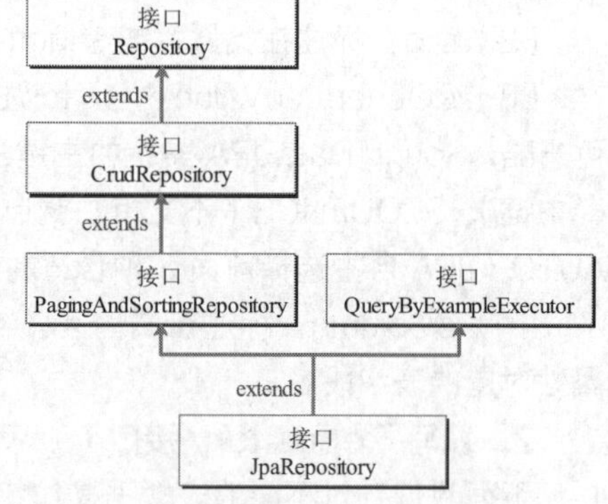

图3-5 JpaRepository接口继承结构

下面我们对图 3-5 中 JpaRepository 接口继承结构中涉及的接口进行说明，具体如下。

- Repository 是 Spring Data JPA 提供的用于自定义 Repository 接口的顶级父接口，该接口中没有声明任何方法。
- CrudRepository 接口是 Repository 的继承接口之一，包含了一些基本的 CRUD 方法。
- PagingAndSortingRepository 接口继承 CrudRepository 接口的同时，提供了分页和排序两个方法。
- QueryByExampleExecutor 接口是进行条件封装查询的顶级父接口，允许通过 Example 实例执行复杂条件查询。

JpaRepository 接口同时继承了 PagingAndSortingRepository 接口和 QueryByExampleExecutor 接口，并额外提供了一些数据操作方法。自定义 Repository 接口文件时，通常会直接选择继承 JpaRepository 接口。

（2）在使用 Spring Data JPA 进行数据操作时，可以有多种实现方式，主要方式如下。

- 如果自定义接口继承了 JpaRepository 接口，则默认包含了一些常用的 CRUD 方法。
- 自定义 Repository 接口中，可以使用@Query 注解配合 SQL 语句进行数据的查、改、删操作。
- 自定义 Repository 接口中，可以直接使用方法名关键字进行查询操作。

其中，Spring Data JPA 中支持的方法名关键字及对应的 SQL 片段说明，如表 3-2 所示。

表 3-2 JPA 中支持的方法名关键字

关键字	方法名示例	对应的 SQL 片段
And	findByLastnameAndFirstname	where x.lastname = ?1 and x.firstname = ?2
Or	findByLastnameOrFirstname	where x.lastname = ?1 or x.firstname = ?2
Is，Equals	findByFirstname，findByFirstnameIs，findByFirstnameEquals	where x.firstname = ?1
Between	findByStartDateBetween	where x.startDate between ?1 and ?2
LessThan	findByAgeLessThan	where x.age < ?1
LessThanEqual	findByAgeLessThanEqual	where x.age <= ?1
GreaterThan	findByAgeGreaterThan	where x.age > ?1
GreaterThanEqual	findByAgeGreaterThanEqual	where x.age >= ?1
After	findByStartDateAfter	where x.startDate > ?1
Before	findByStartDateBefore	where x.startDate < ?1
IsNull	findByAgeIsNull	where x.age is null
IsNotNull，NotNull	findByAge(Is)NotNull	where x.age not null
Like	findByFirstnameLike	where x.firstname like ?1
NotLike	findByFirstnameNotLike	where x.firstname not like ?1
StartingWith	findByFirstnameStartingWith	where x.firstname like ?1 (绑定参数 %)
EndingWith	findByFirstnameEndingWith	where x.firstname like ?1 (绑定参数 %)
Containing	findByFirstnameContaining	where x.firstname like ?1 (绑定参数 %)
OrderBy	findByAgeOrderByLastnameDesc	where x.age = ?1 order by x.lastname desc
Not	findByLastnameNot	where x.lastname <> ?1
In	findByAgeIn(Collection<Age> ages)	where x.age in ?1
NotIn	findByAgeNotIn(Collection<Age> ages)	where x.age not in ?1
True	findByActiveTrue()	where x.active = true
False	findByActiveFalse()	where x.active = false
IgnoreCase	findByFirstnameIgnoreCase	where UPPER(x.firstame) = UPPER(?1)

（3）在自定义的 Repository 接口中，针对数据的变更操作（修改、删除），无论是否使用了@Query 注解，都必须在方法上方添加@Transactional 注解进行事务管理，否则程序执行就会出现 InvalidDataAccessApiUsageException 异常。如果在调用 Repository 接口方法的业务层 Service 类上已经添加了@Transactional 注解进行事务管理，那么 Repository 接口文件中就可以省略@Transactional 注解。

（4）在自定义的 Repository 接口中，使用@Query 注解方式执行数据变更操作（修改、删除），除了要使用@Query 注解，还必须添加@Modifying 注解表示数据变更。

（5）JPA 还支持使用 Example 实例进行复杂条件查询。例如，针对 JpaRepository 接口中已存在的 findAll(Example<S> var1)方法进行查询，示例代码如下。

```
// 1.使用 Example 精确匹配查询条件
Discuss discuss =new Discuss();
```

```
discuss.setAuthor("张三");
Example<Discuss> example = Example.of(discuss);
List<Discuss> list = repository.findAll(example);
// 2.使用 ExampleMatcher 模糊匹配查询条件
Discuss discuss =new Discuss();
discuss.setAuthor("张");
ExampleMatcher matcher = ExampleMatcher.matching()
            .withMatcher("author",startsWith());
Example<Discuss> example = Example.of(discuss, matcher);
List<Discuss> list = repository.findAll(example);
```

上述代码针对 Spring Data JPA 的一些基本使用进行了说明，实际上，Spring Data JPA 还包含更多语法和使用方式，有兴趣的读者可以查看官方文档学习。

3.3.2 使用 Spring Boot 整合 JPA

下面我们来重点讲解 Spring Boot 与 JPA 的整合使用，具体步骤如下。

（1）添加 Spring Data JPA 依赖启动器。在项目的 pom.xml 文件中添加 Spring Data JPA 依赖启动器，示例代码如下。

```
<dependency>
    <groupId>org.springframework.boot</groupId>
    <artifactId>spring-boot-starter-data-jpa</artifactId>
</dependency>
```

上述代码中，并没有编写 Spring Data JPA 对应的版本号，这是因为 Spring Boot 对 Spring Data JPA 的版本号进行了统一管理。

（2）编写 ORM 实体类。为了方便操作，我们以之前创建的数据库表 t_comment 为例编写对应的实体类，将之前创建的 Comment 类复制一份并重命名为 Discuss，同时参考 3.3.1 小节介绍添加 JPA 对应的注解进行映射配置，内容如文件 3-11 所示。

文件 3-11　Discuss.java

```
1  import javax.persistence.*;
2  @Entity(name = "t_comment")  // 设置 ORM 实体类，并指定映射的表名
3  public class Discuss {
4      @Id   // 表明映射对应的主键 id
5      @GeneratedValue(strategy = GenerationType.IDENTITY) // 设置主键自增策略
6      private Integer id;
7      private String content;
8      private String author;
9      @Column(name = "a_id")  //指定映射的表字段名
10     private Integer aId;
11     // 省略属性 getXX()和 setXX()方法
12     // 省略 toString()方法
13 }
```

（3）编写 Repository 接口。在 chapter03 项目中创建名为 com.itheima.repository 的包，并在该包下创建一个用于对数据库表 t_comment 进行操作的 Repository 接口 DiscussRepository，内容如文件 3-12 所示。

文件 3-12 DiscussRepository.java

```
1  import com.itheima.domain.Discuss;
2  import org.springframework.data.domain.Pageable;
3  import org.springframework.data.jpa.repository.*;
4  import org.springframework.transaction.annotation.Transactional;
5  import java.util.List;
6  public interface DiscussRepository extends JpaRepository<Discuss,Integer> {
7     // 1.查询author非空的Discuss评论集合
8     public List<Discuss> findByAuthorNotNull();
9     // 2.根据文章id分页查询Discuss评论集合
10    @Query("SELECT c FROM t_comment c WHERE  c.aId = ?1")
11    public List<Discuss> getDiscussPaged(Integer aid,Pageable pageable);
12    // 3.使用元素SQL语句，根据文章id分页查询Discuss评论集合
13    @Query(value = "SELECT * FROM t_comment  WHERE  a_Id = ?1",nativeQuery = true)
14    public List<Discuss> getDiscussPaged2(Integer aid,Pageable pageable);
15    // 4.根据评论id修改评论作者author
16    @Transactional
17    @Modifying
18    @Query("UPDATE t_comment c SET c.author = ?1 WHERE  c.id = ?2")
19    public int updateDiscuss(String author,Integer id);
20    // 5.根据评论id删除评论
21    @Transactional
22    @Modifying
23    @Query("DELETE t_comment c WHERE  c.id = ?1")
24    public int deleteDiscuss(Integer id);
25 }
```

文件3-12中，自定义了一个DiscussRepository接口文件，并编写了对数据表t_comment进行查、改、删操作的方法。

（4）编写单元测试进行接口方法测试。将Chapter03ApplicationTests测试类在当前位置复制一份并重命名为JpaTests，用来编写Jpa相关的单元测试，并对内容稍微修改后编写DiscussRepository接口对应的测试方法，内容如文件3-13所示。

文件 3-13 JpaTests.java

```
1  import static org.springframework.data.domain.ExampleMatcher.
2                                      GenericPropertyMatchers.startsWith;
3  ...
4  @RunWith(SpringRunner.class)
5  @SpringBootTest
6  public class JpaTests {
7     @Autowired
8     private DiscussRepository repository;
9     // 1.使用JpaRepository内部方法进行数据操作
10    @Test
11    public void selectComment() {
12       Optional<Discuss> optional = repository.findById(1);
13       if(optional.isPresent()){
14          System.out.println(optional.get());
15       }
```

```
16          System.out.println();
17      }
18      // 2.使用方法名关键字进行数据操作
19      @Test
20      public void selectCommentByKeys() {
21          List<Discuss> list = repository.findByAuthorNotNull();
22          System.out.println(list);
23      }
24      // 3.使用@Query注解进行数据操作
25      @Test
26      public void selectCommentPaged() {
27          Pageable pageable = PageRequest.of(0,3);
28          List<Discuss> allPaged = repository.getDiscussPaged(1, pageable);
29          System.out.println(allPaged);
30      }
31      //  4.使用Example封装参数进行数据查询操作
32      @Test
33      public void selectCommentByExample() {
34          Discuss discuss =new Discuss();
35          discuss.setAuthor("张三");
36          Example<Discuss> example = Example.of(discuss);
37          List<Discuss> list = repository.findAll(example);
38          System.out.println(list);
39      }
40      @Test
41      public void selectCommentByExampleMatcher() {
42          Discuss discuss =new Discuss();
43          discuss.setAuthor("张");
44          ExampleMatcher matcher = ExampleMatcher.matching()
45                  .withMatcher("author",startsWith());
46          Example<Discuss> example = Example.of(discuss, matcher);
47          List<Discuss> list = repository.findAll(example);
48          System.out.println(list);
49      }
50  }
```

文件3-13中，使用注入的DiscussRepository实例对象编写了多个单元测试方法针对Discuss Repository接口中的方法进行调用测试。通过示例中的代码注释可以看到，测试方法中分别使用了JpaRepository默认方法、方法名关键字、@Query注解和Example封装参数的形式进行了数据操作。

（5）整合测试。选择JpaTests测试类中的selectCommentByExampleMatcher()方法进行效果演示说明（其他方法读者可以自行演示查看）。此处为了方便查看结果，我们选择使用Debug的方式执行单元测试，控制台效果如图3-6所示。

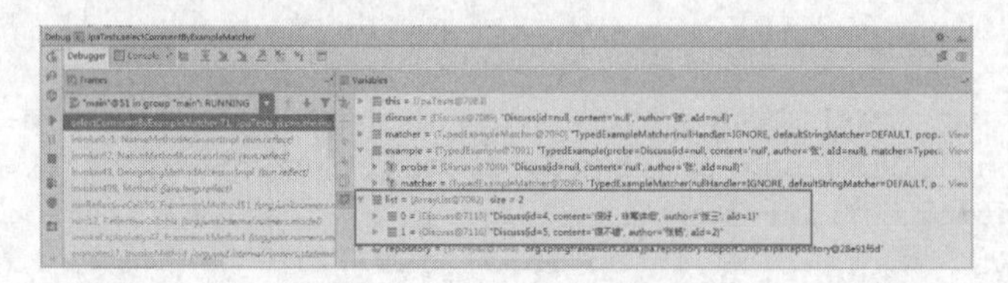

图3-6　selectCommentByExampleMatcher()方法执行结果

从图3-6可以看出，selectCommentByExampleMatcher()方法执行成功，查询出了以“张”开头的评论作者author的评论详情，这也就说明Spring Boot整合JPA成功。

3.4 Spring Boot整合Redis

除了对关系型数据库的整合支持外，Spring Boot对非关系型数据库也提供了非常好的支持。本节将讲解Spring Boot与非关系型数据库Redis的整合使用。

3.4.1 Redis介绍

Redis是一个开源（BSD许可）的、内存中的数据结构存储系统，它可以用作数据库、缓存和消息中间件，并提供多种语言的API。Redis支持多种类型的数据结构，例如字符串（strings）、散列（hashes）、列表（lists）、集合（sets）等。同时，Redis内部内置了复本（replication）、LUA脚本（Lua scripting）、LRU驱动事件（LRU eviction）、事务（Transaction）和不同级别的磁盘持久化（persistence），并通过Redis Sentinel和自动分区提供高可用性（high availability）。

相较于其他的key-value键值存储系统而言，Redis主要有以下优点。

（1）存取速度快：Redis速度非常快，每秒可执行大约110 000次的设值操作，或者执行81 000次的读取操作。

（2）支持丰富的数据类型：Redis支持开发人员常用的大多数数据类型，例如列表、集合、排序集和散列等。

（3）操作具有原子性：所有Redis操作都是原子操作，这确保如果两个客户端并发访问，Redis服务器能接收更新后的值。

（4）提供多种功能：Redis提供了多种功能特性，可用作非关系型数据库、缓存中间件、消息中间件等。

在完成Redis的简单介绍后，下面我们来对Redis的安装配置进行说明，具体操作如下。

1. Redis下载安装

使用非关系型数据库Redis，必须先进行安装配置并开启Redis服务，然后使用对应客户端连接使用。Redis支持多种方式的安装配置，例如Windows、Linux系统安装，Docker镜像安装等，不同安装方式的安装过程也不相同。为了方便操作，此处选择在Windows平台下进行Redis安装。

先在GitHub上下载Windows平台下的Redis安装包，在下载列表中找到对应版本的Redis，并选择对应的安装包下载即可，如图3-7所示。

本书编写时，Windows下最新的Redis安装包为3.2.100版本（当前Spring Boot 2.1.3版本与Redis进行了自动化配置，需要使用Redis 3.2及以上版本进行使用连接），这里选择此版本的安装包“Redis-x64-3.2.100.zip”进行下载。

下载完成后，将安装包“Redis-x64-3.2.100.zip”解压到自定义目录下即可，不需要进行额外配置。

2. Redis服务开启与连接配置

完成Redis的下载安装后，启动Redis服务，并使用可视化客户端工具连接对应的Redis服务进行效果测试，具体操作步骤如下。

（1）开启 Redis 服务

先进入到 Redis 安装包的解压目录，其对应目录文件内容如图 3-8 所示。

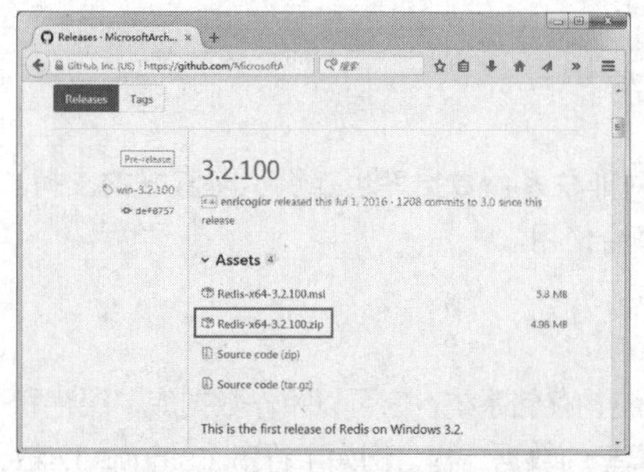

图3-7　Windows下Redis安装包下载

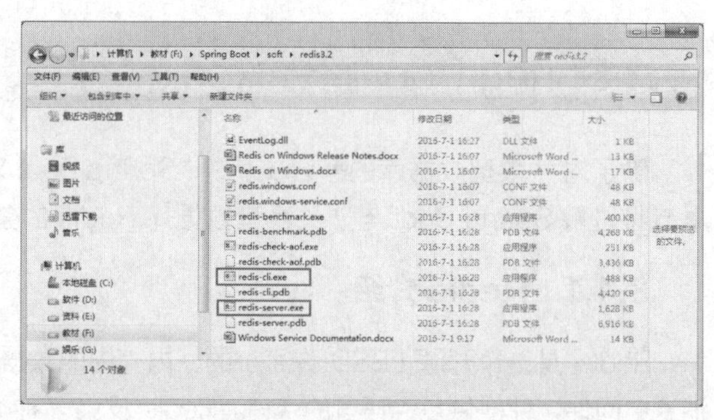

图3-8　Redis安装包目录

从图 3-8 可以看出，Windows 下的 Redis 安装包解压后会有多个目录文件，包括两个重要的可执行文件：redis-server.exe 和 redis-cli.exe。其中，redis-server.exe 用于开启 Redis 服务，redis-cli.exe 用于开启客户端工具。

这里选择双击 redis-server.exe 指令即可开启 Redis 服务，效果如图 3-9 所示。

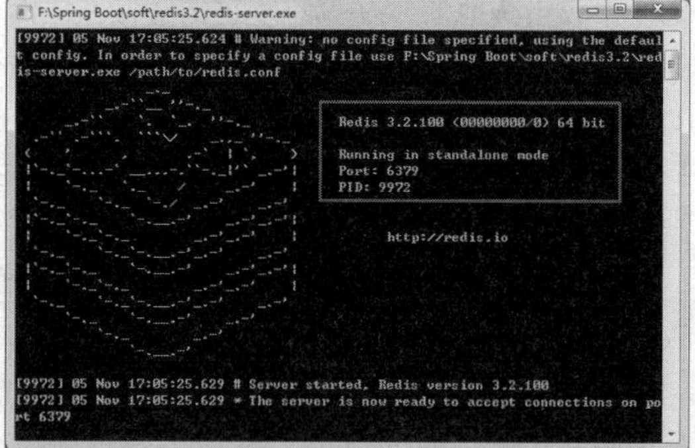

图3-9　Redis服务启动效果

从图 3-9 可以看出，Redis 服务正常启动，同时在终端窗口显示了当前 Redis 版本为 3.2.100 和默认启动端口号为 6379。

（2）Redis 可视化客户端工具安装连接

Redis 解压目录下的 redis-cli.exe 指令用于开启客户端工具，不过双击这个指令打开的是终端操作界面，对于 Redis 的可视化操作和查看并不方便。这里推荐使用一个 Redis 客户端可视化管理工具 Redis Desktop Manager 连接 Redis 服务进行管理，读者可以自行在 redisdesktop 官网进行下载安装。下载并安装完 Redis Desktop Manager 工具后，打开并连接上对应的 Redis 服务，操作示例如图 3-10 所示。

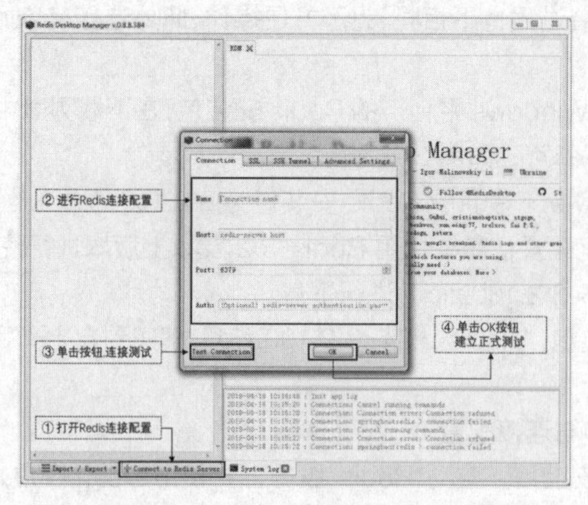

图3-10　Redis Desktop Manager连接配置

在图3-10所示界面中，首先单击左下角的【Connect to Redis Server】按钮打开Redis连接配置窗口；其次，在窗口中填写对应的连接名称Name（自定义）、连接主机Host（Redis服务地址）、连接端口Port（Redis默认端口为6379），而认证信息Auth默认情况下为空，可以不用配置；然后，单击【Test Connection】按钮进行连接测试，如果连接失败，则需要重新检查服务启动情况或者连接配置信息，如果连接成功，直接单击【OK】按钮即可完成Redis客户端连接配置。

3.4.2　使用Spring Boot整合Redis

在3.4.1小节中我们对Redis进行了简单介绍，并完成了Redis服务的安装配置，接下来我们重点讲解Spring Boot与Redis的整合使用，具体步骤如下。

（1）添加Spring Data Redis依赖启动器。先在项目的pom.xml文件中添加Redis依赖启动器，示例代码如下。

```
<dependency>
    <groupId>org.springframework.boot</groupId>
    <artifactId>spring-boot-starter-data-redis</artifactId>
</dependency>
```

上述添加的Redis依赖启动器代码中，也没有编写对应的版本号信息，这是因为Spring Boot为Redis实现了自动配置，所以会统一管理版本号信息。

（2）编写实体类。此处为了演示Spring Boot与Redis数据库的整合使用，在chapter03项目的com.itheima.domain包下编写几个对应的实体类，内容如文件3-14、文件3-15和文件3-16所示。

文件3-14　Person.java

```
1  import org.springframework.data.annotation.Id;
2  import org.springframework.data.redis.core.RedisHash;
3  import org.springframework.data.redis.core.index.Indexed;
4  import java.util.List;
5  @RedisHash("persons")  // 指定操作实体类对象在Redis数据库中的存储空间
6  public class Person {
7      @Id         // 标识实体类主键
8      private String id;
9      @Indexed  // 标识对应属性在Redis数据库中生成二级索引
10     private String firstname;
11     @Indexed
12     private String lastname;
13     private Address address;
14     private List<Family> familyList;
15     // 省略属性getXX()和setXX()方法
16     // 省略有参和无参构造方法
17     // 省略toString()方法
18 }
```

文件3-15　Address.java

```
1  import org.springframework.data.redis.core.index.Indexed;
2  public class Address {
3      @Indexed
4      private String city;
```

```
5       @Indexed
6       private String country;
7      // 省略属性 getXX()和 setXX()方法
8      // 省略有参和无参构造方法
9      // 省略 toString()方法
10 }
```

文件 3-16 Family.java

```
1  import org.springframework.data.redis.core.index.Indexed;
2  public class Family {
3       @Indexed
4       private String type;
5       @Indexed
6       private String username;
7      // 省略属性 getXX()和 setXX()方法
8      // 省略有参和无参构造方法
9      // 省略 toString()方法
10 }
```

文件 3-14、文件 3-15 和文件 3-16 编写的实体类示例中，针对面向 Redis 数据库的数据操作设置了几个主要注解，这几个注解的说明如下。

- @RedisHash("persons")：用于指定操作实体类对象在 Redis 数据库中的存储空间，此处表示针对 Person 实体类的数据操作都存储在 Redis 数据库中名为 persons 的存储空间下。
- @Id：用于标识实体类主键。在 Redis 数据库中会默认生成字符串形式的 HashKey 表示唯一的实体对象 id，当然也可以在数据存储时手动指定 id。
- @Indexed：用于标识对应属性在 Redis 数据库中生成二级索引。使用该注解后会在 Redis 数据库中生成属性对应的二级索引，索引名称就是属性名，可以方便地进行数据条件查询。

（3）编写 Repository 接口。Spring Boot 针对包括 Redis 在内的一些常用数据库提供了自动化配置，可以通过实现 Repository 接口简化对数据库中的数据进行的增删改查操作，这些操作方法同 3.3 小节中讲解的 Spring Data JPA 操作数据的使用方法基本相同，可以使用方法名关键字进行数据操作。这里我们在 com.itheima.repository 包下创建操作 Person 实体类的 PersonRepository 接口，内容如文件 3-17 所示。

文件 3-17 PersonRepository.java

```
1  import com.itheima.domain.Person;
2  import org.springframework.data.domain.Page;
3  import org.springframework.data.domain.Pageable;
4  import org.springframework.data.repository.CrudRepository;
5  import java.util.List;
6  public interface PersonRepository extends CrudRepository<Person, String> {
7      List<Person> findByLastname(String lastname);
8      Page<Person> findPersonByLastname(String lastname, Pageable page);
9      List<Person> findByFirstnameAndLastname(String firstname, String lastname);
10     List<Person> findByAddress_City(String city);
11     List<Person> findByFamilyList_Username(String username);
12 }
```

文件 3-17 中，PersonRepository 接口继承自 CrudRepository 接口，该接口定义了若干查

询方法。

需要说明的是，在操作 Redis 数据库时编写的 Repository 接口文件需要继承 CrudRepository 接口，而不是继承 JpaRepository，这是因为 JpaRepository 是 Spring Boot 整合 JPA 特有的。当然，也可以在项目 pom.xml 文件中同时导入 Spring Boot 整合的 JPA 依赖和 Redis 依赖，这样就可以编写一个继承 JpaRepository 的接口操作 Redis 数据库了。

（4）Redis 数据库连接配置。在项目的全局配置文件 application.properties 中添加 Redis 数据库的连接配置，示例代码如下。

```
# Redis 服务器地址
spring.redis.host=127.0.0.1
# Redis 服务器连接端口
spring.redis.port=6379
# Redis 服务器连接密码（默认为空）
spring.redis.password=
```

上述代码中，在Spring Boot项目的全局配置文件application.properties中额外添加了Redis数据库的相关配置信息，这与之前介绍的使用Redis客户端可视化工具连接时设置的参数基本一致。除了一些基本配置外，还可以根据需要添加 Redis 数据库相关的其他配置。

小提示

在上述示例 application.properties 中主要配置了 Redis 数据库的服务地址和端口号，而 Spring Boot 内部默认 Redis 服务地址为本机（localhost 或 127.0.0.1），服务端口号为 6379，这与前面开启的 Redis 服务一致，所以这种情况下省略上述配置，仍可以正常连接访问本地开启的 Redis 服务。

（5）编写单元测试进行接口方法测试。将 Chapter03ApplicationTests 测试类在当前位置复制一份并重命名为 RedisTests，并对内容稍微修改后编写 PersonRepository 接口对应的测试方法，内容如文件 3-18 所示。

文件 3-18　RedisTests.java

```
1  import org.springframework.beans.factory.annotation.Autowired;
2  ...
3  @RunWith(SpringRunner.class)
4  @SpringBootTest
5  public class RedisTests {
6      @Autowired
7      private PersonRepository repository;
8      @Test
9      public void savePerson() {
10         Person person =new Person("张","有才");
11         Person person2 =new Person("James","Harden");
12         // 创建并添加住址信息
13         Address address=new Address("北京","China");
14         person.setAddress(address);
15         // 创建并添加家庭成员
16         List<Family> list =new ArrayList<>();
17         Family dad =new Family("父亲","张良");
18         Family mom =new Family("母亲","李香君");
```

```
19          list.add(dad);
20          list.add(mom);
21          person.setFamilyList(list);
22          // 向 Redis 数据库添加数据
23          Person save = repository.save(person);
24          Person save2 = repository.save(person2);
25          System.out.println(save);
26          System.out.println(save2);
27      }
28      @Test
29      public void selectPerson() {
30          List<Person> list = repository.findByAddress_City("北京");
31          System.out.println(list);
32      }
33      @Test
34      public void updatePerson() {
35          Person person = repository.findByFirstnameAndLastname("张","有才").get(0);
36          person.setLastname("小明");
37          Person update = repository.save(person);
38          System.out.println(update);
39      }
40      @Test
41      public void deletePerson() {
42          Person person = repository.findByFirstnameAndLastname("张","小明").get(0);
43          repository.delete(person);
44      }
45  }
```

文件 3-18 中，通过注入的 PersonRepository 实例对象调用接口中的方法，实现了对 Redis 数据库数据的增删改查操作。

（6）整合测试。选择 RedisTests 测试类中的 savePerson()方法进行效果演示，直接执行 savePerson()方法，控制台效果如图 3-11 所示。

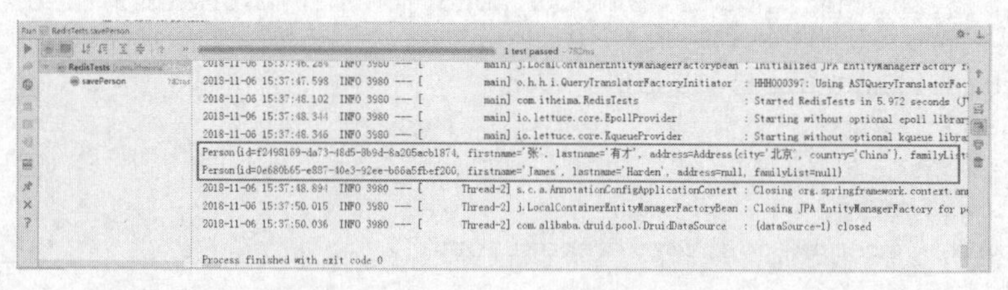

图3-11　savePerson()方法执行结果

从图 3-11 可以看出，savePerson()方法执行成功，并返回了 Redis 数据库保存的两条 Person 实体类对象信息（包括自动生成的主键 id）。

为了验证 savePerson()方法的执行效果，还可以打开之前连接的 Redis 客户端可视化管理工具查看数据，效果如图 3-12 所示（可能需要右键选择数据库【Reload】选项刷新）。

从图 3-12 可以看出，执行 savePerson()方法添加的数据在 Redis 数据库中存储成功。另外，在数据库列表左侧还生成了一些类似 address.city、firstname、lastname 等的二级索引，这些二级索引是前面创建 Person 类时在对应属性上添加@Indexed 注解而生成的。同时，由于在 Redis

数据库中生成了对应属性的二级索引，所以可以通过二级索引来查询具体的数据信息，例如repository.findByAddress_City("北京")通过 address.city 索引查询索引值为“北京”的数据信息。如果没有设置对应属性的二级索引，那么通过属性索引查询数据结果将会为空。

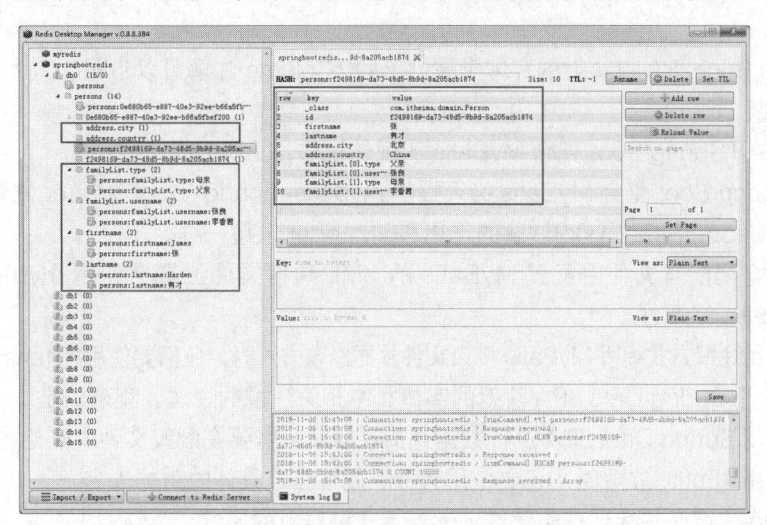

图3-12 Redis客户端可视化管理工具查看数据效果图

至此，关于Spring Boot整合Redis数据库的方法已讲解完毕。这里重点讲解的是Spring Boot与Redis数据库整合的基本使用，关于更多Redis的相关知识和其他操作，有兴趣的读者可以自行查看学习。

3.5 本章小结

本章主要讲解了Spring Boot的数据访问，包括Spring Boot与MyBatis整合、Spring Boot与JPA整合以及Spring Boot与Redis整合。Spring Boot支持与众多常用类型的关系型数据库和非关系型数据库操作框架的整合使用，极大地简化了整合配置和开发速度。本章选取了其中3个主要的整合技术进行讲解，读者在学习过程中务必仔细查看并亲自演示，同时要深刻体会Spring Boot与其他技术的整合思路。

3.6 习题

一、填空题

1. MyBatis为了利用Spring Boot的便利性，适配了对应的依赖启动器________。
2. Spring Boot 2.x版本默认使用的是________数据源。
3. 在Spring Boot项目启动类上添加了________注解，来替代@Mapper注解。
4. Spring Data JPA中，@Entity标注在类上，还要使用________属性指定具体映射的表名。
5. Redis提供了多种功能特性，可用作非关系型数据库、缓存插件、________等。

二、判断题

1. Spring Boot官方为所有常用技术框架都提供了对应的依赖启动器。(　　)

2. Spring Boot 为整合 MyBatis 技术框架提供了版本管理。(   )

3. Spring Boot 操作 MySQL 数据库时，还必须配置指定的数据源类型。(   )

4. Spring Boot 全局配置文件设置 Druid 数据源相关参数后，还需要自定义配置类注入这些属性。(   )

5. Spring Boot JPA 中映射的实体类属性上的@Column 注解可以省略。(   )

三、选择题

1. 下列关于 Spring Boot 整合 MyBatis 实现的说法，正确的是(   )。

A. Spring Boot 整合 MyBatis 必须提供 mybatis-spring-boot-starter 依赖

B. @MapperScan("xxx")注解的作用和@Mapper 注解一样

C. 在全局配置文件中配置 MyBatis 的 XML 映射文件位置要使用 mybatis.mapper-locations 属性

D. 使用注解方式编写 MyBatis 接口文件数据修改方法时，还需要使用@Transactional 注解

2. 下列关于 Spring Data JPA 映射的实体类中相关注解的说法，正确的是(   )。

A. 使用 Spring Data JPA 进行数据查询映射时，需要在配置文件中开启驼峰命名映射

B. 使用@Entity 注解时，还要使用 name 属性指定具体映射的表名

C. @Id 注解必须标注在类属性上，表示主键对应的属性

D. @Transient 注解表示指定属性不是到数据库表的字段的映射，ORM 框架将忽略该属性

3. 使用 Spring Boot 整合 Spring Data JPA 编写 Repository 接口时，下列说法错误的是(   )。(多选)

A. 自定义 Repository 接口可以继承 CurdRepository 接口

B. 可以在方法上添加@Update 注解结合 SQL 语句实现数据修改

C. 可以在方法上添加@Delete 注解结合 SQL 语句实现数据删除

D. 进行数据变更操作时，必须在 Repository 接口方法上添加@Transactional 注解

4. Redis 是一个开源内存中的数据结构存储系统，可以用作(   )。(多选)

A. 数据库　　B. 缓存中间件

C. 消息中间件　　D. 以上都正确

5. 当 Redis 作为数据库时，下列与 Spring Boot 整合使用的相关说明，正确的是(   )。

A. @RedisHash("persons")用于指定操作实体类对象在 Redis 数据库中的存储空间

B. @Id 用于标识实体类主键，需要手动指定 id 生成策略

C. 使用 Redis 数据库，必须为实体类属性添加@Indexed 属性生成二级索引

D. 编写操作 Redis 数据库的 Repository 接口文件时，需要继承 JpaRepository 接口

4 Chapter

第 4 章 Spring Boot 视图技术

Spring Boot

学习目标

- 熟悉 Thymeleaf 模板引擎基本语法
- 熟悉 Spring Boot 模板配置和静态资源映射规则
- 掌握 Spring Boot 整合 Thymeleaf 模板引擎使用
- 掌握 Spring Boot 国际化功能实现

在一个 Web 应用中，通常会采用 MVC 设计模式实现对应的模型、视图和控制器，其中，视图是用户看到并与之交互的界面。对最初的 Web 应用来说，视图是由 HTML 元素组成的静态界面；而后期的 Web 应用更倾向于使用动态模板技术，从而实现前后端分离和页面的动态数据展示。Spring Boot 框架为简化项目的整体开发，提供了一些视图技术支持，并主要推荐整合模板引擎技术实现前端页面的动态化内容。本章将对 Spring Boot 支持的视图技术进行介绍，并使用 Spring Boot 整合常用的 Thymeleaf 模板引擎进行视图页面的实现。

4.1 Spring Boot 支持的视图技术

前端模板引擎技术的出现，使前端开发人员无须关注后端业务的具体实现，只关注自己页面的呈现效果即可，从而解决了前端代码错综复杂的问题、实现了前后端分离开发。Spring Boot 对很多模板引擎技术提供了支持，具体介绍如下。

（1）FreeMarker：FreeMarker 是一个基于模板生成输出文本（HTML 页面、电子邮件、配置文件等）的模板引擎，它不是面向最终用户的，而是一个 Java 类库，是一款程序员可以嵌入所开发产品的组件。

（2）Groovy：Groovy 是一种基于 JVM（Java 虚拟机）的敏捷开发语言，它结合了 Python、Ruby 和 Smalltalk 的许多强大特性，能够与 Java 代码很好地结合，也能扩展现有代码。Groovy 运行在 JVM 上，它可以使用 Java 语言编写的其他库。

（3）Thymeleaf：它是一种用于 Web 和独立环境的现代服务器端的 Java 模板引擎，其主要目标是将优雅的 Java 模板带到开发工作流程中，将 HTML 在浏览器中正确显示，并且可以作为静态原型，让开发团队能更容易地协作。Thymeleaf 能够处理 HTML，XML，JavaScript，CSS 甚至纯文本。

（4）Mustache：Mustache 是轻逻辑的模板引擎（Logic-less templates），它是一个 JS 模板，用于对 JS 进行分离展示。Mustache 的优势在于可以应用在 JavaScript、PHP、Python、Perl 等多种编程语言中。

Spring Boot 不太支持常用的 JSP 模板，并且没有提供对应的整合配置，这是因为使用嵌入式 Servlet 容器的 Spring Boot 应用程序对于 JSP 模板存在一些限制，具体如下所示。

（1）Spring Boot 默认使用嵌入式 Servlet 容器以 JAR 包的方式进行项目打包部署，这种 JAR 包方式不支持 JSP 模板。

（2）使用 Undertow 嵌入式容器部署 Spring Boot 项目时，不支持 JSP 模板。

（3）Spring Boot 默认提供了一个处理请求路径“/error”的统一错误处理器，返回具体的异常信息。使用 JSP 模板时，无法使用 Spring Boot 自带的异常处理器，只能根据要求在 Spring Boot 项目的指定位置定制错误页面。

上面对 Spring Boot 支持的模板引擎进行了介绍，并指出了整合 JSP 模板的一些限制。接下来，本章将选择其中常用的 Thymeleaf 模板引擎进行介绍，并完成与 Spring Boot 框架的整合实现。

小提示

在使用 Spring Boot 框架进行 Web 应用开发时，可以选择使用传统的 Spring MVC 框架进行整合开发，也可以使用 Spring 5 之后出现的 Spring WebFlux 框架（异步交互）进行整合开发。针对于熟悉的 MVC 框架整合实现，Spring Boot 实现了与 FreeMarker、Groovy、Thymeleaf 和 Mustache 前端模板引技术的整合支持和自动化配置；针对于 WebFlux 框架的整合实现，Spring Boot 则实现了与 FreeMarker、Thymeleaf和Mustache前端模板引擎技术的整合支持和自动化配置。而本教材中Web开发都是添加Web模块下的Web依赖，使用传统的MVC框架进行整合讲解；如果读者选择使用WebFlux框架进行整合讲解，则需要添加Web模块下的Reactive Web依赖。

4.2 Thymeleaf基本语法

Thymeleaf是一种现代的基于服务器端的Java模板引擎技术，也是一个优秀的面向Java的XML、XHTML、HTML 5页面模板，它具有丰富的标签语言、函数和表达式，在使用Spring Boot框架进行页面设计时，一般会选择 Thymeleaf 模板。本节将针对 Thymeleaf 常用的标签、表达式进行讲解。

4.2.1 常用标签

在 HTML 页面上使用 Thymeleaf 标签，Thymeleaf 标签能够动态地替换掉静态内容，动态显示页面内容。

为了让大家更直观地认识 Thymeleaf 模板，下面我们展示一个在 HTML 文件中嵌入了Thymeleaf的页面文件，示例代码如下：

```
<!DOCTYPE html>
<html lang="en" xmlns:th="http://www.thymeleaf.org">
<head>
    <meta charset="UTF-8">
    <link rel="stylesheet" type="text/css" media="all"
          href="../../css/gtvg.css" th:href="@{/css/gtvg.css}" />
    <title>Title</title>
</head>
<body>
    <p th:text="#{hello}">欢迎进入 Thymeleaf 的学习</p>
</body>
</html>
```

上述代码中，“xmlns:th="http://www.thymeleaf.org"”用于引入Thymeleaf模板引擎，关键字“th”标签是Thymeleaf模板提供的标签，其中，“th:href”用于引入外联样式文件，“th:text”用于动态显示标签文本内容。除此之外，Thymeleaf模板提供了很多标签，接下来我们通过一张表罗列Thymeleaf的常用标签，具体如表4-1所示。

表4-1 Thymeleaf常用标签

th:标签	说明
th:insert	页面片段包含（类似JSP中的include标签）
th:replace	页面片段包含（类似JSP中的include标签）
th:each	元素遍历（类似JSP中的c:forEach标签）
th:if	条件判断，条件成立时显示th标签的内容

续表

th:标签	说明
th:unless	条件判断，条件不成立时显示 th 标签的内容
th:switch	条件判断，进行选择性匹配
th:case	th：switch 分支的条件判断
th:object	用于替换对象
th:with	用于定义局部变量
th:attr	通用属性修改
th:attrprepend	通用属性修改，将计算结果追加前缀到现有属性值
th:attrappend	通用属性修改，将计算结果追加后缀到现有属性值
th:value	属性值修改，指定标签属性值
th:href	用于设定链接地址
th:src	用于设定链接地址
th:text	用于指定标签显示的文本内容
th:utext	用于指定标签显示的文本内容，对特殊标签不转义
th:fragment	声明片段
th:remove	移除片段

表 4-1 列举的是 Thymeleaf 模板引擎的常用属性，关于更多属性的介绍，建议大家查看官方文档或者借助开发工具的快捷提示信息进行了解。

需要说明的是，上述操作是以 HTML 为基础嵌入了 Thymeleaf 模板引擎，并使用 th:*属性进行了页面需求开发。这种 Thymeleaf 模板页面虽然与纯 HTML 页面基本相似，但已经不是一个标准的 HTML 5 页面了，这是因为在 Thymeleaf 页面中使用的 th:*属性是 HTML 5 规范所不允许的。如果我们想要使用 Thymeleaf 模板进行纯 HTML 5 的页面开发，可以使用 data-th-*属性替换 th: *属性进行页面开发。例如，将上面的示例使用 data-th-*属性进行修改，示例代码如下。

```
<!DOCTYPE html>
<html lang="en">
<head>
   <meta charset="UTF-8">
   <link rel="stylesheet" type="text/css" media="all"
        href="../../css/gtvg.css" data-th-href="@{/css/gtvg.css}" />
   <title>Title</title>
</head>
<body>
   <p data-th-text="#{hello}">欢迎进入 Thymeleaf 的学习</p>
</body>
</html>
```

上述代码中，使用标准 HTML 5 语法格式嵌入了 Thymeleaf 模板引擎进行页面动态数据展示。从示例可以看出，在使用 data-th-*属性时，不需要引入 Thymeleaf 标签，并且属性名要使用 data-th-*的形式。不过使用这种方式不会出现属性的快捷提示，对开发来说比较麻烦，因此在实际开发中，相对推荐使用引入 Thymeleaf 标签的形式进行模板引擎页面的开发。

Thymeleaf 支持处理 6 种模板视图，包括 HTML、XML、TEXT、JAVASCRIPT、CSS 和 RAW。本章主要讲解 Thymeleaf 对 HTML 页面的嵌入处理，Thymeleaf 对其他模板视图的嵌入方法略有不同，读者在使用时可以查看 Thymeleaf 文档说明。

4.2.2 标准表达式

Thymeleaf 模板引擎提供了多种标准表达式语法，在正式学习之前，我们先通过一张表来展示其主要语法及说明，如表 4-2 所示。

表 4-2 Thymeleaf 主要标准表达式语法

说明	表达式语法
变量表达式	${...}
选择变量表达式	*{...}
消息表达式	#{...}
链接 URL 表达式	@{...}
片段表达式	~{...}

在表 4-2 中，列举了 Thymeleaf 模板引擎最常用的简单表达式语法，并对这些语法进行了功能说明。除此之外，Thymeleaf 还提供了其他更多的语法支持，例如文本表达式、算术表达式、布尔表达式、比较表达式等，读者在使用过程中可以查看具体的官方文档说明。下面我们对表 4-2 中一些常用的表达式进行具体讲解和使用说明。

1. 变量表达式

变量表达式¥{...}主要用于获取上下文中的变量值，示例代码如下。

```
<p th:text="${title}">这是标题</p>
```

上述示例使用了 Thymeleaf 模板的变量表达式¥{...}用来动态获取 p 标签中的内容，如果当前程序没有启动或者当前上下文中不存在 title 变量，该片段会显示标签默认值“这是标题”；如果当前上下文中存在 title 变量并且程序已经启动，当前 p 标签中的默认文本内容将会被 title 变量的值所替换，从而达到模板引擎页面数据动态替换的效果。

同时，Thymeleaf 为变量所在域提供了一些内置对象，具体如下所示。

（1）#ctx：上下文对象

（2）#vars：上下文变量

（3）#locale：上下文区域设置

（4）#request：（仅限 Web Context）HttpServletRequest 对象

（5）#response：（仅限 Web Context）HttpServletResponse 对象

（6）#session：（仅限 Web Context）HttpSession 对象

（7）#servletContext：（仅限 Web Context）ServletContext 对象

结合上述内置对象的说明，假设要在 Thymeleaf 模板引擎页面中动态获取当前国家信息，可以使用#locale 内置对象，示例代码如下。

```
The locale country is: <span th:text="${#locale.country}">US</span>.
```

上述代码中，使用 th:text="￥{#locale.country}"动态获取当前用户所在国家信息，其中<span>标签内默认内容为 US（美国），程序启动后通过浏览器查看当前页面时，Thymeleaf 会通过浏览器语言设置来识别当前用户所在国家信息，从而实现动态替换。

2. 选择变量表达式

选择变量表达式和变量表达式用法类似，一般用于从被选定对象而不是上下文中获取属性值，如果没有选定对象，则和变量表达式一样，示例代码如下。

```
<div th:object="${session.user}">
  <p>Name: <span th:text="${#object.firstName}">Sebastian</span>.</p>
  <p>Surname: <span th:text="${session.user.lastName}">Pepper</span>.</p>
  <p>Nationality: <span th:text="*{nationality}">Saturn</span>.</p>
</div>
```

上述代码中，￥{#object.firstName}变量表达式使用 Thymeleaf 模板提供的内置对象 object 获取当前上下文对象中的 firstName 属性值；￥{session.user.lastName}变量表达式获取当前 user 对象的 lastName 属性值；*{nationality}选择变量表达式获取当前指定对象 user 的 nationality 属性值。

3. 消息表达式

消息表达式#{...}主要用于 Thymeleaf 模板页面国际化内容的动态替换和展示。使用消息表达式#{...}进行国际化设置时，还需要提供一些国际化配置文件。关于消息表达式的使用，后续小节会详细说明，这里作为了解即可。

4. 链接表达式

链接表达式@{...}一般用于页面跳转或者资源的引入，在 Web 开发中占据着非常重要的地位，并且使用也非常频繁，示例代码如下。

```
<a href="details.html"
   th:href="@{http://localhost:8080/gtvg/order/details(orderId=${o.id})}">view</a>
<a href="details.html" th:href="@{/order/details(orderId=${o.id})}">view</a>
```

上述代码中，链接表达式@{...}分别编写了绝对链接地址和相对链接地址。在有参表达式中，需要按照@{路径(参数名称=参数值,参数名称=参数值...)}的形式编写，同时该参数的值可以使用变量表达式来传递动态参数值。

5. 片段表达式

片段表达式¯{...}是一种用来将标记片段移动到模板中的方法。其中，最常见的用法是使用 th:insert 或 th:replace 属性插入片段，示例代码如下：

```
<div th:insert="~{thymeleafDemo::title}"></div>
```

上述代码中，使用 th:insert 属性将 title 片段模板引用到该<div>标签中。thymeleafDemo 为模板名称，Thymeleaf 会自动查找“classpath:/resources/templates/”目录下的 thymeleafDemo 模板，title 为声明的片段名称。

至此，关于 Thymeleaf 模板引擎的基本使用已经讲解完毕。由于篇幅有限，并且本章重点讲解 Spring Boot 与 Thymeleaf 的整合使用，因此，本节只是对 Thymeleaf 的基本语法进行了讲解。关于 Thymeleaf 的更多内容，有兴趣的读者可以自行查看学习。

4.3 Thymeleaf基本使用

4.3.1 Thymeleaf模板基本配置

在Spring Boot项目中使用Thymeleaf模板，首先必须保证引入Thymeleaf依赖，示例代码如下：

```
<dependency>
    <groupId>org.springframework.boot</groupId>
    <artifactId>spring-boot-starter-thymeleaf</artifactId>
  </dependency>
```

其次，在全局配置文件中配置Thymeleaf模板的一些参数。一般Web项目都会使用下列配置，示例代码如下：

```
spring.thymeleaf.cache = true          #启用模板缓存
spring.thymeleaf.encoding = UTF-8    #模板编码
spring.thymeleaf.mode = HTML5  #应用于模板的模板模式，详见StandardTemplateModeHandlers
spring.thymeleaf.prefix = classpath:/resources/templates/ #指定模板页面存放路径
spring.thymeleaf.suffix = .html    #指定模板页面名称的后缀
```

上述配置中，spring.thymeleaf.cache表示是否开启Thymeleaf模板缓存，默认为true，在开发过程中通常会关闭缓存，保证项目调试过程中数据能够及时响应；spring.thymeleaf.prefix指定了Thymeleaf模板页面的存放路径，默认为classpath:/templates/；spring.thymeleaf.suffix指定了Thymeleaf模板页面的名称后缀，默认为.html。

4.3.2 静态资源的访问

开发Web应用时，难免需要使用静态资源。Spring Boot默认设置了静态资源的访问路径，默认将/**所有访问映射到以下目录。

（1）classpath:/META-INF/resources/：项目类路径下的META-INF文件夹下的resources文件夹下的所有文件。

（2）classpath:/resources/：项目类路径下的resources文件夹下的所有文件。

（3）classpath:/static/：项目类路径下的static文件夹下的所有文件。

（4）classpath:/public/：项目类路径下的public文件夹下的所有文件。

使用Spring Initializr方式创建的Spring Boot项目会默认生成一个resources目录，在resources目录中新建public、resources、static 3个子目录，Spring Boot默认会依次从public、resources、static里面查找静态资源。

4.4 使用Thymeleaf完成数据的页面展示

前面我们已经对Thymeleaf的基本语法以及使用进行了介绍，并对一些前端开发需要使用的静态资源的自动化配置进行了分析。接下来我们重点讲解Spring Boot与Thymeleaf模板引擎的整合使用。

1. 创建 Spring Boot 项目，引入 Thymeleaf 依赖

使用 Spring Initializr 方式创建名称为 chapter04 的 Spring Boot 项目，并在 Dependencies 依赖选择中选择 Web 模块下的 Web 场景依赖和 Template Engines 模块下的 Thymeleaf 场景依赖，然后根据提示完成项目的创建。引入的场景依赖效果如图 4-1 所示。

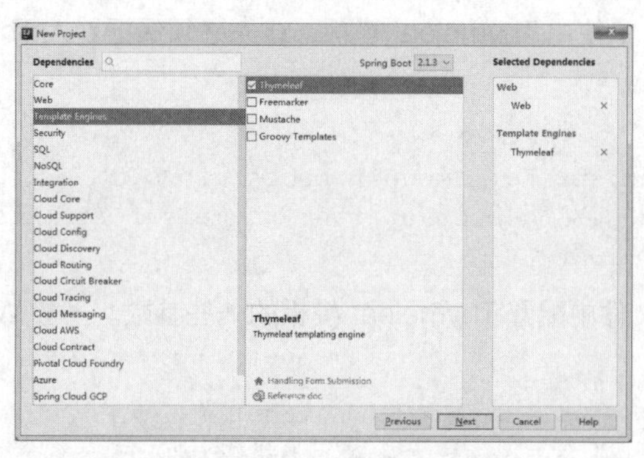

图4-1　引入的场景依赖效果图

2. 编写配置文件

打开 application.properties 全局配置文件，在该文件中对 Thymeleaf 模板页面的数据缓存进行设置，内容如文件 4-1 所示。

文件 4-1　application.properties

```
1  # thymeleaf 页面缓存设置（默认为 true），开发中方便调试应设置为 false，上线稳定后应保持默认 true
2  spring.thymeleaf.cache=false
```

文件 4-1 中，使用“spring.thymeleaf.cache=false”将 Thymeleaf 默认开启的缓存设置为了 false，用来关闭模板页面缓存。

3. 创建 Web 控制类

在 chapter04 项目中创建名为 com.itheima.controller 的包，并在该包下创建一个用于前端模板页面动态数据替换效果测试的访问实体类 LoginController，内容如文件 4-2 所示。

文件 4-2　LoginController.java

```
1  import org.springframework.stereotype.Controller;
2  import org.springframework.ui.Model;
3  import org.springframework.web.bind.annotation.GetMapping;
4  import java.util.Calendar;
5  @Controller
6  public class LoginController {
7      /**
8       * 获取并封装当前年份，跳转到登录页 login.html
9       */
10     @GetMapping("/toLoginPage")
11     public String toLoginPage(Model model){
12         model.addAttribute("currentYear", Calendar.getInstance().get(Calendar.YEAR));
13         return "login";
14     }
15 }
```

文件 4-2 中，toLoginPage()方法向登录页面 login.html 跳转时，携带了表示当前年份信息的 currentYear。

4. 创建模板页面并引入静态资源文件

在 resources 的 templates 目录下创建一个用户登录的模板页面 login.html，内容如如文件 4-3 所示。

文件 4-3 login.html

```
1  <!DOCTYPE html>
2  <html lang="en" xmlns:th="http://www.thymeleaf.org">
3  <head>
4      <meta http-equiv="Content-Type" content="text/html; charset=UTF-8">
5      <meta name="viewport" content="width=device-width, initial-scale=1,
6                                                            shrink-to-fit=no">
7      <title>用户登录界面</title>
8      <link th:href="@{/login/css/bootstrap.min.css}" rel="stylesheet">
9      <link th:href="@{/login/css/signin.css}" rel="stylesheet">
10 </head>
11 <body class="text-center">
12 <!--  用户登录 form 表单 -->
13 <form class="form-signin">
14     <img class="mb-4" th:src="@{/login/img/login.jpg}" width="72" height="72">
15     <h1 class="h3 mb-3 font-weight-normal">请登录</h1>
16     <input type="text" class="form-control" placeholder="用户名"
17                                             required="" autofocus="">
18     <input type="password" class="form-control" placeholder="密码" required="">
19     <div class="checkbox mb-3">
20         <label>
21             <input type="checkbox" value="remember-me"> 记住我
22         </label>
23     </div>
24     <button class="btn btn-lg btn-primary btn-block" type="submit">登录</button>
25     <p class="mt-5 mb-3 text-muted">© <span th:text="${currentYear}">2018</span>
26                                  -<span th:text="${currentYear}+1">2019</span></p>
27 </form>
28 </body>
29 </html>
```

文件 4-3 中，先通过“xmlns:th="http://www.thymeleaf.org"”引入了 Thymeleaf 模板标签；然后，在第 8、9、14 行代码中使用“th:href”和“th:src”分别引入了两个外联的样式文件和一个图片；最后，在第 25 ~ 26 行代码中使用“th:text”引入了后台动态传递过来的当前年份 currentYear。

文件 4-3 中引入了一些 CSS 样式文件和图片文件，为了保证页面美观效果，需要在项目的静态资源文件夹 static 下创建相应的目录和文件（项目会提供源码信息和对应的样式文件，这里就不再详细展示了）。引入静态资源文件后项目结构如图 4-2 所示。

5. 效果测试

启动项目进行测试，项目启动成功后，在浏览器上访问“http://localhost:8080/toLoginPage”

进入用户登录页面，效果如图 4-3 所示。

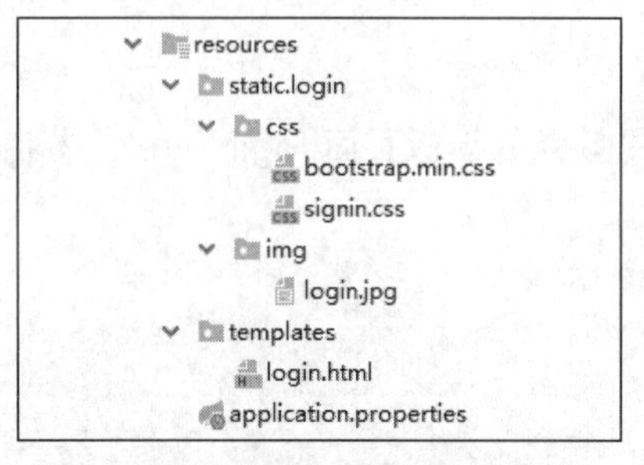

图4-2 引入静态资源文件后项目结构

图4-3 登录页面效果图

从图 4-3 可以看出，登录页面 login.html 显示正常，说明在文件 4-3 中使用“th:*”相关属性引入的静态文件生效，并且在页面底部动态显示了当前日期 2019-2020，而不是文件中的静态数字 2018-2019。这进一步说明了 Spring Boot 与 Thymeleaf 整合成功，完成了静态资源的引入和动态数据的显示。

4.5 使用 Thymeleaf 配置国际化页面

本节我们在 4.4 小节案例的基础上配置国际化页面。

1. 编写多语言国际化文件及配置文件

在项目的类路径 resources 下创建名称为 i18n 的文件夹，并在该文件夹中根据需要编写对应的多语言国际化文件 login.properties、login_zh_CN.properties 和 login_en_US.properties 文件，内容如文件 4-4、文件 4-5 和文件 4-6 所示。

文件 4-4 login.properties

```
1  login.tip=请登录
2  login.username=用户名
3  login.password=密码
4  login.rememberme=记住我
5  login.button=登录
```

文件 4-5 login_zh_CN.properties

```
1  login.tip=请登录
2  login.username=用户名
3  login.password=密码
4  login.rememberme=记住我
5  login.button=登录
```

文件 4-6 login_en_US.properties

```
1  login.tip=Please sign in
2  login.username=Username
3  login.password=Password
4  login.rememberme=Remember me
5  login.button=Login
```

文件 4-4、文件 4-5 和文件 4-6 中，login.properties 为自定义默认语言配置文件，

login_zh_CN.properties 为自定义中文国际化文件，login_en_US.properties 为自定义英文国际化文件。

需要说明的是，Spring Boot 默认识别的语言配置文件为类路径 resources 下的 messages.properties；其他语言国际化文件的名称必须严格按照“文件前缀名_语言代码_国家代码.properties”的形式命名。

本示例中，在项目类路径 resources 下自定义了一个 i18n 包用于统一配置管理多语言配置文件，并将项目默认语言配置文件名自定义为 login.properties，因此，后续如果需要引入自定义国际化文件，必须在项目的全局配置文件中进行国际化文件的基础名配置。

2. 编写配置文件

打开项目的 application.properties 全局配置文件在文件中添加国际化文件的基础名，内容如文件 4-7 所示。

文件 4-7 application.properties

```
1  # thymeleaf 页面缓存设置（默认为true），开发中为方便调试应设置为 false，上线稳定后应保持默认 true
2  spring.thymeleaf.cache=false
3  # 配置国际化文件基础名
4  spring.messages.basename=i18n.login
```

文件 4-7 中，根据国际化配置文件位置和名称，在项目全局配置文件中使用“spring.messages.basename=i18n.login”设置了自定义国际化文件的基础名。其中，i18n 表示国际化文件相对项目类路径 resources 的位置，login 表示多语言文件的前缀名。如果开发者完全按照 Spring Boot 默认识别机制，在项目类路径 resources 下编写 messages.properties 等国际化文件，可以省略国际化文件基础名的配置。

3. 定制区域信息解析器

在完成上一步中多语言国际化文件的编写和配置后，就可以正式在前端页面中结合 Thymeleaf 模板相关属性进行国际化语言设置和展示了，不过这种实现方式默认是使用请求头中的语言信息（浏览器语言信息）自动进行语言切换的，有些项目还会提供手动语言切换的功能，这就需要定制区域解析器了。

在 chapter04 项目中创建名为 com.itheima.config 的包，并在该包下创建一个用于定制国际化功能区域信息解析器的自定义配置类 MyLocalResovel，内容如文件 4-8 所示。

文件 4-8 MyLocalResovel.java

```
1  import org.springframework.context.annotation.Bean;
2  import org.springframework.context.annotation.Configuration;
3  import org.springframework.lang.Nullable;
4  import org.springframework.util.StringUtils;
5  import org.springframework.web.servlet.LocaleResolver;
6  import javax.servlet.http.HttpServletRequest;
7  import javax.servlet.http.HttpServletResponse;
8  import java.util.Locale;
9  @Configuration
10 public class MyLocalResovel implements LocaleResolver {
11     // 自定义区域解析方式
12     @Override
```

```
13      public Locale resolveLocale(HttpServletRequest httpServletRequest) {
14          // 获取页面手动切换传递的语言参数 l
15          String l = httpServletRequest.getParameter("l");
16          // 获取请求头自动传递的语言参数 Accept-Language
17          String header = httpServletRequest.getHeader("Accept-Language");
18          Locale locale=null;
19          // 如果手动切换参数不为空，就根据手动参数进行语言切换，否则默认根据请求头信息切换
20          if(!StringUtils.isEmpty(l)){
21              String[] split = l.split("_");
22              locale=new Locale(split[0],split[1]);
23          }else {
24              // Accept-Language: en-US,en;q=0.9,zh-CN;q=0.8,zh;q=0.7
25              String[] splits = header.split(",");
26              String[] split = splits[0].split("-");
27              locale=new Locale(split[0],split[1]);
28          }
29          return locale;
30      }
31      @Override
32      public void setLocale(HttpServletRequest httpServletRequest, @Nullable
33                  HttpServletResponse httpServletResponse, @Nullable Locale locale) {
34      }
35      // 将自定义的 MyLocalResovel 类重新注册为一个类型 LocaleResolver 的 Bean 组件
36      @Bean
37      public LocaleResolver localeResolver(){
38          return new MyLocalResovel();
39      }
40  }
```

文件 4-8 中，MyLocalResovel 配置类实现了 LocaleResovel 接口，并重写了 LocaleResovel 接口的 resolveLocale()方法解析自定义语言。使用@Bean 注解将当前配置类注册成 Spring 容器中一个 Bean 组件。这样就可以覆盖默认的 LocaleResolver 组件。在重写的 resolveLocale()方法中，可以根据不同的需求切换语言信息从而获取请求的参数，只有请求参数不为空时，才可以进行语言的切换。

需要注意的是，在请求参数 l 的语言手动切换组装时，使用的是下划线“_”进行的切割，这是由多语言配置文件的格式决定的（例如 login_zh_CN.properties）；而在请求头参数 Accept-Language 的语言自动切换组装时，使用的是短横线“-”进行的切割，这是由浏览器发送的请求头信息样式决定的（例如 Accept-Language: en-US,en;q=0.9,zh-CN;q=0.8,zh;q=0.7）。

4. 页面国际化使用

打开项目 templates 模板文件夹中的用户登录页面 login.html，结合 Thymeleaf 模板引擎实现国际化功能，内容如文件 4-9 所示。

文件 4-9 login.html

```
1  <!DOCTYPE html>
2  <html lang="en" xmlns:th="http://www.thymeleaf.org">
3  <head>
```

```
4       <meta http-equiv="Content-Type" content="text/html; charset=UTF-8">
5       <meta name="viewport" content="width=device-width, initial-scale=1,
6                                                        shrink-to-fit=no">
7       <title>用户登录界面</title>
8       <link th:href="@{/login/css/bootstrap.min.css}" rel="stylesheet">
9       <link th:href="@{/login/css/signin.css}" rel="stylesheet">
10  </head>
11  <body class="text-center">
12  <!--  用户登录 form 表单 -->
13  <form class="form-signin">
14      <img class="mb-4" th:src="@{/login/img/login.jpg}" width="72" height="72">
15      <h1 class="h3 mb-3 font-weight-normal" th:text="#{login.tip}">请登录</h1>
16      <input type="text" class="form-control"
17                   th:placeholder="#{login.username}" required="" autofocus="">
18      <input type="password" class="form-control"
19                   th:placeholder="#{login.password}" required="">
20      <div class="checkbox mb-3">
21          <label>
22              <input type="checkbox" value="remember-me"> [[#{login.rememberme}]]
23          </label>
24      </div>
25      <button class="btn btn-lg btn-primary btn-block" type="submit"
26                              th:text="#{login.button}">登录</button>
27      <p class="mt-5 mb-3 text-muted">© <span th:text="${currentYear}">2018</span>
28                              -<span th:text="${currentYear}+1">2019</span></p>
29      <a class="btn btn-sm" th:href="@{/toLoginPage(l='zh_CN')}">中文</a>
30      <a class="btn btn-sm" th:href="@{/toLoginPage(l='en_US')}">English</a>
31  </form>
32  </body>
33  </html>
```

文件 4-9 中，使用 Thymeleaf 模块的#{}消息表达式设置了国际化展示的一部分信息。当对记住我 rememberme 进行国际化设置时，需要在<input>标签外部设置国际化的 rememberme，这里使用了行内表达式[[#{login.rememberme}]]动态获取国际化文件中的 login.rememberme 信息。

5. 整合效果测试

启动项目进行效果测试，项目启动成功后，在浏览器上访问“http://localhost:8080/toLoginPage”，效果如图 4-4 所示。

从图 4-4 可以看到，访问的项目登录页出现了中文乱码的情况。这是因为，IDEA 开发工具编写的 Properties 配置文件默认使用的是 GBK 编码格式，这些文件内容显示时最终都会转换为 ASCII 码的形式，这就导致了中文乱码的情况。因此，在浏览器展示之前，必须对 IDEA 开发工具的 Properties 文件编码格式进行设置。

在打开的 IDEA 开发工具中，依次选择【File】→【Settings】选项，打开项目设置窗口，在窗口中搜索“File Encodings”关键字，效果如图 4-5 所示。

在图 4-5 所示的“File Encodings”编码设置面板中，将“Default encoding for properties files”选项默认的 GBK 格式更换为【UTF-8】格式，同时勾选后面的“Transparent native-to-ascii conversion”选项。

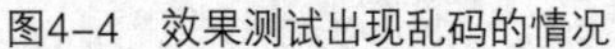

图4-4 效果测试出现乱码的情况

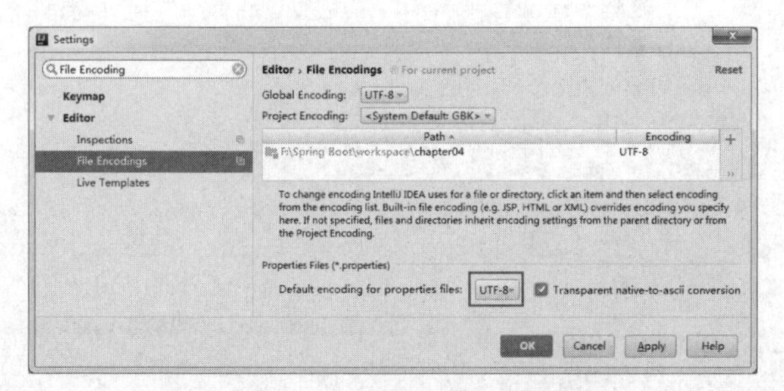

图4-5 Properties文件编码格式设置窗口

需要说明的是，通过【File】→【Settings】选项打开项目设置窗口的“File Encodings”编码也只是对当前项目有效，后续通过 IDEA 开发工具创建的 Properties 配置文件仍然默认使用 GBK 编码格式，所以还需要通过【File】→【Other Settings】→【Settings for New Projects】选项打开 IDEA 工具全局默认配置文件窗口，同样搜索“File Encodings”关键字并参考图 4-5 进行编码格式的设置。

根据上述操作提示，完成“File Encodings”编码格式更改后，项目中 Properties 配置文件含有的中文部分可能出现乱码，需要重新编写。接着，再次重启项目并访问“http://localhost:8080/toLoginPage”，效果如图 4-6 所示。

从图 4-6 可以看到，登录页 login.html 正确展示了中文国际化的页面信息。接着，对当前浏览器的默认语言进行查看和设置，切换至英文语言状态，通过“F12”快捷键打开浏览器控制台查看，重新访问项目登录页，效果如图 4-7 所示。

图4-6 效果测试正确情况

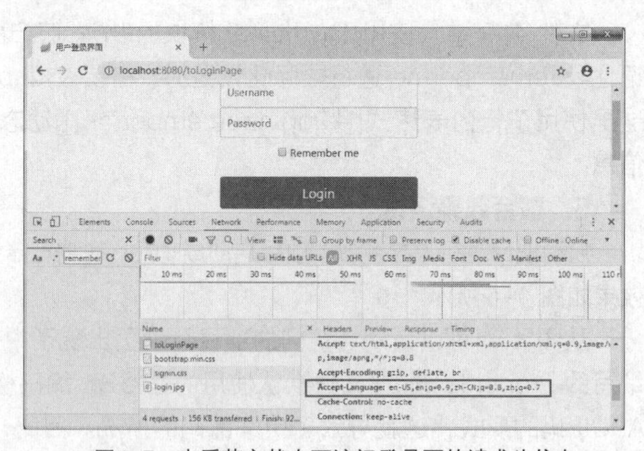

图4-7 查看英文状态下访问登录页的请求头信息

从图 4-7 可以看到，手动将浏览器语言设置为英文后，再次访问项目 login.html 页面正确展示了英文国际化的页面信息。同时在浏览器控制台下，查看到了当前访问的请求头信息中“Accept-Language”参数的优先属性值为 en-US。

最后，手动切换“登录”按钮下方提供的“中文”和“English”语言切换链接按钮，测试手动切换语言国际化的效果。这里选择在当前英文国际化页面下单击“中文”进行切换，效果如图 4-8 所示。

图4-8　切换中文后的登录页面

从图 4-8 可以看到，单击“中文”链接进行语言国际化切换时携带了指定的“l=zh_CN”参数，后台定制的区域解析器配置类 MyLocalResovel 中的解析方法会根据定制规则进行语言切换，从而达到了手动切换国际化语言的效果。

至此，关于 Spring Boot 与 Thymeleaf 模板引擎的整合使用介绍完毕。由于本章重点介绍的是 Spring Boot 与前端引擎技术的整合使用，因此关于 Thymeleaf 模板的更多详尽用法，感兴趣的读者可以自行查找资料学习。

4.6　本章小结

本章首先介绍了 Spring Boot 支持的视图技术，然后介绍了 Thymeleaf 模板引擎的基本语法及其用法，最后介绍了 Spring Boot 与 Thymeleaf 模板整合实现页面数据的展示以及国际化。希望通过本章的学习，大家能够在实际开发中灵活运用 Spring Boot 与 Thymeleaf 模板进行视图页面开发。

4.7　习题

一、填空题

1. 针对于 WebFlux 框架的整合实现，Spring Boot 实现了与________、Thymeleaf 和 Mustache 模板引擎技术的整合支持和自动化配置。

2. Thymeleaf 是适用于________和独立环境的现代服务器端 Java 模板引擎。

3. 针对 HTML 页面处理，Thymeleaf 的________属性可以进行数据遍历。

4. 使用 Thymeleaf 模板进行 HTML 页面处理，可以使用________属性替换 th:*属性进行页面开发。

5. Thymeleaf 模板中使用________可以动态获取当前用户所在的国家信息。

二、判断题

1. Spring Boot 不能使用 JSP 进行项目开发。(　　)

2. 如果想要使用 Thymeleaf 模板进行纯 HTML 5 的页面开发，可以使用 data-th-*属性替换 th:*属性进行页面开发。(　　)

3. Thymeleaf 是针对 Web 开发中 HTML 静态页面的处理，实现动态数据展示。(　　)

4. Spring Boot 中编写国际化时，必须要在全局配置文件进行国际化文件配置。(　　)

5. 国际化文件的名称必须严格按照“文件前缀名_语言代码_国家代码.properties”的形式命名。(　　)

三、选择题

1. 以下选项中，Spring Boot 整合 Spring MVC 框架支持的模板引擎技术有（　　）。（多选）

A. FreeMarker　　B. Groovy
C. Mustache　　D. Thymeleaf

2. 关于 Spring Boot 整合 JSP 模板技术的限制，以下说法错误的是（　　）。
A. Spring Boot 默认的 JAR 包部署方式不支持 JSP 模板
B. Undertow 嵌入式容器部署 Spring Boot 项目，不支持 JSP 模板
C. 使用 JSP 模板时，无法对默认的错误处理器进行覆盖
D. 使用 JSP 模板时，无法自定义错误页面

3. Thymeleaf 支持处理哪些模板页面？（　　）（多选）
A. HTML　　B. XML
C. JS　　D. CSS

4. 以下关于 Thymeleaf 模板中 th:*属性的说法，错误的是（　　）。
A. th:forEach 属性用来进行数据遍历
B. th:utext 属性进行文本内容展示，且不进行转义
C. th:fragment 属性用来声明片段
D. th:value 属性用于内容修改

5. Spring Boot 中，可以存放静态资源文件的位置有（　　）。（多选）
A. 项目根路径下的/META-INF/resources/文件夹下
B. 项目根路径下的 resources 及其子文件夹下
C. 项目根路径下的 static 文件夹下
D. 项目根路径下的 public 及其子文件夹下

5 Chapter

第5章 Spring Boot实现Web的常用功能

Spring Boot

学习目标

- 掌握Spring Boot中MVC功能的定制和扩展
- 掌握Spring Boot整合Servlet三大组件的实现
- 掌握Spring Boot文件上传与下载的实现
- 掌握Spring Boot项目的打包和部署

通常在 Web 开发中，会涉及静态资源的访问支持、视图解析器的配置、转换器和格式化器的定制、文件上传下载等功能，甚至还需要考虑到与 Web 服务器关联的 Servlet 相关组件的定制。Spring Boot 框架支持整合一些常用 Web 框架，从而实现 Web 开发，并默认支持 Web 开发中的一些通用功能。本章将对 Spring Boot 实现 Web 开发中涉及的一些常用功能进行详细讲解。

5.1 Spring MVC 的整合支持

为了实现并简化 Web 开发，Spring Boot 为一些常用的 Web 开发框架提供了整合支持，例如 Spring MVC、Spring WebFlux 等框架。使用 Spring Boot 进行 Web 开发时，只需要在项目中引入对应 Web 开发框架的依赖启动器即可。那么，Spring Boot 在整合一些 Web 框架时实现了哪些默认自动化配置，同时，怎样进行 Web 功能扩展呢？本节就以 Spring Boot 整合 Spring MVC 框架实现 Web 开发为例进行讲解。

5.1.1 Spring MVC 自动配置介绍

在 Spring Boot 项目中，一旦引入了 Web 依赖启动器 spring-boot-starter-web，那么 Spring Boot 整合 Spring MVC 框架默认实现的一些 xxxAutoConfiguration 自动配置类就会自动生效，几乎可以在无任何额外配置的情况下进行 Web 开发。Spring Boot 为整合 Spring MVC 框架实现 Web 开发，主要提供了以下自动化配置的功能特性。

（1）内置了两个视图解析器：ContentNegotiatingViewResolver 和 BeanNameViewResolver。

（2）支持静态资源以及 WebJars。

（3）自动注册了转换器和格式化器。

（4）支持 Http 消息转换器。

（5）自动注册了消息代码解析器。

（6）支持静态项目首页 index.html。

（7）支持定制应用图标 favicon.ico。

（8）自动初始化 Web 数据绑定器 ConfigurableWebBindingInitializer。

Spring Boot 整合 Spring MVC 进行 Web 开发时提供了很多默认配置，而且大多数时候使用默认配置即可满足开发需求。例如，Spring Boot 整合 Spring MVC 进行 Web 开发时，不需要额外配置视图解析器。

5.1.2 Spring MVC 功能扩展实现

Spring Boot 整合 Spring MVC 进行 Web 开发时提供了很多的自动化配置，但在实际开发中还需要开发者对一些功能进行扩展实现。下面我们通过一个具体的案例讲解 Spring Boot 整合 Spring MVC 框架实现 Web 开发的扩展功能。

1. 项目基础环境搭建

使用 Spring Initializr 方式创建名称为 chapter05 的 Spring Boot 项目，并在 Dependencies 依赖选择中选择 Web 模块下的 Web 依赖启动器和 Template Engines 模块下的 Thymeleaf 依赖启动器，效果如图 5-1 所示。

为了更直观、快速地通过页面查看整合效果，这里将借用 chapter04 项目中所有编写好的文件，将它们复制到本章项目对应目录下。环境搭建完成后，结构如图 5-2 所示。

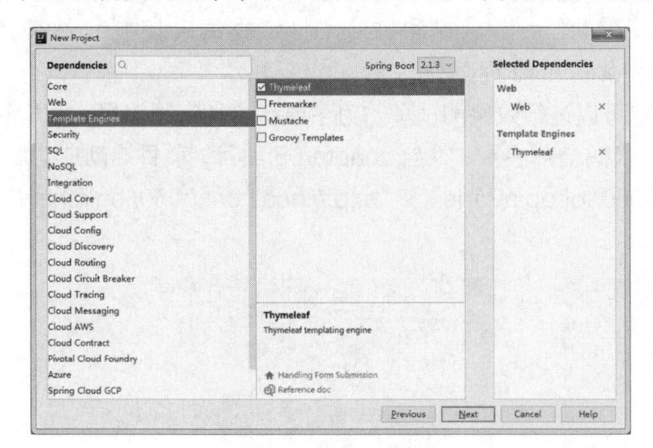

图5-1 场景依赖选择图

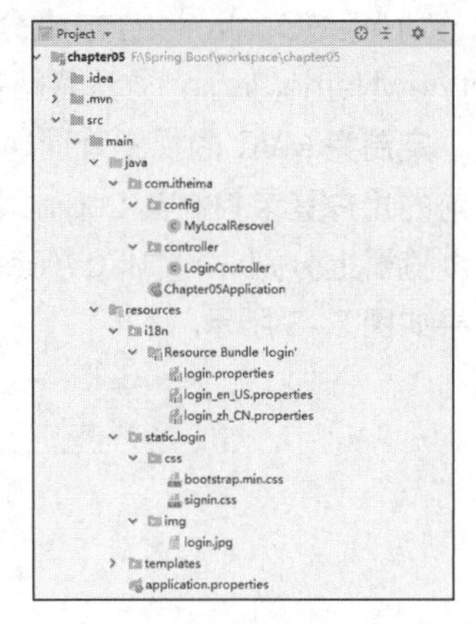

图5-2 环境搭建完成的结构图

图 5-2 所示的 chapter05 项目目录结构与 chapter04 项目的目录结构完全一样，并且对应目录中的文件内容也完全一样。

完成 chapter05 项目的初始化搭建后，可以通过浏览器访问 "http://localhost:8080/toLoginPage" 查看项目的登录页面 login.html。读者可以自行测试，这里就不再展示说明了。

2. 功能扩展实现

接下来使用 Spring Boot 整合 Spring MVC 进行 Web 开发，实现简单的页面跳转功能，这里我们将使用 Spring Boot 提供的 WebMvcConfigurer 接口编写自定义配置，并对 Web 功能进行适当扩展。

（1）注册视图管理器。在 chapter05 项目的 com.itheima.config 包下创建一个实现 WebMvcConfigurer 接口的配置类 MyMVCconfig，用于对 MVC 框架功能进行扩展，内容如文件 5-1 所示。

文件 5-1 MyMVCconfig.java

```
1  import org.springframework.context.annotation.Configuration;
2  import org.springframework.web.servlet.config.annotation.ViewControllerRegistry;
3  import org.springframework.web.servlet.config.annotation.WebMvcConfigurer;
4  /**
5   * 实现 WebMvcConfigurer 接口，扩展 MVC 功能
6   */
7  @Configuration
8  public class MyMVCconfig implements WebMvcConfigurer {
9      // 添加视图管理
10     @Override
11     public void addViewControllers(ViewControllerRegistry registry) {
12         // 请求 toLoginPage 映射路径或者 login.html 页面都会自动映射到 login.html 页面
13         registry.addViewController("/toLoginPage").setViewName("login");
14         registry.addViewController("/login.html").setViewName("login");
15     }
16 }
```

文件 5-1 中，MyMVCconfig 实现了接口 WebMvcConfigurer 的 addViewControllers(ViewControllerRegistry registry)方法。在 addViewControllers()方法内部，使用 ViewControllerRegistry 的 addViewController()方法分别定义了"/toLoginPage"和"/login.html"的请求控制，并使用 setViewName("login")方法将路径映射为 login.html 页面。

定制完 MVC 的视图管理功能后，就可以进行效果测试了。为了演示这种定制效果，我们将之前的用户登录控制类 LoginController 代码全部注释。重启 chapter05 项目，项目启动成功后，在浏览器上分别访问"http://localhost:8080/toLoginPage"和"http://localhost:8080/login.html"，效果如图 5-3 所示。

图5-3 登录页访问效果

从图 5-3 所示的演示效果可以看出，使用 WebMvcConfigurer 接口定义的用户请求控制方法也实现了用户请求控制跳转的效果，相比于传统的请求处理方法而言，这种方法更加简洁、直观和方便。同时也可以看出，使用这种方式无法获取后台处理的数据，例如登录页面中的年份。

需要说明的是，使用 WebMvcConfigurer 接口中的 addViewControllers(ViewControllerRegistry registry)方法定制视图控制，只适合较为简单的无参数视图 Get 方式的请求跳转，对于有参数或需要业务处理的跳转需求，最好还是采用传统方式处理请求。

（2）注册自定义拦截器。WebMvcConfigurer 接口提供了许多 MVC 开发相关方法，例如，添加拦截器方法 addInterceptors()、添加格式化器方法 addFormatters()等。接下来我们使用 WebMvcConfigurer 接口中的 addInterceptors()方法注册自定义拦截器。

首先，在项目 com.itheima.config 包下创建一个自定义拦截器类 MyInterceptor，并编写简单的拦截业务代码，内容如文件 5-2 所示。

文件 5-2 MyInterceptor.java

```
1  import org.springframework.lang.Nullable;
2  import org.springframework.stereotype.Component;
3  import org.springframework.web.servlet.HandlerInterceptor;
4  import org.springframework.web.servlet.ModelAndView;
5  import javax.servlet.http.HttpServletRequest;
6  import javax.servlet.http.HttpServletResponse;
7  import java.util.Calendar;
8  /**
9   * 自定义一个拦截器类
10  */
```

```
11 @Component
12 public class MyInterceptor implements HandlerInterceptor {
13     @Override
14     public boolean preHandle(HttpServletRequest request, HttpServletResponse response,
15                             Object handler) throws Exception {
16         // 用户请求/admin开头路径时，判断用户是否登录
17         String uri = request.getRequestURI();
18         Object loginUser = request.getSession().getAttribute("loginUser");
19         if (uri.startsWith("/admin") && null == loginUser) {
20             response.sendRedirect("/toLoginPage");
21             return false;
22         }
23         return true;
24     }
25     @Override
26     public void postHandle(HttpServletRequest request, HttpServletResponse response,
27             Object handler, @Nullable ModelAndView modelAndView) throws Exception {
28         // 向request域中存放当前年份用于页面动态展示
29         request.setAttribute("currentYear", Calendar.getInstance().get(Calendar.YEAR));
30     }
31     @Override
32     public void afterCompletion(HttpServletRequest request, HttpServletResponse
33             response, Object handler, @Nullable Exception ex) throws Exception {
34     }
35 }
```

文件5-2中，自定义拦截器类MyInterceptor实现了HandlerInterceptor接口。在preHandle()方法中，如果用户请求以“/admin”开头，则判断用户是否登录，如果没有登录，则重定向到“/toLoginPage”请求对应的登录页面。在postHandle()方法中，使用request对象向前端页面传递表示年份的currentYear数据。

然后在自定义配置类MyMVCconfig中，重写addInterceptors()方法注册自定义的拦截器，示例代码如下。

```
@Autowired
private MyInterceptor myInterceptor;
// 添加拦截器管理
@Override
public void addInterceptors(InterceptorRegistry registry) {
    registry.addInterceptor(myInterceptor)
            .addPathPatterns("/**")
            .excludePathPatterns("/login.html");
}
```

上述代码中，先使用@Autowired注解引入自定义的MyInterceptor拦截器组件，然后重写其中的addInterceptors()方法注册自定义的拦截器。在注册自定义拦截器时，使用addPathPatterns("/**")方法拦截所有路径请求，excludePathPatterns("/login.html")方法对“/login.html”路径的请求进行了放行处理。

最后重启 chapter05 项目，项目启动成功后，在浏览器上访问“http://localhost:8080/admin”，效果如图 5-4 所示。

从图 5-4 可以看到，访问“http://localhost:8080/admin”路径时自动跳转到了用户登录页面，同时在页面中动态显示出了当前年份，这就说明此次定制的自定义拦截器生效。

图5-4 访问admin路径效果

需要说明的是，Spring Boot 在整合 Spring MVC 过程中提供了许多默认自动化配置和特性，开发者可以通过 Spring Boot 提供的 WebMvcConfigurer 接口对 MVC 功能进行定制和扩展。如果开发者不想使用 Spring Boot 整合 MVC 时提供的一些默认配置，而是想要绝对的自定义管理，那么可以编写一个@Configuration 注解配置类，同时添加@EnableWebMvc 注解关闭 Spring Boot 提供的所有关于 MVC 功能的默认配置。

5.2 Spring Boot 整合 Servlet 三大组件

进行 Servlet 开发时，通常首先自定义 Servlet、Filter、Listener 三大组件，然后在文件 web.xml 中进行配置，而 Spring Boot 使用的是内嵌式 Servlet 容器，没有提供外部配置文件 web.xml，那么 Spring Boot 是如何整合 Servlet 的相关组件呢？Spring Boot 提供了组件注册和路径扫描两种方式整合 Servlet 三大组件，接下来我们分别对这两种整合方式进行详细讲解。

5.2.1 组件注册整合 Servlet 三大组件

在 Spring Boot 中，使用组件注册方式整合内嵌 Servlet 容器的 Servlet、Filter、Listener 三大组件时，只需将这些自定义组件通过 ServletRegistrationBean、FilterRegistrationBean、ServletListenerRegistrationBean 类注册到容器中即可。

1．使用组件注册方式整合 Servlet

（1）创建自定义 Servlet 类。在 chapter05 项目中创建名为 com.itheima.servletComponent 的包，并在该包下创建一个继承了 HttpServlet 的类 MyServlet，内容如文件 5-3 所示。

文件 5-3 MyServlet.java

```
1  import org.springframework.stereotype.Component;
2  import javax.servlet.ServletException;
3  import javax.servlet.http.*;
4  import java.io.IOException;
5  /**
6   * 自定义 Servlet 类
7   */
8  @Component
9  public class MyServlet extends HttpServlet {
10     @Override
11     protected void doGet(HttpServletRequest req, HttpServletResponse resp)
12                                        throws ServletException, IOException {
13         this.doPost(req, resp);
14     }
```

```
15     @Override
16     protected void doPost(HttpServletRequest req, HttpServletResponse resp)
17                                            throws ServletException, IOException {
18         resp.getWriter().write("hello MyServlet");
19     }
20 }
```

在文件5-3中，使用@Component注解将MyServlet类作为组件注入Spring容器。MyServlet类继承自HttpServlet，通过HttpServletResponse对象向页面输出“hello MyServlet”。

（2）创建Servlet组件配置类。在项目com.itheima.config包下创建一个Servlet组件配置类ServletConfig，用来对Servlet相关组件进行注册，内容如文件5-4所示。

文件5-4　ServletConfig.java

```
1  import com.itheima.servletComponent.MyServlet;
2  import org.springframework.boot.web.servlet.ServletRegistrationBean;
3  import org.springframework.context.annotation.Bean;
4  import org.springframework.context.annotation.Configuration;
5  /**
6   * 嵌入式Servlet容器三大组件配置
7  */
8  @Configuration
9  public class ServletConfig {
10     // 注册Servlet组件
11     @Bean
12     public ServletRegistrationBean getServlet(MyServlet myServlet){
13         ServletRegistrationBean registrationBean =
14                               new ServletRegistrationBean(myServlet,"/myServlet");
15         return registrationBean;
16     }
17 }
```

文件5-4中，使用@Configuration注解将ServletConfig标注为配置类，ServletConfig类内部的getServlet()方法用于注册自定义的MyServlet，并返回ServletRegistrationBean类型的Bean对象。

启动项目进行测试。项目启动成功后，在浏览器上访问“http://localhost:8080/myServlet”，效果如图5-5所示。

从图5-5中可以看出，浏览器能够访问myServlet并正常显示数据，说明Spring Boot成功整合了Servlet组件。

图5-5　使用组件注册方式整合Servlet的运行结果

2. 使用组件注册方式整合Filter

（1）创建自定义Filter类。在com.itheima.servletComponent包下创建一个类MyFilter，内容如文件5-5所示。

文件5-5　MyFilter.java

```
1  import org.springframework.stereotype.Component;
2  import javax.servlet.*;
3  import java.io.IOException;
```

```
4  /**
5   *  自定义 Filter 类
6   */
7  @Component
8  public class MyFilter implements Filter {
9      @Override
10     public void init(FilterConfig filterConfig) throws ServletException {    }
11     @Override
12     public void doFilter(ServletRequest servletRequest, ServletResponse servletResponse,
13                    FilterChain filterChain) throws IOException, ServletException {
14         System.out.println("hello MyFilter");
15         filterChain.doFilter(servletRequest,servletResponse);
16     }
17     @Override
18     public void destroy() {   }
19 }
```

在文件 5-5 中，使用@Component 注解将当前 MyFilter 类作为组件注入到 Spring 容器中。MyFilter 类实现了 Filter 接口，并重写了 init()、doFilter()和 destroy()方法，在 doFilter()方法中向控制台打印了“hello MyFilter”字符串。

（2）向 Servlet 组件配置类注册自定义 Filter 类。打开之前创建的 Servlet 组件配置类 ServletConfig，将该自定义 Filter 类使用组件注册方式进行注册，示例代码如下。

```
// 注册 Filter 组件
@Bean
public FilterRegistrationBean getFilter(MyFilter filter){
    FilterRegistrationBean registrationBean = new FilterRegistrationBean(filter);
    registrationBean.setUrlPatterns(Arrays.asList("/toLoginPage","/myFilter"));
    return registrationBean;
}
```

上述代码中，使用组件注册方式注册自定义的 MyFilter 类。在 getFilter(MyFilter filter)方法中，使用 setUrlPatterns(Arrays.asList("/toLoginPage","/myFilter"))方法定义了过滤的请求路径为“/toLoginPage”和“/myFilter”，同时使用@Bean 注解将当前组装好的 FilterRegistrationBean 对象作为 Bean 组件返回。

完成 Filter 的自定义配置后启动项目，项目启动成功后，在浏览器上访问“http://localhost:8080/myFilter”查看控制台打印效果（由于没有编写对应路径的请求处理方法，所以浏览器会出现 404 错误页面，这里重点关注控制台即可），具体如图 5-6 所示。

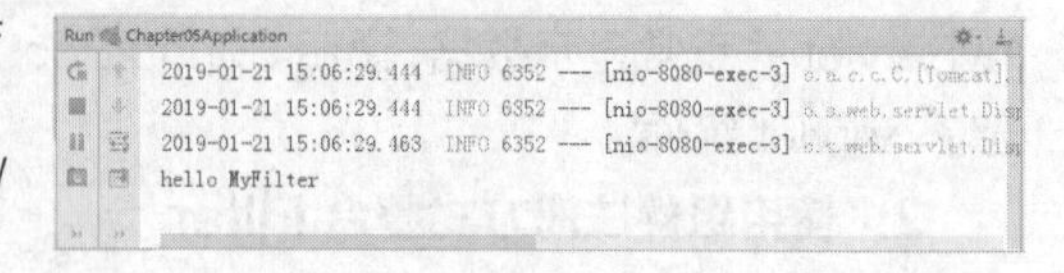

图5-6　使用组件注册方式整合Filter的运行结果

在图 5-6 中，浏览器访问“http://localhost:8080/myFilter”时，控制台打印出了自定义 Filter 中定义的输出语句“hello MyFilter”，这也就说明 Spring Boot 整合自定义 Filter 组件成功。

3. 使用组件注册方式整合 Listener

（1）创建自定义 Listener 类。在 com.itheima.servletComponent 包下创建一个类 MyListener，内容如文件 5-6 所示。

文件 5-6　MyListener.java

```
1  import org.springframework.stereotype.Component;
2  import javax.servlet.ServletContextEvent;
3  import javax.servlet.ServletContextListener;
4  /**
5   *  自定义 Listener 类
6  */
7  @Component
8  public class MyListener implements ServletContextListener {
9      @Override
10     public void contextInitialized(ServletContextEvent servletContextEvent) {
11         System.out.println("contextInitialized ...");
12     }
13     @Override
14     public void contextDestroyed(ServletContextEvent servletContextEvent) {
15         System.out.println("contextDestroyed ...");
16     }
17 }
```

在文件 5-6 中，使用@Component 注解将 MyListener 类作为组件注册到 Spring 容器中。MyListener 类实现了 ServletContextListener 接口，并重写了 contextInitialized()和 contextDestroyed()方法。

需要说明的是，Servlet 容器提供了很多 Listener 接口，例如 ServletRequestListener、HttpSessionListener、ServletContextListener 等，我们在自定义 Listener 类时要根据自身需求选择实现对应接口即可。

（2）向 Servlet 组件配置类注册自定义 Listener 类。打开之前创建的 Servlet 组件配置类 ServletConfig，将该自定义 Listener 类使用组件注册方式进行注册，示例代码如下。

```
// 注册 Listener 组件
@Bean
public ServletListenerRegistrationBean getServletListener(MyListener myListener){
    ServletListenerRegistrationBean registrationBean =
                                new ServletListenerRegistrationBean(myListener);
    return registrationBean;
}
```

完成自定义 Listener 组件注册后启动项目，项目启动成功后查看控制台打印效果，效果如图 5-7 所示。

程序启动成功后，控制台会打印出自定义 Listener 组件中定义的输出语句 “contextInitialized ...”。单击图中的【Exit】按钮 关闭当前项目（注意，如果直接单击红色按钮会强制关闭程序，浏览器就无法打印关闭监听信息），再次查看控制台打印效果，效果如图 5-8 所示。

程序成功关闭后，控制台打印出了自定义 Listener 组件中定义的输出语句 “contextDestroyed ...”。通过效果演示，说明了 Spring Boot 整合自定义 Listener 组件成功。

细心的读者可能发现，将自定义的 Servlet 组件配置类 ServletConfig 全部注释并重启项目后，自定义的 Servlet、Filter、Listener 组件仍然生效。出现这种情况的主要原因是：嵌入式 Servlet

容器对 Servlet、Filter、Listener 组件进行了自动化识别和配置，而自定义的 Servlet、Filter、Listener 都继承/实现了对应的类/接口，同时自定义的 Servlet、Filter、Listener 组件都使用了@Component 注解，这些组件会被自动扫描为 Spring 组件。

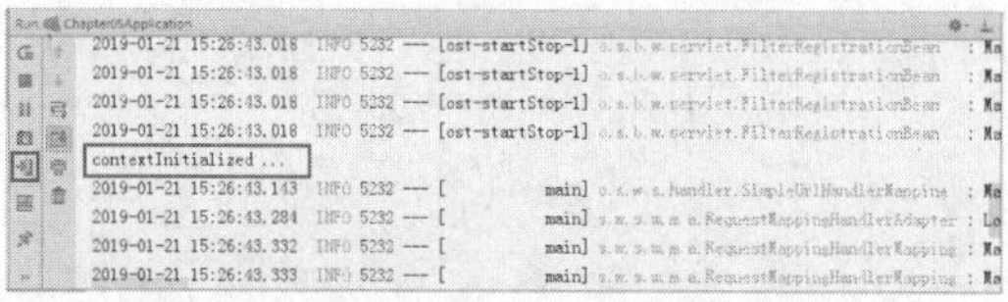

图5-7 项目启动后控制器打印效果（组件注册方式）

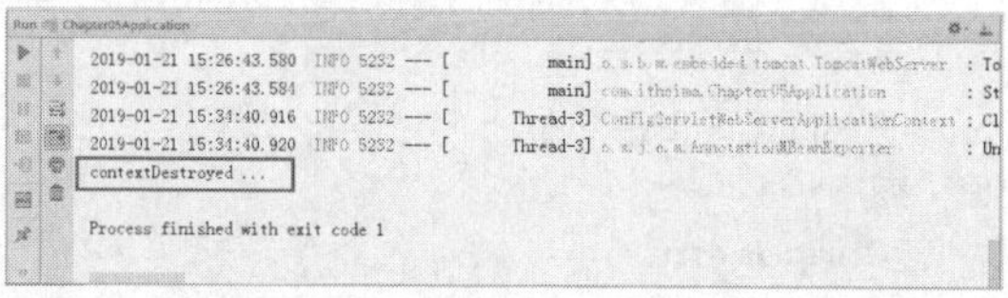

图5-8 项目关闭后控制台打印效果（组件注册方式）

使用 ServletRegistrationBean、FilterRegistrationBean、ServletListenerRegistrationBean 组件组装配置的根本目的是对一些请求路径和参数进行初始化设置和组装。假设没有组件注册类，那么自定义 Servlet 虽然生效，但无法确定是哪个访问路径生效。自定义的 Filter 会对所有的请求都进行过滤，不会出现选择性过滤的情况。而自定义的 Listener 则没有太大影响，因为定制该组件基本不需要设置什么参数。

5.2.2 路径扫描整合 Servlet 三大组件

在 Spring Boot 中，使用路径扫描的方式整合内嵌式 Servlet 容器的 Servlet、Filter、Listener 三大组件时，首先需要在自定义组件上分别添加@WebServlet、@WebFilter 和@WebListener 注解进行声明，并配置相关注解属性，然后在项目主程序启动类上使用@ServletComponentScan 注解开启组件扫描即可。

1. 使用路径扫描方式整合 Servlet、Filter、Listener

为了简化操作，我们在 5.2.1 小节自定义组件的基础上使用路径扫描的方式实现 Servlet 容器的 Servlet、Filter、Listener 三大组件的整合。为了避免与之前编写的使用组件注册的方式相互干扰，先将之前自定义的 Servlet 组件配置类 ServletConfig 全部注释掉，同时注释掉自定义 Servlet、Filter、Listener 三大组件类上的@Component 注解。

在 MyServlet、MyFilter、MyListener 组件中分别使用@WebServlet、@WebFilter 和@WebListener 注解声明并配置相关属性，修改后的内容分别如文件 5-7、文件 5-8 和文件 5-9 所示。

文件 5-7 MyServlet.java

```
1  /**
2   * 自定义 Servlet 类
3   */
4  @WebServlet("/annotationServlet")
5  //@Component
6  public class MyServlet extends HttpServlet {
7      @Override
8      protected void doGet(HttpServletRequest req, HttpServletResponse resp)
9                                              throws ServletException, IOException {
10         this.doPost(req, resp);
11     }
12     @Override
```

```
13    protected void doPost(HttpServletRequest req, HttpServletResponse resp)
14                                     throws ServletException, IOException {
15        resp.getWriter().write("hello MyServlet");
16    }
17 }
```

文件 5-8 MyFilter.java

```
1  /**
2   * 自定义Filter类
3   */
4  @WebFilter(value = {"/antionLogin","/antionMyFilter"})
5  //@Component
6  public class MyFilter implements Filter {
7     @Override
8     public void init(FilterConfig filterConfig) throws ServletException {   }
9     @Override
10    public void doFilter(ServletRequest servletRequest, ServletResponse
11    servletResponse, FilterChain filterChain) throws IOException, Servlet Exception {
12       System.out.println("hello MyFilter");
13       filterChain.doFilter(servletRequest,servletResponse);
14    }
15    @Override
16    public void destroy() {   }
17 }
```

文件 5-9 MyListener.java

```
1  /**
2   * 自定义Listener类
3  */
4  @WebListener
5  //@Component
6  public class MyListener implements ServletContextListener {
7     @Override
8     public void contextInitialized(ServletContextEvent servletContextEvent) {
9        System.out.println("contextInitialized ...");
10    }
11    @Override
12    public void contextDestroyed(ServletContextEvent servletContextEvent) {
13       System.out.println("contextDestroyed ...");
14    }
15 }
```

在文件5-7、文件5-8和文件5-9中，分别自定义了Servlet、Filter、Listener组件。在对应组件上分别使用@WebServlet("/annotationServlet")注解来映射"/annotationServlet"请求的Servlet类，使用@WebFilter(value = {"/antionLogin","/antionMyFilter"})注解来映射"/antionLogin"和"/antionMyFilter"请求的Filter类，使用@WebListener注解来标注Listener类。

使用相关注解配置好自定义Servlet、Filter、Listener三大组件后，下面我们在项目主程序启动类上添加@ServletComponentScan注解，开启基于注解方式的Servlet组件扫描支持，内容如文件 5-10 所示。

文件 5-10 Chapter05Application.java

```
1  import org.springframework.boot.SpringApplication;
2  import org.springframework.boot.autoconfigure.SpringBootApplication;
3  import org.springframework.boot.web.servlet.ServletComponentScan;
4  @SpringBootApplication
5  @ServletComponentScan  // 开启基于注解方式的 Servlet 组件扫描支持
6  public class Chapter05Application {
7      public static void main(String[] args) {
8          SpringApplication.run(Chapter05Application.class, args);
9      }
10 }
```

2. 效果测试

启动项目，项目启动成功后查看控制台打印效果，如图 5-9 所示。

在浏览器上访问“http://localhost:8080/annotationServlet”，效果如图 5-10 所示。

图5-9 项目启动后控制台打印效果（路径扫描方式）

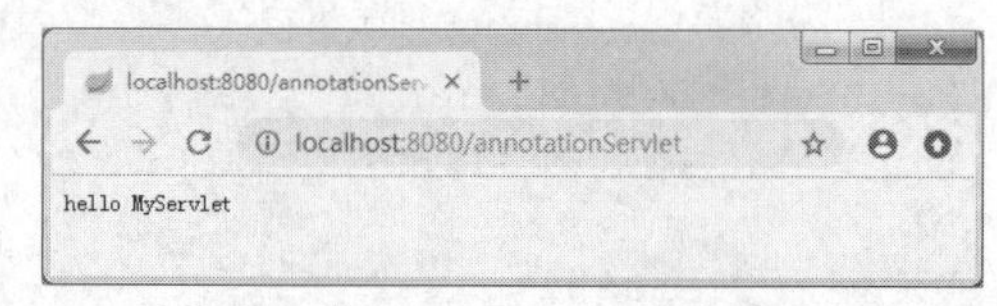

图5-10 访问annotationServlet浏览器效果图

在浏览器上访问“http://localhost:8080/antionMyFilter”查看控制台打印效果，如图 5-11 所示。

单击 IDEA 工具控制台左侧的【Exit】按钮关闭当前项目，再次查看控制台打印效果，如图 5-12 所示。

图5-11 访问annotationServlet控制台打印效果

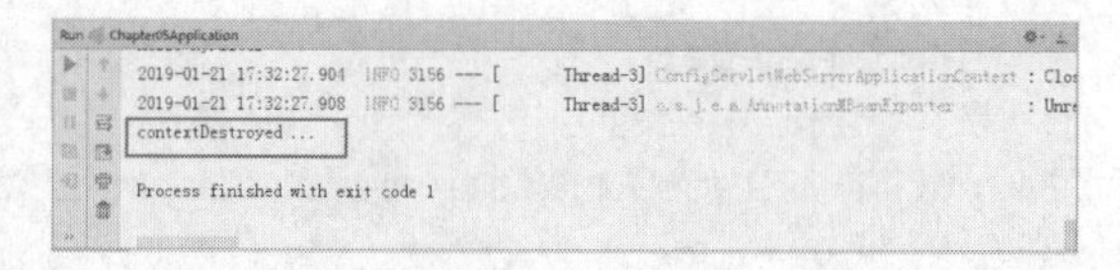

图5-12 项目关闭后控制台打印效果（路径扫描方式）

通过上述效果演示可以看出，使用路径扫描的方式同样成功实现了 Spring Boot 与 Servlet 容器中三大组件的整合。

至此，关于 Spring Boot 内嵌式 Servlet 容器中 Servlet、Filter、Listener 组件的整合讲解已经完成。大家在使用过程中，可以根据实际需求选择性地定制相关组件进行使用。

5.3 文件上传与下载

5.3.1 文件上传

开发 Web 应用时，文件上传是很常见的一个需求，浏览器通过表单形式将文件以流的形式传递给服务器，服务器再对上传的数据解析处理。下面我们通过一个案例讲解如何使用 Spring Boot 实现文件上传，具体步骤如下。

1. 编写文件上传的表单页面

在 chapter05 项目根路径下的 templates 模板引擎文件夹下创建一个用来上传文件的 upload.html 模板页面，内容如文件 5-11 所示。

文件 5-11　upload.html

```
1  <!DOCTYPE html>
2  <html lang="en" xmlns:th="http://www.thymeleaf.org">
3  <head>
4      <meta charset="UTF-8">
5      <meta http-equiv="Content-Type" content="text/html; charset=UTF-8">
6      <title>动态添加文件上传列表</title>
7      <link th:href="@{/login/css/bootstrap.min.css}" rel="stylesheet">
8      <script th:src="@{/login/js/jquery.min.js}"></script>
9  </head>
10 <body>
11 <div th:if="${uploadStatus}" style="color: red" th:text="${uploadStatus}">
12 上传成功</div>
13     <form th:action="@{/uploadFile}" method="post" enctype="multipart/form-data">
14         上传文件:  <input type="button" value="添加文件" onclick="add()"/>
15         <div id="file" style="margin-top: 10px;" th:value="文件上传区域"> </div>
16         <input id="submit" type="submit" value="上传"
17                style="display: none;margin-top: 10px;"/>
18     </form>
19 <script type="text/javascript">
20     // 动态添加上传按钮
21     function add(){
22         var innerdiv = "<div>";
23         innerdiv += "<input type='file' name='fileUpload' required='required'>" +
24                     "<input type='button' value='删除' onclick='remove(this)'>";
25         innerdiv +="</div>";
26         $("#file").append(innerdiv);
27         // 打开上传按钮
28         $("#submit").css("display","block");
29     }
30     // 删除当前行<div>
31     function remove(obj) {
32         $(obj).parent().remove();
33         if($("#file div").length ==0){
34             $("#submit").css("display","none");
35         }
36     }
37 </script>
38 </body>
39 </html>
```

在文件 5-11 中，第 13～18 行代码的<form>标签用于创建上传文件的表单。第 19～37 行是一段 JavaScript 脚本代码，用来处理用户动态添加或者移除上传输入框。

另外在文件 5-11 中第 8 行代码还引入了静态资源目录下的 login/js 中的 jquery.min.js 文件，因此，这里需要在项目 resources/static/login 目录下创建一个 js 文件夹，并引入 jquery.min.js 文件。

2. 在全局配置文件中添加文件上传的相关配置

在全局配置文件 application.properties 中添加文件上传的相关设置，内容如文件 5-12 所示。

文件 5-12 application.properties

```
1  # thymeleaf 页面缓存设置（默认为 true），开发中为方便调试应设置为 false，上线稳定后应保持默认 true
2  spring.thymeleaf.cache=false
3  # 配置国际化文件基础名
4  spring.messages.basename=i18n.login
5  # 单个上传文件大小限制（默认为 1MB）
6  spring.servlet.multipart.max-file-size=10MB
7  # 总上传文件大小限制（默认为 10MB）
8  spring.servlet.multipart.max-request-size=50MB
```

在文件 5-12 中，在项目全局配置文件 application.properties 已有配置的基础上，对文件上传过程中的上传大小进行了设置。其中，spring.servlet.multipart.max-file-size 用来设置单个上传文件的大小限制，默认值为 1MB，上述文件设置为 10MB；spring.servlet.multipart. max-request-size 用来设置所有上传文件的大小限制，默认值为 10MB，这里设置为 50MB。如果上传文件的大小超出限制，会提示"FileUploadBase¥FileSizeLimitExceededException: The field fileUpload exceeds its maximum permitted size of 1048576 bytes"异常信息，因此开发者需要结合实际需求合理设置文件大小。

3. 进行文件上传处理，实现文件上传功能

在之前创建的 com.itheima.controller 包下创建一个管理文件上传下载的控制类 FileController，用于实现文件上传功能，内容如文件 5-13 所示。

文件 5-13 FileController.java

```
1  import org.springframework.stereotype.Controller;
2  import org.springframework.ui.Model;
3  import org.springframework.web.bind.annotation.*;
4  import org.springframework.web.multipart.MultipartFile;
5  import java.io.File;
6  import java.util.UUID;
7  /**
8   * 文件管理控制类
9   */
10 @Controller
11 public class FileController {
12     // 向文件上传页面跳转
13     @GetMapping("/toUpload")
14     public String toUpload(){
15         return "upload";
16     }
17     // 文件上传管理
```

```
18     @PostMapping("/uploadFile")
19     public String uploadFile(MultipartFile[] fileUpload, Model model) {
20         // 默认文件上传成功，并返回状态信息
21         model.addAttribute("uploadStatus", "上传成功！");
22         for (MultipartFile file : fileUpload) {
23             // 获取文件名以及后缀名
24             String fileName = file.getOriginalFilename();
25             // 重新生成文件名（根据具体情况生成对应文件名）
26             fileName = UUID.randomUUID()+"_"+fileName;
27             // 指定上传文件本地存储目录，不存在则需要提前创建
28             String dirPath = "F:/file/";
29             File filePath = new File(dirPath);
30             if(!filePath.exists()){
31                 filePath.mkdirs();
32             }
33             try {
34                 file.transferTo(new File(dirPath+fileName));
35             } catch (Exception e) {
36                 e.printStackTrace();
37                 // 上传失败，返回失败信息
38                 model.addAttribute("uploadStatus","上传失败： "+e.getMessage());
39             }
40         }
41         // 携带上传状态信息回调到文件上传页面
42         return "upload";
43     }
44 }
```

文件 5-13 中，toUpload()方法用于处理路径为“/toUpload”的 GET 请求，并返回上传页面的路径。uploadFile()方法用于处理路径为“/uploadFile”的 POST 请求，如果文件上传成功，则会将上传的文件重命名并存储在“F：/file/”目录。如果上传失败，则会提示上传失败的相关信息。需要注意的是，uploadFile()方法的参数 fileUpload 的名称必须与上传页面中<input>的 name 值一致。

4．效果测试

启动项目，项目启动成功后，在浏览器上访问“http://localhost:8080/toUpload”，效果如图 5-13 所示。

单击图 5-13 所示窗口中的【添加文件】按钮，能够动态添加多个文件，效果如图 5-14 所示。

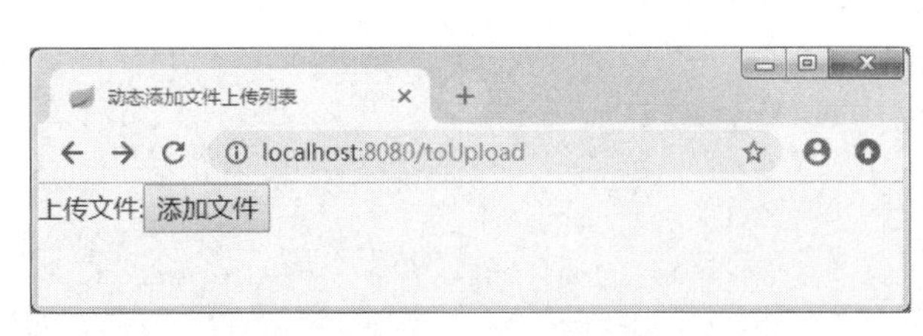

图5-13　文件上传页面效果

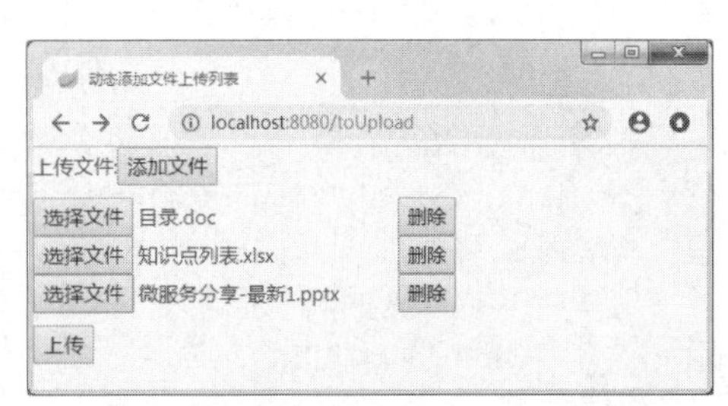

图5-14　文件上传页面动态添加文件效果

在图 5-14 所示的文件上传页面中，共添加了 3 个上传的文件，每个上传文件后方对应一个【删除】按钮，用于移除上传的文件。单击文件上传页面的【上传】按钮，如果存在未选择的文件，会提示“请选择一个文件”，否则选择好的上传文件会进行上传处理，效果如图 5-15 所示。

从图 5-15 可以看出，文件上传成功后页面会提示“上传成功”。为了验证文件上传效果，打开上传文件的存储目录“F:/file/”,效果如图 5-16 所示。

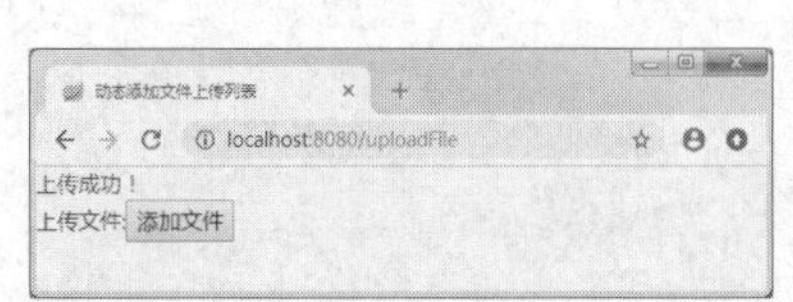

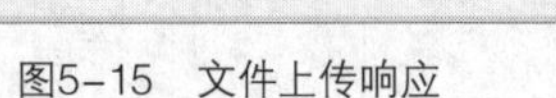

图5-15　文件上传响应

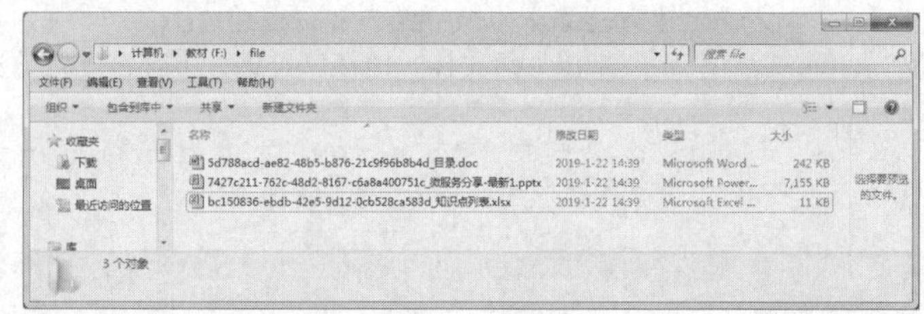

图5-16　文件上传处理结果

从图 5-16 可以看出，在定制的上传文件存储目录“F:/file/”下，出现了选择上传的 3 个不同类型的文件，同时文件名也根据设置进行了相应的修改，读者还可以打开每个文件查看具体的文件内容。

5.3.2 文件下载

下载文件能够通过 IO 流实现，所以多数框架并没有对文件下载进行封装处理。文件下载时涉及不同浏览器的解析处理，可能会出现中文乱码的情况。接下来我们分别针对下载英文名文件和中文名文件进行讲解。

1. 英文名文件下载

（1）添加文件下载工具依赖。在 pom.xml 文件中引入文件下载的一个工具依赖 commons-io，示例代码如下。

```
<!-- 文件下载的工具依赖 -->
<dependency>
    <groupId>commons-io</groupId>
    <artifactId>commons-io</artifactId>
    <version>2.6</version>
</dependency>
```

（2）定制文件下载页面。在 chapter05 项目类路径下的 templates 文件夹下创建一个演示文件下载的 download.html 模板页面，内容如文件 5-14 所示。

文件 5-14　download.html

```
1  <!DOCTYPE html>
2  <html lang="en" xmlns:th="http://www.thymeleaf.org">
3  <head>
4      <meta charset="UTF-8">
5      <title>文件下载</title>
6  </head>
7  <body>
```

```
8       <div style="margin-bottom: 10px">文件下载列表：</div>
9       <table>
10          <tr>
11              <td>bloglogo.jpg</td>
12              <td><a th:href="@{/download(filename='bloglogo.jpg')}">下载文件</a></td>
13          </tr>
14          <tr>
15              <td>Spring Boot 应用级开发教程.pdf</td>
16              <td><a th:href="@{/download(filename='Spring Boot应用级开发教程.pdf')}">
17                                                              下载文件</a></td>
18          </tr>
19      </table>
20  </body>
21  </html>
```

文件 5-14 通过列表展示了要下载的两个文件名及其下载链接。需要注意的是，在文件下载之前，需要保证在文件下载目录（本示例中的“F:/file/”目录）中存在文件 bloglogo.jpg 和 Spring Boot 应用级开发教程.pdf（这只是两个测试文件而已，读者演示时可以自行存放，只要保持文件名统一即可）。

（3）编写文件下载处理方法。在之前创建的文件管理控制类 FileController 中编写文件下载的处理方法，示例代码如下。

```
// 向文件下载页面跳转
@GetMapping("/toDownload")
public String toDownload(){
    return "download";
}
// 文件下载管理
@GetMapping("/download")
public ResponseEntity<byte[]> fileDownload(String filename){
    // 指定要下载的文件根路径
    String dirPath = "F:/file/";
    // 创建该文件对象
    File file = new File(dirPath + File.separator + filename);
    // 设置响应头
    HttpHeaders headers = new HttpHeaders();
    // 通知浏览器以下载方式打开
    headers.setContentDispositionFormData("attachment",filename);
    // 定义以流的形式下载返回文件数据
    headers.setContentType(MediaType.APPLICATION_OCTET_STREAM);
    try {
        return new ResponseEntity<>(FileUtils.readFileToByteArray(file),
                                    headers, HttpStatus.OK);
    } catch (Exception e) {
        e.printStackTrace();
        return new ResponseEntity<byte[]>(e.getMessage().getBytes(),
                                          HttpStatus.EXPECTATION_FAILED);
    }
}
```

上述代码中，toDownload()方法用来处理“/toDownload”的 Get 请求，并跳转到 download.html 页面；fileDownload()方法用来处理“/download”的 Get 请求并进行文件下载处理，下载的数据类型是 ResponseEntity<byte[]>。

（4）效果测试。实现上述文件下载功能后，启动项目，项目启动成功后，在浏览器上访问“http://localhost:8080/toDownload”进入下载页面，效果如图 5-17 所示。

这里，先选择下载第一个英文名文件“bloglogo.jpg”。单击【下载文件】链接后，效果如图 5-18 所示（以谷歌浏览器为例）。

图5-17 文件下载页面效果

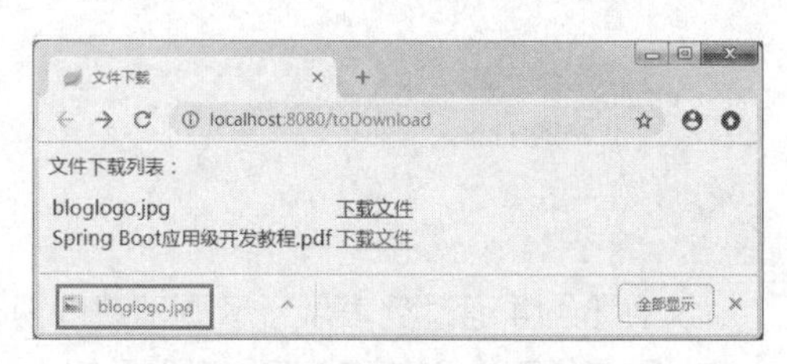

图5-18 英文名文件下载效果

从图 5-18 可以看出，成功下载了英文名的文件。读者在学习演示过程中，还可以使用其他浏览器进行效果演示，同时还可以进入到下载保存的目录打开文件查看效果。

2. 中文名文件下载

在上一步所示的文件下载页面中，单击第 2 个中文名文件“Spring Boot 应用级开发教程.pdf”后面的“下载文件”链接进行下载，效果如图 5-19 所示。

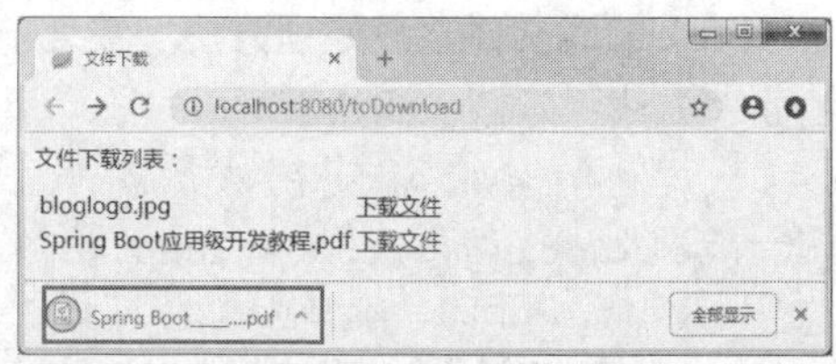

图5-19 中文名文件下载效果（编码处理前）

从图 5-19 可以看出，对中文名文件进行下载时，虽然可以成功下载，但是下载后的文件中文名称统一变成了“_”，这显然是不理想的，因此还需要对中文名文件下载进行额外处理。

在 FileController 类的 fileDownload()方法中添加处理中文编码的代码，修改后的代码如下所示。

```
// 所有类型文件下载管理
@GetMapping("/download")
public ResponseEntity<byte[]> fileDownload(HttpServletRequest request,
                                           String filename) throws Exception{
    // 指定要下载的文件根路径
    String dirPath = "F:/file/";
    // 创建该文件对象
    File file = new File(dirPath + File.separator + filename);
    // 设置响应头
    HttpHeaders headers = new HttpHeaders();
    // 通知浏览器以下载方式打开（下载前对文件名进行转码）
    filename=getFilename(request,filename);
    headers.setContentDispositionFormData("attachment",filename);
    // 定义以流的形式下载返回文件数据
    headers.setContentType(MediaType.APPLICATION_OCTET_STREAM);
    try {
```

```
            return new ResponseEntity<>(FileUtils.readFileToByteArray(file),
                                                   headers, HttpStatus.OK);
        } catch (Exception e) {
            e.printStackTrace();
            return new ResponseEntity<byte[]>(e.getMessage().getBytes(),
                                        HttpStatus.EXPECTATION_FAILED);
        }
    }
    // 根据浏览器的不同进行编码设置，返回编码后的文件名
    private String getFilename(HttpServletRequest request,String filename)
        throws Exception {
        // IE不同版本User-Agent中出现的关键词
        String[] IEBrowserKeyWords = {"MSIE", "Trident", "Edge"};
        // 获取请求头代理信息
        String userAgent = request.getHeader("User-Agent");
        for (String keyWord : IEBrowserKeyWords) {
            if (userAgent.contains(keyWord)) {
                //IE内核浏览器，统一为UTF-8编码显示，并对转换的+进行更正
                return URLEncoder.encode(filename, "UTF-8").replace("+"," ");
            }
        }
        //火狐等其他浏览器统一为ISO-8859-1编码显示
        return new String(filename.getBytes("UTF-8"), "ISO-8859-1");
    }
```

上述代码中，getFilename(HttpServletRequest request,String filename)方法用来根据不同浏览器对下载的中文名进行转码。其中，HttpServletRequest 中的“User-Agent”用于获取用户下载文件的浏览器内核信息（不同版本的 IE 浏览器内核可能不同，需要特别查看），如果内核信息是 IE 则转码为 UTF-8，其他浏览器转码为 ISO-8859-1 即可。

重新启动项目，在浏览器上访问“http://localhost:8080/toDownload”进入下载页面，下载中文名文件“Spring Boot 应用级开发教程.pdf”，效果如图 5-20 所示。

图5-20　中文名文件下载效果（编码处理后）

从图 5-20 可以看出，对文件下载处理方法中的编码进行修改后，同样可以成功下载中文名文件。

5.4 Spring Boot 应用的打包和部署

传统的 Web 应用进行打包部署时，通常会打成 War 包的形式，然后将 War 包部署到 Tomcat 等服务器中，而 Spring Boot 应用使用的是嵌入式 Servlet 容器，也就是说，Spring Boot 应用默认是以 Jar 包形式进行打包部署的，而如果想要使用传统的 War 包形式进行打包部署，就需要进行一些配置。接下来我们就分别讲解 Spring Boot 应用以 Jar 包和 War 包的形式进行打包和部署的方法。

5.4.1 Jar 包方式打包部署

由于 Spring Boot 应用中已经嵌入了 Tomcat 服务器，所以将 Spring Boot 应用以默认 Jar

包形式进行打包部署非常简单和方便。这里我们以创建好的 chapter05 项目为例，在 IDEA 开发工具中进行打包部署，具体操作如下所示。

1. Jar 包方式打包

（1）添加 Maven 打包插件。在对 Spring Boot 项目进行打包（包括 Jar 包和 War 包）前，需要在项目 pom.xml 文件中加入 Maven 打包插件，Spring Boot 为项目打包提供了整合后的 Maven 打包插件 spring-boot-maven-plugin，可以直接使用，示例代码如下。

```
<build>
    <plugins>
        <!-- Maven 打包插件 -->
        <plugin>
            <groupId>org.springframework.boot</groupId>
            <artifactId>spring-boot-maven-plugin</artifactId>
        </plugin>
    </plugins>
</build>
```

（2）使用 IDEA 开发工具进行打包。IDEA 开发工具除了提供 Java 开发的便利之外，还提供了非常好的项目打包支持，具体操作如图 5-21 所示。

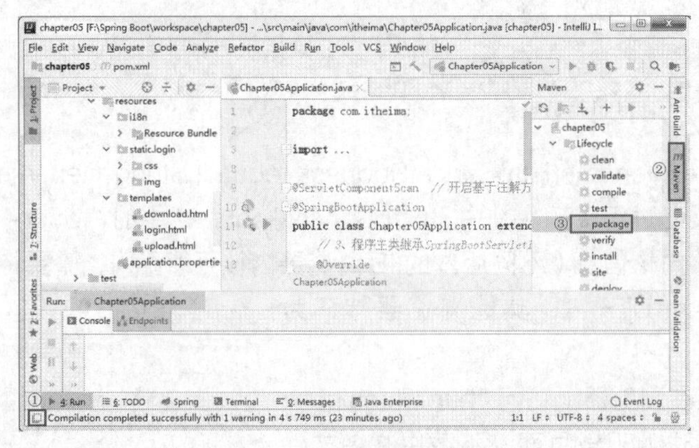

图5-21 IDEA项目打包界面

在图 5-21 中，使用 IDEA 开发工具对 Spring Boot 项目进行打包时，首先需要单击界面左下角的小窗口图标，打开界面右侧边框视图栏；接着，单击右侧边框的【Maven】视图，打开对应的项目操作窗口；然后，在“Maven”视图对应的操作窗口中，选择项目目录下 Lifecycle 目录中的【package】选项，直接双击就可以进行项目打包了。

根据上述操作说明，双击【package】选项执行打包后，控制台就会显示打包运行过程以及最终的打包结果，效果如图 5-22 所示。

在图 5-22 中，控制台 Run 界面中最终显示出了“BUILD SUCCESS”的信息，这说明 Spring Boot 项目打包成功。同时，控制台 Run 界面中显示的信息“Building jar: F:\Spring Boot\workspace\chapter05\target\chapter05-0.0.1-SNAPSHOT.jar”是 Jar 包的具体存放路径以及名称。

与此同时，我们还可以打开 IDEA 开发工具下项目的 target 目录中查看打成的 Jar 包，效果如图 5-23 所示。

（3）Jar 包目录结构展示说明。为了更加清楚 Spring Boot 中打成的 Jar 包的具体目录结构，进入 Jar 包存放位置，右击 Jar 包名称，使用压缩软件打开并进入到 BOOT-INF 目录下，效果如图 5-24 所示。

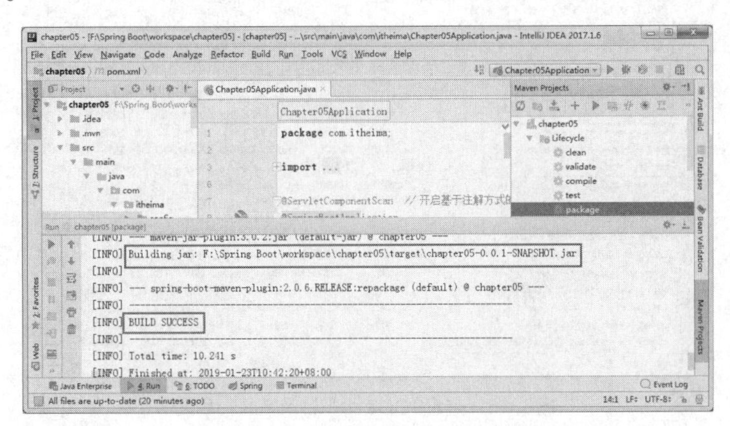

图5-22　IDEA控制台显示的Jar打包效果

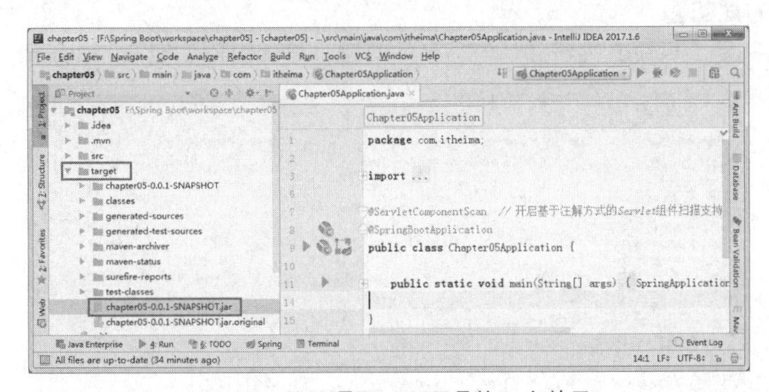

图5-23　IDEA项目target目录的Jar包效果

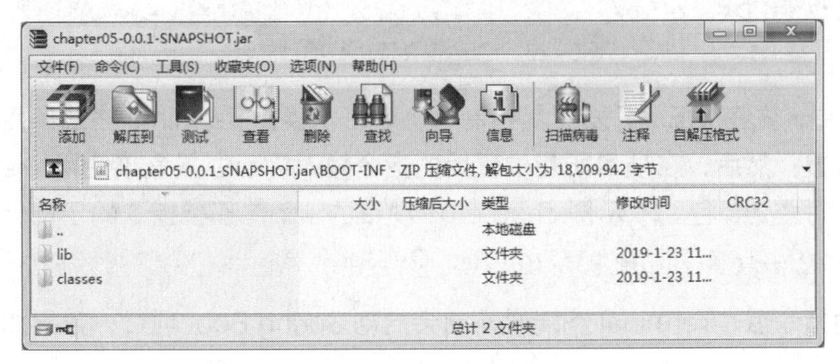

图5-24　Jar包目录结构

在图 5-24 中，打成的 Jar 包 BOOT-INF 目录下有 lib 和 classes 两个目录文件。其中，lib 目录下对应着所有添加的依赖文件导入的 jar 文件；classes 目录下对应着项目打包编译后的所有文件。查看 BOOT-INF 目录下的 lib 目录，效果如图 5-25 所示。

在图 5-25 中，Spring Boot 项目打成 Jar 包后，自动引入需要的各种 jar 文件，这也印证了第 1 章中 1.4.1 小节讲解分析的 Spring Boot 依赖管理，在加入相关依赖文件后，项目会自动加载所有相关的 jar 文件。另外， lib 目录下还包括 Tomcat 相关的 jar 文件，并且名字中包含有“tomcat-embed”字样，这是 Spring Boot 内嵌的 Jar 包形式的 Tomcat 服务器。

chapter05-0.0.1-SNAPSHOT.jar\BOOT-INF\lib - ZIP 压缩文件, 解包大小为 18,209,942 字节

名称	大小	压缩后大小	类型	修改时间	CRC32
..			本地磁盘		
validation-api-2.0.1.Final.jar	93,107	93,107	Executable Jar File	2017-12-19 1...	65964417
unbescape-1.1.6.RELEASE.jar	173,935	173,935	Executable Jar File	2018-3-30 17...	C384086A
tomcat-embed-websocket-8.5.34.jar	257,178	257,178	Executable Jar File	2018-9-4 23:28	E6C8A7...
tomcat-embed-el-8.5.34.jar	246,012	246,012	Executable Jar File	2018-9-4 23:28	EDA4BA...
tomcat-embed-core-8.5.34.jar	3,139,108	3,139,108	Executable Jar File	2018-9-4 23:28	CB27B5...
thymeleaf-spring5-3.0.10.RELEASE.jar	177,085	177,085	Executable Jar File	2018-10-10 2...	F5E7A9AF
thymeleaf-extras-java8time-3.0.1.RELEASE.jar	39,022	39,022	Executable Jar File	2017-8-18 22...	5D5B55...
thymeleaf-3.0.10.RELEASE.jar	869,741	869,741	Executable Jar File	2018-10-10 2...	0657370F
spring-webmvc-5.0.10.RELEASE.jar	792,709	792,709	Executable Jar File	2018-10-15 7...	C862EA76
spring-web-5.0.10.RELEASE.jar	1,264,845	1,264,845	Executable Jar File	2018-10-15 7...	E18F2B9C
spring-jcl-5.0.10.RELEASE.jar	21,706	21,706	Executable Jar File	2018-10-15 7...	CB18D7...
spring-expression-5.0.10.RELEASE.jar	279,887	279,887	Executable Jar File	2018-10-15 7...	901DAD...
spring-core-5.0.10.RELEASE.jar	1,228,926	1,228,926	Executable Jar File	2018-10-15 7...	D5D882...
spring-context-5.0.10.RELEASE.jar	1,091,575	1,091,575	Executable Jar File	2018-10-15 7...	69C872FA
spring-boot-starter-web-2.0.6.RELEASE.jar	588	588	Executable Jar File	2018-10-16 1...	E283A2...

总计 17,857,890 字节(43 个文件)

图5-25　查看BOOT-INF目录下的lib目录

2. Jar 包方式部署

借助 IDEA 开发工具快速进行 Jar 包项目的部署，具体操作如图 5-26 所示。

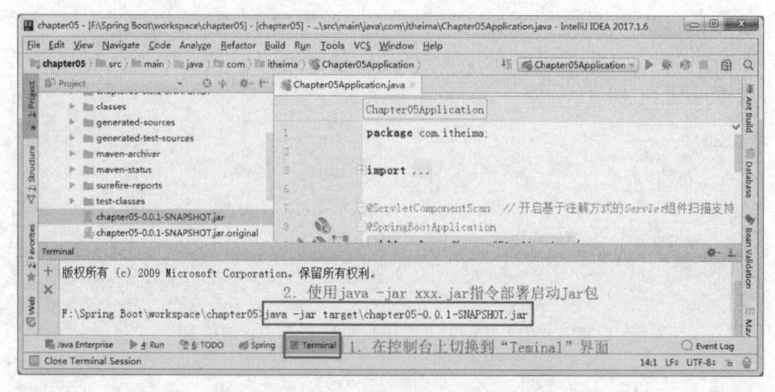

图5-26　IDEA工具下进行项目部署

在图 5-26 中，先在 IDEA 开发工具控制台上单击切换到 Terminal 终端界面，该界面会默认打开项目所在位置；然后，在项目所在位置后的指令输入提示位置直接使用"java -jar xxx.jar"的指令部署启动对应 Jar 包。本示例 chapter05 项目的 Jar 包部署指令的示例代码如下。

```
java -jar target\chapter05-0.0.1-SNAPSHOT.jar
```

执行完上述指令后，Terminal 终端界面就会启动 Spring Boot 项目，效果如图 5-27 所示。

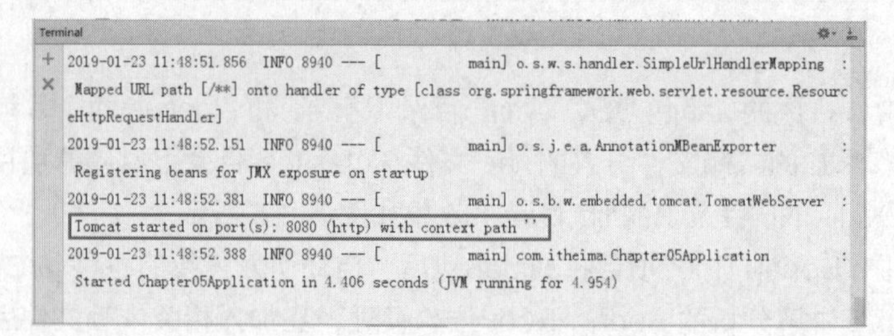

图5-27　IDEA工具下进行项目部署

从图 5-27 可以看出，Spring Boot 项目打成的 Jar 已经正确启动，并显示了默认的端口号

8080。执行成功后，就可以对项目进行访问。

需要说明的是，这里演示的是通过IDEA开发工具提供的Terminal终端界面进行快速的Jar包部署，除此之外，还可以使用系统自带的终端窗口进行项目Jar包部署启动。另外，在项目部署过程中，一定要保证执行的xxx.jar包可以找到并且路径中没有特殊字符（例如空格）。

5.4.2 War包方式打包部署

虽然通过Spring Boot内嵌的Tomcat可以直接将项目打成Jar包进行部署，但有时候还需要通过外部的可配置Tomcat进行项目管理，这就需要将项目打成War包。这里我们以chapter05项目为例讲解如何将Spring Boot项目以War包方式打包部署，具体操作如下所示。

1. War包方式打包

（1）声明打包方式为War包。打开chapter05项目的pom.xml文件，使用<packaging>标签将Spring Boot项目默认的Jar包打包方式修改为War形式，示例代码如下。

```
<description>Demo project for Spring Boot</description>
<!-- 1.将项目打包方式声明为War  -->
<packaging>war</packaging>
<properties>
    <java.version>1.8</java.version>
</properties>
```

（2）声明使用外部Tomcat服务器。Spring Boot为项目默认提供了内嵌的Tomcat服务器，为了将项目以War形式进行打包部署，还需要声明使用外部Tomcat服务器。打开chapter05项目的pom.xml文件，在依赖文件中将Tomcat声明为外部提供，示例代码如下。

```
<!-- 2.声明使用外部提供的Tomcat  -->
<dependency>
    <groupId>org.springframework.boot</groupId>
    <artifactId>spring-boot-starter-tomcat</artifactId>
    <scope>provided</scope>
</dependency>
```

上述代码中，spring-boot-starter-tomcat指定的是Spring Boot内嵌的Tomcat服务器，使用<scope>provided</scope>将该服务器声明为外部已提供provided。这样，在项目打包部署时，既可以使用外部配置的Tomcat以War包形式部署，还可以使用内嵌Tomcat以Jar包形式部署。

（3）提供Spring Boot启动的Servlet初始化器。将Spring Boot项目生成可部署War包的最后一步也是最重要的一步就是提供SpringBootServletInitializer子类并覆盖其configure()方法，这样做是利用了Spring框架的Servlet 3.0支持，允许应用程序在Servlet容器启动时可以进行配置。打开chapter05项目的主程序启动类Chapter05Application，让其继承SpringBootServletInitializer并实现configure()方法，示例代码如下。

```
@ServletComponentScan  // 开启基于注解方式的Servlet组件扫描支持
@SpringBootApplication
public class Chapter05Application extends SpringBootServletInitializer {
    // 3.程序主类继承SpringBootServletInitializer，并重写configure()方法
    @Override
    protected SpringApplicationBuilder configure(SpringApplicationBuilder builder) {
```

```java
        return builder.sources(Chapter05Application.class);
    }
    public static void main(String[] args) {
        SpringApplication.run(Chapter05Application.class, args);
    }
}
```

上述代码中，主程序启动类 Chapter05Application 继承 SpringBootServletInitializer 类并实现 configure()方法，在 configure()方法中，sources()方法的第一个参数必须是项目主程序启动类。需要说明的是，为 Spring Boot 提供启动的 Servlet 初始化器 SpringBootServletInitializer 的典型做法就是让主程序启动类继承 SpringBootServletInitializer 类并实现 configure()方法；除此之外，还可以在项目中单独提供一个继承 SpringBootServletInitializer 的子类，并实现 configure()方法。

执行完上述 3 步操作后，就可以将项目以 War 包形式进行打包了。War 包形式的打包方式与 5.4.1 小节中的打包方式完全一样，这里就不再详细展示说明了。项目打成 War 包后，在 IDEA 开发工具的 target 中查看打成的 War 包效果，如图 5-28 所示。

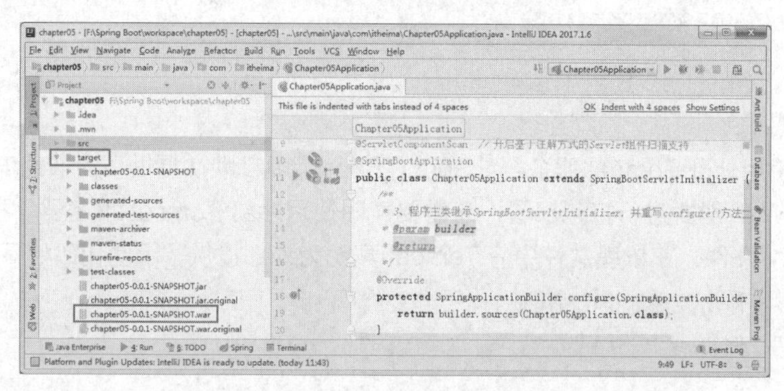

图5-28 IDEA项目target目录的War包效果

2. War 包方式部署

将打包好的 War 包复制到 Tomcat 安装目录下的 webapps 目录中，执行 Tomcat 安装目录下 bin 目录中的 startup.bat 命令启动 War 包项目。项目启动后，执行效果如图 5-29 所示。

```
Tomcat
23-Jan-2019 15:51:08.737 信息 [localhost-startStop-1] org.apache.catalina.startu
p.HostConfig.deployDirectory Deploying web application directory [D:\Tomcat\apac
he-tomcat-8.5.16\webapps\host-manager]
23-Jan-2019 15:51:08.774 信息 [localhost-startStop-1] org.apache.catalina.startu
p.HostConfig.deployDirectory Deployment of web application directory [D:\Tomcat\
apache-tomcat-8.5.16\webapps\host-manager] has finished in [37] ms
23-Jan-2019 15:51:08.775 信息 [localhost-startStop-1] org.apache.catalina.startu
p.HostConfig.deployDirectory Deploying web application directory [D:\Tomcat\apac
he-tomcat-8.5.16\webapps\manager]
23-Jan-2019 15:51:08.803 信息 [localhost-startStop-1] org.apache.catalina.startu
p.HostConfig.deployDirectory Deployment of web application directory [D:\Tomcat\
apache-tomcat-8.5.16\webapps\manager] has finished in [28] ms
23-Jan-2019 15:51:08.805 信息 [localhost-startStop-1] org.apache.catalina.startu
p.HostConfig.deployDirectory Deploying web application directory [D:\Tomcat\apac
he-tomcat-8.5.16\webapps\ROOT]
23-Jan-2019 15:51:08.828 信息 [localhost-startStop-1] org.apache.catalina.startu
p.HostConfig.deployDirectory Deployment of web application directory [D:\Tomcat\
apache-tomcat-8.5.16\webapps\ROOT] has finished in [23] ms
23-Jan-2019 15:51:08.835 信息 [main] org.apache.coyote.AbstractProtocol.start St
arting ProtocolHandler ["http-nio-8080"]
23-Jan-2019 15:51:08.849 信息 [main] org.apache.coyote.AbstractProtocol.start St
arting ProtocolHandler ["ajp-nio-8009"]
23-Jan-2019 15:51:08.856 信息 [main] org.apache.catalina.startup.Catalina.start
Server startup in 7602 ms
```

图5-29 外部Tomcat部署War项目执行效果

从图5-29可以看出，使用外部Tomcat成功启动了以War包形式打包的Spring Boot项目。需要说明的是，访问使用外部Tomcat部署的项目时，必须加上项目名称（打成War包后的项目全名），例如此处访问 chapter05 项目登录页面时的具体请求地址为“http://localhost:8080/chapter05-0.0.1-SNAPSHOT/login”。

需要注意的是，Spring Boot 2.1.3版本默认支持的内嵌式Tomcat为8.5版本，将指定版本Spring Boot项目以War包形式部署到外部Tomcat服务器中时，应尽量使用与Spring Boot版本项目匹配的Tomcat版本进行项目部署，否则在部署过程中可能出现异常。

小提示

5.4.2小节讲解Spring Boot项目以War包形式进行打包部署时，是将打包好的War包文件手动添加到外部安装的 Tomcat 服务器中进行部署。在实际开发中，还可以直接在开发工具中配置外部 Tomcat 进行项目部署调试。本书使用的IDEA开发工具对Tomcat的配置也非常方便，只需要单击IDEA工具右上角快速启动栏图标 Chapter05Application 倒三角按钮中的【Edit Configurations】选项进行外部Tomcat配置和项目部署即可，具体配置可以参考网上相关资料。

5.5 本章小结

本章主要讲解了Spring Boot框架整合Spring MVC实现Web开发过程中的一些功能，包括有MVC功能扩展和定制、Servlet三大组件定制、文件上传与下载以及Spring Boot项目的打包与部署。学习完本章后，读者要充分掌握Spring Boot进行Web开发中主要功能的一些配置和扩展，能够完成实际开发中Spring Boot项目的开发和部署工作。

5.6 习题

一、填空题

1. Spring Boot项目中定制Spring MVC的扩展功能，需要提供实现________接口的配置类。
2. WebMvcConfigurer接口中的________方法可以定制视图管理。
3. WebMvcConfigurer接口中的________方法可以定制自定义的拦截器。
4. Spring Boot中，使用路径扫描方式整合Servlet组件时，需要用________注解开启组件扫描。
5. Spring Boot整合Spring MVC实现文件上传时，默认单个文件上传大小限制为________。

二、判断题

1. Spring Boot为整合Spring MVC实现Web开发提供了欢迎页index.html支持。（ ）
2. Spring Boot中实现Spring MVC的扩展功能，要提供实现WebMvcConfigurer接口的配置类，并开启@EnableWebMvc注解。（ ）
3. Spring Boot中整合Servlet的Listener组件时，在自定义Listener上添加@Component即可生效。（ ）
4. Spring Boot整合Spring MVC实现中文名文件下载时，针对IE内核浏览器需要转码为

UTF-8。(   )

5. Spring Boot 提供的打包插件 spring-boot-maven-plugin 可以将项目打成 Jar 包和 War 包。(   )

三、选择题

1. Spring Boot 为整合 Spring MVC 实现 Web 开发，提供的功能特性不包括（   ）。

A. 配置视图解析器　　B. 对 WebJars 的支持

C. 对拦截器的自动配置　　D. 对 HttpMessageConverters 消息转换器的支持

2. Spring Boot 整合 Servlet 组件涉及的注册 Bean 组件有（   ）。(多选)

A. ServletRegistrationBean　　B. InterceptorRegistrationBean

C. FilterRegistrationBean　　D. ServletListenerRegistrationBean

3. Spring Boot 中使用路径扫描的方式整合内嵌式 Servlet 组件时，需要使用的注解有(   )。(多选)

A. @WebFilter　　B. @ServletComponentScan

C. @WebListener　　D. @WebInterceptor

4. 下列关于 Spring Boot 整合 Spring MVC 实现文件上传及下载的说法中，正确的是(   )

A. 必须使用 spring.servlet.multipart.max-file-size 来设置单个上传文件的大小限制

B. 处理上传文件方法中，可以使用 List<MultipartFile>类型的参数来接收处理单个或多个上传文件

C. 文件上传存储目录"F:/file/"需要提前创建好

D. 对中文文件进行下载时，如果没有进行中文转换，下载的中文文件内容会出现乱码

5. 下列关于 Spring Boot 项目 War 包方式打包部署的说法中，错误的是（   ）

A. 必须使用<packaging>标签将 Spring Boot 项目默认的 Jar 包方式修改为 War

B. 需要将 spring-boot-starter-tomcat 使用<scope>provided</scope>声明为已提供 provided

C. 必须让主程序启动类继承 SpringBootServletInitializer 类并实现 configure()方法

D. 以 War 包方式部署项目进行访问，必须在访问路径上添加打包后的项目名

6 Chapter

第6章 Spring Boot缓存管理

Spring Boot

学习目标

- 了解 Spring Boot 的默认缓存
- 熟悉 Spring Boot 中 Redis 的缓存机制及实现
- 掌握 Spring Boot 整合 Redis 的缓存实现

缓存是分布式系统中的重要组件，主要解决数据库数据的高并发访问问题。在实际开发中，尤其是用户访问量较大的网站，为了提高服务器访问性能、减少数据库的压力、提高用户体验，使用缓存显得尤为重要。Spring Boot 对缓存提供了良好的支持。本章将针对 Spring Boot 的缓存管理进行介绍，并完成 Spring Boot 与 Redis 缓存中间件的整合使用。

6.1 Spring Boot 默认缓存管理

Spring 框架支持透明地向应用程序添加缓存并对缓存进行管理，其管理缓存的核心是将缓存应用于操作数据的方法中，从而减少操作数据的次数，同时不会对程序本身造成任何干扰。Spring Boot 继承了 Spring 框架的缓存管理功能，通过使用@EnableCaching 注解开启基于注解的缓存支持，Spring Boot 可以启动缓存管理的自动化配置。下面我们将针对 Spring Boot 支持的默认缓存管理进行讲解。

6.1.1 基础环境搭建

使用缓存的主要目的是减小数据库数据的访问压力、提高用户体验，为此，这里我们结合数据库的访问操作对 Spring Boot 的缓存管理进行演示说明。下面我们先搭建演示 Spring Boot 缓存管理的基础环境。

1. 准备数据

为了简便，这里使用第 3 章创建的 springbootdata 数据库，该数据库有两个表 t_article 和 t_comment，这两个表预先插入了几条测试数据。

2. 创建项目

（1）创建 Spring Boot 项目，引入相关依赖。使用 Spring Initializr 方式创建一个名为 chapter06 的 Spring Boot 项目，在 Dependencies 依赖选择项中添加 SQL 模块中的 JPA 依赖、MySQL 依赖和 Web 模块中的 Web 依赖，效果如图 6-1 所示。

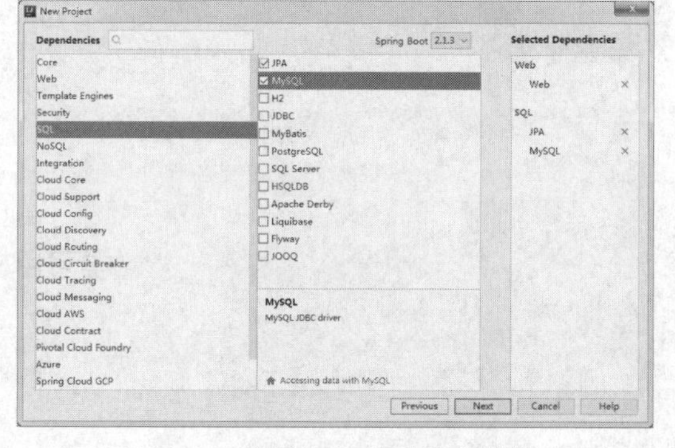

图6-1 项目chapter06添加的依赖

（2）编写数据库表对应的实体类。在 chapter06 中创建名为 com.itheima.domain 的包，在该包下针对数据库表 t_comment 编写对应的实体类 Comment，并使用 JPA 相关注解配置映射关系，内容如文件 6-1 所示。

文件 6-1 Comment.java

```
1  import javax.persistence.*;
2  @Entity(name = "t_comment")  // 设置 ORM 实体类，并指定映射的表名
3  public class Comment {
4      @Id  // 表明映射对应的主键 id
5      @GeneratedValue(strategy = GenerationType.IDENTITY) // 设置主键自增策略
6      private Integer id;
7      private String content;
```

```
8       private String author;
9       @Column(name = "a_id")  //指定映射的表字段名
10      private Integer aId;
11      // 省略属性getter和setter方法
12      // 省略toString()方法
13  }
```

（3）编写数据库操作的 Repository 接口文件。在 chapter06 中创建名为 com.itheima.repository 的包，并在该包下创建一个用于操作 Comment 实体的 Repository 接口，该接口继承自 JpaRepository，并且包含一个用于修改评论的方法 updateComment()，内容如文件 6-2 所示。

文件 6-2　CommentRepository.java

```
1   import com.itheima.domain.Comment;
2   import org.springframework.data.jpa.repository.*;
3   import org.springframework.transaction.annotation.Transactional;
4   public interface CommentRepository extends JpaRepository<Comment,Integer>{
5       // 根据评论id修改评论作者author
6       @Transactional
7       @Modifying
8       @Query("UPDATE t_comment c SET c.author= ?1 WHERE  c.id = ?2")
9       public int updateComment(String author,Integer id);
10  }
```

（4）编写业务操作类 Service 文件。在 chapter06 中创建名为 com.itheima.service 的包，并在该包下创建一个用于 Comment 相关业务操作的 Service 实体类，内容如文件 6-3 所示。

文件 6-3　CommentService.java

```
1   import com.itheima.domain.Comment;
2   import com.itheima.repository.CommentRepository;
3   import org.springframework.beans.factory.annotation.Autowired;
4   import org.springframework.stereotype.Service;
5   import java.util.Optional;
6   @Service
7   public class CommentService {
8       @Autowired
9       private CommentRepository commentRepository;
10      public Comment findById(int comment_id){
11          Optional<Comment> optional = commentRepository.findById(comment_id);
12          if(optional.isPresent()){
13              return optional.get();
14          }
15          return null;
16      }
17      public Comment updateComment(Comment comment){
18          commentRepository.updateComment(comment.getAuthor(),comment.getId());
19          return comment;
20      }
```

```
21      public void deleteComment(int comment_id){
22          commentRepository.deleteById(comment_id);
23      }
24  }
```

文件 6-3 中,自定义了一个 CommentService 业务操作类,使用注入的 CommentRepository 实例对象完成对 Comment 评论数据的查询、修改和删除操作。

(5) 编写 Web 访问层 Controller 文件。在 chapter06 中创建名为 com.itheima.controller 的包，并在该包下创建一个用于 Comment 访问控制的 Controller 实体类，内容如文件 6-4 所示。

文件 6-4 CommentController.java

```
1   import com.itheima.domain.Comment;
2   import com.itheima.service.CommentService;
3   import org.springframework.beans.factory.annotation.Autowired;
4   import org.springframework.web.bind.annotation.*;
5   @RestController
6   public class CommentController {
7       @Autowired
8       private CommentService commentService;
9       @GetMapping("/get/{id}")
10      public Comment findById(@PathVariable("id") int comment_id){
11          Comment comment = commentService.findById(comment_id);
12          return comment;
13      }
14      @GetMapping("/update/{id}/{author}")
15      public Comment updateComment(@PathVariable("id") int comment_id,
16                                   @PathVariable("author") String author){
17          Comment comment = commentService.findById(comment_id);
18          comment.setAuthor(author);
19          Comment updateComment = commentService.updateComment(comment);
20          return updateComment;
21      }
22      @GetMapping("/delete/{id}")
23      public void deleteComment(@PathVariable("id") int comment_id){
24          commentService.deleteComment(comment_id);
25      }
26  }
```

文件 6-4 中，自定义了一个 CommentController 评论管理控制类，使用注入的 Comment Service 实例对象完成对 Comment 评论数据的查询、修改和删除操作。

3. 编写配置文件

在项目全局配置文件 application.properties 中编写对应的数据库连接配置,内容如文件 6-5 所示。

文件 6-5 application.properties

```
1   # MySQL 数据库连接配置
2   spring.datasource.url=jdbc:mysql://localhost:3306/springbootdata?serverTimezone=UTC
3   spring.datasource.username=root
4   spring.datasource.password=root
```

```
5   #显示使用 JPA 进行数据库查询的 SQL 语句
6   spring.jpa.show-sql=true
```

文件 6-5 中，先对 MySQL 的连接进行了配置，然后配置了“spring.jpa.show-sql=true”用于展示操作的 SQL 语句，方便后续开启缓存时进行效果演示。

4. 项目测试

启动 chapter06 项目，项目启动成功后，在浏览器上访问“http://localhost:8080/get/1”查询 id 为 1 的用户评论信息。不论浏览器刷新多少次，访问同一个用户评论信息，页面的查询结果都会显示同一条数据，具体如图 6-2 所示。但是，浏览器每刷新一次，控制台会新输出一条 SQL 语句，具体如图 6-3 所示。

图6-2 findById()方法查询结果

图6-3 执行findById()方法控制台显示的SQL语句

之所以出现图 6-2 和图 6-3 的情况，这是因为没有在 Spring Boot 项目中开启缓存管理。在没有缓存管理的情况下，虽然数据表中的数据没有发生变化，但是每执行一次查询操作（本质是执行同样的 SQL 语句），都会访问一次数据库并执行一次 SQL 语句。随着时间的积累，系统的用户不断增加，数据规模越来越大，数据库的操作会直接影响用户的使用体验，此时使用缓存往往是解决这一问题非常好的一种手段。

6.1.2 Spring Boot 默认缓存体验

在前面搭建的 Web 应用基础上，开启 Spring Boot 默认支持的缓存，体验 Spring Boot 默认缓存的使用效果。

（1）使用@EnableCaching 注解开启基于注解的缓存支持，该注解通常会添加在项目启动类上，内容如文件 6-6 所示。

文件 6-6 Chapter06Application.java

```
1  import org.springframework.boot.SpringApplication;
2  import org.springframework.boot.autoconfigure.SpringBootApplication;
3  import org.springframework.cache.annotation.EnableCaching;
4  @EnableCaching    // 开启 Spring Boot 基于注解的缓存管理支持
5  @SpringBootApplication
6  public class Chapter06Application {
7      public static void main(String[] args) {
8          SpringApplication.run(Chapter06Application.class, args);
9      }
10 }
```

（2）使用@Cacheable 注解对数据操作方法进行缓存管理。将@Cacheable 注解标注在 Service 类的查询方法上，对查询结果进行缓存，示例代码如下。

```
// 根据评论 id 查询评论信息
@Cacheable(cacheNames = "comment")
```

```
    public Comment findById(int comment_id){
        Optional<Comment> optional = commentRepository.findById(comment_id);
        if(optional.isPresent()){
            return optional.get();
        }
        return null;
    }
```

上述代码中，在 CommentService 类中的 findById(int comment_id)方法上添加了查询缓存注解@Cacheable，该注解的作用是将查询结果 Comment 存放在 Spring Boot 默认缓存中名称为 comment 的名称空间（namespace）中，对应缓存的唯一标识（即缓存数据对应的主键 key）默认为方法参数 comment_id 的值。

（3）Spring Boot 默认缓存测试。启动 chapter06 项目，项目启动成功后，通过浏览器继续访问“http://localhost:8080/get/1”查询 id 为 1 的用户评论信息。不论浏览器刷新多少次，访问同一个用户评论信息，页面的查询结果都会显示同一条数据，具体如图 6-4 所示。同时，控制台也只显示有一条 SQL 语句，具体如图 6-5 所示。

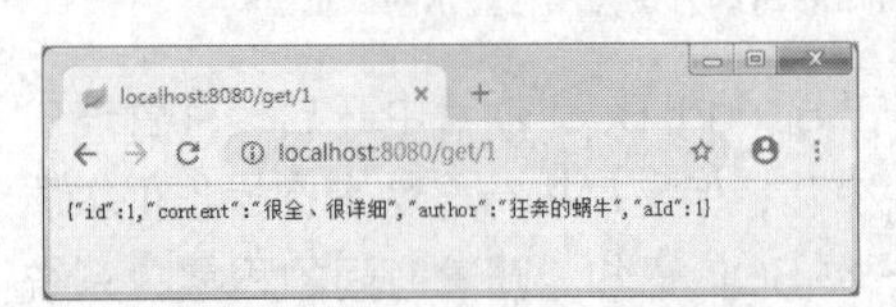

图6-4　findById()方法查询结果

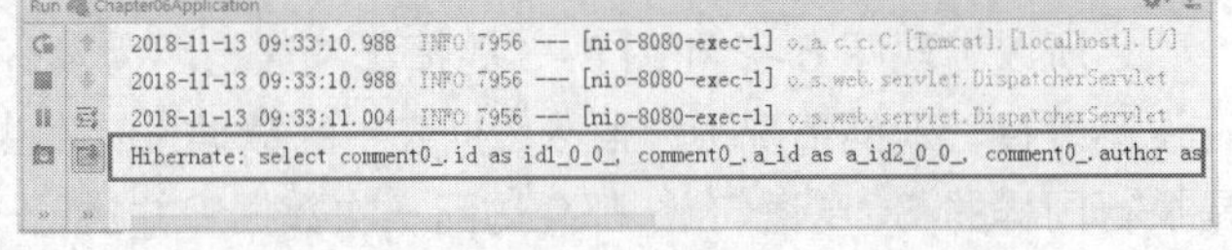

图6-5　执行findById()方法控制台显示的SQL语句

从图 6-4 和图 6-5 可以看出，执行 findById()方法正确查询出用户评论信息 Comment，在配置了 Spring Boot 默认注解后，重复进行同样的查询操作，数据库只执行了一次 SQL 查询语句，说明项目开启的默认缓存支持已经生效。

6.2 Spring Boot 缓存注解介绍

在 6.1.2 小节中，我们通过使用@EnableCaching、@Cacheable 注解实现了 Spring Boot 默认的基于注解的缓存管理，除此之外，还有更多的缓存注解以及注解属性可以配置优化缓存管理。下面我们针对 Spring Boot 中的缓存注解及相关属性进行详细讲解。

1. @EnableCaching 注解

@EnableCaching 是由 Spring 框架提供的，Spring Boot 框架对该注解进行了继承，该注解需要配置在类上（在 Spring Boot 中，通常配置在项目启动类上），用于开启基于注解的缓存支持。

2. @Cacheable 注解

@Cacheable 注解也是由 Spring 框架提供的，可以作用于类或方法（通常用在数据查询方法上），用于对方法的查询结果进行缓存存储。@Cacheable 注解的执行顺序是，先进行缓存查询，如果为空则进行方法查询，并将结果进行缓存；如果缓存中有数据，不进行方法查询，而是直接使用缓存数据。

@Cacheable 注解提供了多个属性，用于对缓存存储进行相关配置，具体属性及说明如表 6-1 所示。

表 6-1 @Cacheable 注解属性及说明

属性名	说明
value/cacheNames	指定缓存空间的名称，必配属性。这两个属性二选一使用
key	指定缓存数据的 key，默认使用方法参数值，可以使用 SpEL 表达式
keyGenerator	指定缓存数据的 key 的生成器，与 key 属性二选一使用
cacheManager	指定缓存管理器
cacheResolver	指定缓存解析器，与 cacheManager 属性二选一使用
condition	指定在符合某条件下，进行数据缓存
unless	指定在符合某条件下，不进行数据缓存
sync	指定是否使用异步缓存。默认 false

下面我们针对@Cacheable 注解的属性进行具体讲解。

（1）value/cacheNames 属性

value 和 cacheNames 属性作用相同，用于指定缓存的名称空间，可以同时指定多个名称空间（例如@Cacheable(cacheNames = {"comment1","comment2"})）。如果@Cacheable 注解只配置 value（或者 cacheNames）的一个属性，那么这两个属性名可以省略，例如@Cacheable("comment")指定了缓存的名称空间为 comment。

（2）key 属性

key 属性的作用是指定缓存数据对应的唯一标识，默认使用注解标记的方法参数值，也可以使用 SpEL 表达式。缓存数据的本质是 Map 类型数据，key 用于指定唯一的标识，value 用于指定缓存的数据。

如果缓存数据时，没有指定 key 属性，Spring boot 默认提供的配置类 SimpleKeyGenerator 会通过 generateKey(Object…params)方法参数生成 key 值。默认情况下，如果 generateKey()方法有一个参数，参数值就是 key 属性的值；如果 generateKey()方法没有参数，那么 key 属性是一个空参的 SimpleKey[]对象，如果有多个参数，那么 key 属性是一个带参的 SimpleKey [params1,[param2,…]]对象。

除了使用默认 key 属性值外，还可以手动指定 key 属性值，或者是使用 Spring 框架提供的 SpEL 表达式。关于缓存中支持的 SpEL 表达式及说明如表 6-2 所示。

表 6-2 Cache 缓存支持的 SpEL 表达式及说明

名称	位置	描述	示例
methodName	root 对象	当前被调用的方法名	#root.methodName
method	root 对象	当前被调用的方法	#root.method.name
target	root 对象	当前被调用的目标对象实例	#root.target
targetClass	root 对象	当前被调用的目标对象的类	#root.targetClass
args	root 对象	当前被调用的方法的参数列表	#root.args[0]
caches	root 对象	当前被调用的方法的缓存列表	#root.caches[0].name
Argument Name	执行上下文	当前被调用的方法参数，可以用#参数名或者#a0、#p0 的形式表示（0 代表参数索引，从 0 开始）	#comment_id、#a0、#p0
result	执行上下文	当前方法执行后的返回结果	#result

（3）keyGenerator 属性

keyGenerator 属性与 key 属性本质作用相同，都是用于指定缓存数据的 key，只不过 keyGenerator 属性指定的不是具体的 key 值，而是 key 值的生成器规则，由其中指定的生成器生成具体的 key。使用时，keyGenerator 属性与 key 属性要二者选一。关于自定义 key 值生成器的定义，读者可以参考 Spring Boot 默认配置类 SimpleKeyGenerator 的定义方式，这里不做具体说明了。

（4）cacheManager/cacheResolver 属性

cacheManager 和 cacheResolver 属性分别用于指定缓存管理器和缓存解析器，这两个属性也是二选一使用，默认情况不需要配置，如果存在多个缓存管理器（如 Redis、Ehcache 等），可以使用这两个属性分别指定。

（5）condition 属性

condition 属性用于对数据进行有条件的选择性存储，只有当指定条件为 true 时才会对查询结果进行缓存，可以使用 SpEL 表达式指定属性值。例如@Cacheable(cacheNames = "comment",condition = "#comment_id>10")表示方法参数 comment_id 的值大于 10 才会对结果数据进行缓存。

（6）unless 属性

unless 属性的作用与 condition 属性相反，当指定的条件为 true 时，方法的返回值不会被缓存。unless 属性可以使用 SpEL 表达式指定。例如@Cacheable(cacheNames = "comment",unless = "#result==null")表示只有查询结果不为空才会对结果数据进行缓存存储。

（7）sync 属性

sync 属性表示数据缓存过程中是否使用异步模式，默认值为 false。

3. @CachePut 注解

@CachePut 注解是由 Spring 框架提供的，可以作用于类或方法（通常用在数据更新方法上），该注解的作用是更新缓存数据。@CachePut 注解的执行顺序是，先进行方法调用，然后将方法结果更新到缓存中。

@CachePut 注解也提供了多个属性，这些属性与@Cacheable 注解的属性完全相同。

4. @CacheEvict 注解

@CacheEvict 注解是由 Spring 框架提供的，可以作用于类或方法（通常用在数据删除方法上），该注解的作用是删除缓存数据。@CacheEvict 注解的默认执行顺序是，先进行方法调用，然后清除缓存。

@CacheEvict 注解提供了多个属性，这些属性与@Cacheable 注解的属性基本相同。除此之外，@CacheEvic 注解额外提供了两个特殊属性 allEntries 和 beforeInvocation，其说明如下。

（1）allEntries 属性

allEntries 属性表示是否清除指定缓存空间中的所有缓存数据，默认值为 false（即默认只删除指定 key 对应的缓存数据）。例如@CacheEvict(cacheNames = "comment",allEntries = true)表示方法执行后会删除缓存空间 comment 中所有的数据。

（2）beforeInvocation 属性

beforeInvocation 属性表示是否在方法执行之前进行缓存清除，默认值为 false（即默认在执行方法后再进行缓存清除）。例如@CacheEvict(cacheNames = "comment",beforeInvocation = true)表示会在方法执行之前进行缓存清除。

需要注意的是，如果将@CacheEvict 注解的 beforeInvocation 属性设置为 true，会存在一定的弊端。例如在进行数据删除的方法中发生了异常，这会导致实际数据并没有被删除，但是缓存数据却被提前清除了。

5. @Caching 注解

如果处理复杂规则的数据缓存可以使用@Caching 注解，该注解作用于类或者方法。@Caching 注解包含 cacheable、put 和 evict 三个属性，它们的作用等同于@Cacheable、@CachePut 和@CacheEvict，示例代码如下：

```
@Caching(cacheable={@Cacheable(cacheNames ="comment",key = "#id")},
        put = {@CachePut(cacheNames = "comment",key = "#result.author")})
public Comment getComment(int comment_id){
    return commentRepository.findById(comment_id).get();
}
```

上述代码中，根据 id 执行查询操作，并将查询到的 Comment 对象进行缓存管理。从代码中可以看出，@Caching 注解作用于 getComment()方法上，并在@Caching 注解中使用了 cacheable 和 put 两个属性，并且 cacheable 和 put 两个属性嵌套引入@Cacheable 和@CachePut 两个注解，在两个注解中分别使用#id 和#result.author 缓存 key 的值。

6. @CacheConfig 注解

@CacheConfig 注解作用于类，主要用于统筹管理类中所有使用@Cacheable、@CachePut 和@CacheEvict 注解标注的方法中的公共属性，这些公共属性包括 cacheNames、keyGenerator、cacheManager 和 cacheResolver，示例代码如下。

```
@CacheConfig(cacheNames = "comment")
@Service
public class CommentService {
   @Autowired
   private CommentRepository commentRepository;
   @Cacheable
   public Comment findById(int comment_id){
      Comment comment = commentRepository.findById(comment_id).get();
      return comment;
   }
    ...
}
```

上述代码中，CommentService 类上标注了@CacheConfig 注解，同时使用 cacheNames 属性将缓存空间统一设置为 comment，这样在该类中所有方法上使用缓存注解时可以省略相应的 cacheNames 属性。

需要说明的是，如果在类上使用了@CacheConfig 注解定义了某个属性（例如 cacheNames），同时又在该类方法中使用缓存注解定义了相同的属性，那么该属性值会使用“就近原则”，以方法上注解中的属性值为准。

6.3 Spring Boot 整合 Redis 缓存实现

6.3.1 Spring Boot 支持的缓存组件

在 Spring Boot 中，数据的管理存储依赖于 Spring 框架中 cache 相关的 org.springframework.

cache.Cache 和 org.springframework.cache.CacheManager 缓存管理器接口。如果程序中没有定义类型为 cacheManager 的 Bean 组件或者是名为 cacheResolver 的 cacheResolver 缓存解析器，Spring Boot 将尝试选择并启用以下缓存组件（按照指定的顺序）。

（1）Generic。

（2）JCache（JSR-107）（EhCache 3、Hazelcast、Infinispan 等）。

（3）EhCache 2.x。

（4）Hazelcast。

（5）Infinispan。

（6）Couchbase。

（7）Redis。

（8）Caffeine。

（9）Simple。

上面我们按照 Spring Boot 缓存组件的加载顺序列举了支持的 9 种缓存组件，在项目中添加某个缓存管理组件（例如 Redis）后，Spring Boot 项目会选择并启用对应的缓存管理器。如果项目中同时添加了多个缓存组件，且没有指定缓存管理器或者缓存解析器（cacheManager 或者 cacheResolver），那么 Spring Boot 会优先启动指定的缓存组件并进行缓存管理。

在 6.1 节讲解的 Spring Boot 默认缓存管理中，没有添加任何缓存管理组件却能实现缓存管理。这是因为开启缓存管理后，Spring Boot 会按照上述列表顺序查找有效的缓存组件进行缓存管理，如果没有任何缓存组件，会默认使用最后一个 Simple 缓存组件进行管理。Simple 缓存组件是 Spring Boot 默认的缓存管理组件，它默认使用内存中的 ConcurrentHashMap 进行缓存存储，所以在没有添加任何第三方缓存组件的情况下也可以实现内存中的缓存管理。

6.3.2 基于注解的 Redis 缓存实现

下面我们在 6.1 节 Spring Boot 默认缓存管理的基础上引入 Redis 缓存组件，使用基于注解的方式讲解 Spring Boot 整合 Redis 缓存的具体实现。

（1）添加 Spring Data Redis 依赖启动器。在 chapter06 项目的 pom.xml 文件中添加 Spring Data Redis 依赖启动器，示例代码如下。

```
<dependency>
    <groupId>org.springframework.boot</groupId>
    <artifactId>spring-boot-starter-data-redis</artifactId>
</dependency>
```

（2）Redis 服务连接配置。使用类似 Redis 的第三方缓存组件进行缓存管理时，缓存数据并不是像 Spring Boot 默认缓存管理那样存储在内存中，而是需要预先搭建类似 Redis 服务的数据仓库进行缓存存储。所以，这里首先需要安装并开启 Redis 服务（具体可以参考第 3 章中 3.4.2 小节的说明）；然后在项目的全局配置文件 application.properties 中添加 Redis 服务的连接配置，示例代码如下。

```
# Redis 服务地址
spring.redis.host=127.0.0.1
# Redis 服务器连接端口
spring.redis.port=6379
```

```
# Redis 服务器连接密码（默认为空）
spring.redis.password=
```

（3）使用@Cacheable、@CachePut、@CacheEvict注解定制缓存管理。对CommentService类中的方法进行修改，使用@Cacheable、@CachePut、@CacheEvict 3个注解定制缓存管理，分别演示缓存数据的存储、更新和删除，修改后的内容如文件6-7所示。

文件6-7 CommentService.java

```
1  import com.itheima.domain.Comment;
2  import com.itheima.repository.CommentRepository;
3  import org.springframework.beans.factory.annotation.Autowired;
4  import org.springframework.cache.annotation.*;
5  import org.springframework.stereotype.Service;
6  import java.util.Optional;
7  @Service
8  public class CommentService {
9      @Autowired
10     private CommentRepository commentRepository;
11     @Cacheable(cacheNames = "comment",unless = "#result==null")
12     public Comment findById(int comment_id){
13         Optional<Comment> optional = commentRepository.findById(comment_id);
14         if(optional.isPresent()){
15             return optional.get();
16         }
17         return null;
18     }
19     @CachePut(cacheNames = "comment",key = "#result.id")
20     public Comment updateComment(Comment comment){
21         commentRepository.updateComment(comment.getAuthor(),comment.getId());
22         return comment;
23     }
24     @CacheEvict(cacheNames = "comment")
25     public void deleteComment(int comment_id){
26         commentRepository.deleteById(comment_id);
27     }
28 }
```

文件6-7中，使用@Cacheable、@CachePut、@CacheEvict注解在数据查询、更新和删除方法上进行了缓存管理。其中，查询缓存@Cacheable注解中没有标记key值，将会使用默认参数值comment_id作为key进行数据保存，在进行缓存更新时必须使用同样的key；同时在查询缓存@Cacheable注解中，定义了“unless = "#result==null"”表示查询结果为空不进行缓存。

（4）基于注解的Redis查询缓存测试。通过前面的操作，我们已经在项目中添加了Redis缓存的依赖和Redis服务的连接配置，并且项目中已经使用@EnableCaching开启了基于注解的缓存管理，下面就可以直接启动项目进行缓存测试了。

启动chapter06项目，项目启动成功后，通过浏览器访问“http://localhost:8080/get/1”查询id为1的用户评论信息（务必确保连接的Redis服务已开启），会发现浏览器数据响应错误，同时控制台出现异常信息，效果如图6-6所示。

```
Run Chapter06Application
14 11:13:08.894  INFO 7380 --- [nio-8080-exec-1] io.lettuce.core.EpollProvider      : Starting without optional epoll library
14 11:13:08.895  INFO 7380 --- [nio-8080-exec-1] io.lettuce.core.KqueueProvider     : Starting without optional kqueue library
: select comment0_.id as id1_0_0_, comment0_.a_id as a_id2_0_0_, comment0_.author as author3_0_0_, comment0_.content as content4_0_0_ from
14 11:13:09.226 ERROR 7380 --- [nio-8080-exec-1] o.a.c.c.C.[.[.[/].[dispatcherServlet]   : Servlet.service() for servlet [dispatcherServlet]

IllegalArgumentException: DefaultSerializer requires a Serializable payload but received an object of type [com.itheima.domain.Comment]
rg.springframework.core.serializer.DefaultSerializer.serialize(DefaultSerializer.java:43) ~[spring-core-5.0.10.RELEASE.jar:5.0.10.RELEASE]
rg.springframework.core.serializer.support.SerializingConverter.convert(SerializingConverter.java:63) ~[spring-core-5.0.10.RELEASE.jar:5.0.10
rg.springframework.core.serializer.support.SerializingConverter.convert(SerializingConverter.java:35) ~[spring-core-5.0.10.RELEASE.jar:5.0.10
rg.springframework.data.redis.serializer.JdkSerializationRedisSerializer.serialize(JdkSerializationRedisSerializer.java:94) ~[spring-data-red
rg.springframework.data.redis.serializer.DefaultRedisElementWriter.write(DefaultRedisElementWriter.java:43) ~[spring-data-redis-2.0.11.RELEAS
```

图6-6 Redis缓存管理异常信息

从图 6-6 可以看出，查询用户评论信息 Comment 时执行了相应的 SQL 语句，但是在进行缓存存储时出现了 IllegalArgumentException 非法参数异常，提示信息要求对应 Comment 实体类必须实现序列化（DefaultSerializer requires a Serializable payload but received an object of type）。

（5）将缓存对象实现序列化。通过前面的异常错误提示发现，在对实体类对象进行缓存存储时必须先实现序列化（一些基本数据类型不需要序列化，因为内部已经默认实现了序列化接口），否则会出现缓存异常，导致程序无法正常执行。下面我们将进行缓存存储的 Comment 类进行改进，实现 JDK 自带的序列化接口 Serializable，修改后的 Comment 类如文件 6-8 所示。

文件 6-8 Comment.java

```
1  import javax.persistence.*;
2  import java.io.Serializable;
3  @Entity(name = "t_comment")  // 设置 ORM 实体类，并指定映射的表名
4  public class Comment implements Serializable {
5      @Id   // 表明映射对应的主键 id
6      @GeneratedValue(strategy = GenerationType.IDENTITY) // 设置主键自增策略
7      private Integer id;
8      private String content;
9      private String author;
10     @Column(name = "a_id")  //指定映射的表字段名
11     private Integer aId;
12     // 省略属性 getter 和 setter 方法
13     // 省略 toString()方法
14 }
```

（6）基于注解的 Redis 缓存查询测试。再次启动 chapter06 项目，项目启动成功后，通过浏览器继续访问“http://localhost:8080/get/1”查询 id 为 1 的用户评论信息，并重复刷新浏览器查询同一条数据信息，查询结果如图 6-7 所示。

查看控制台打印的 SQL 查询语句，结果如图 6-8 所示。

图6-7 findById()方法查询结果

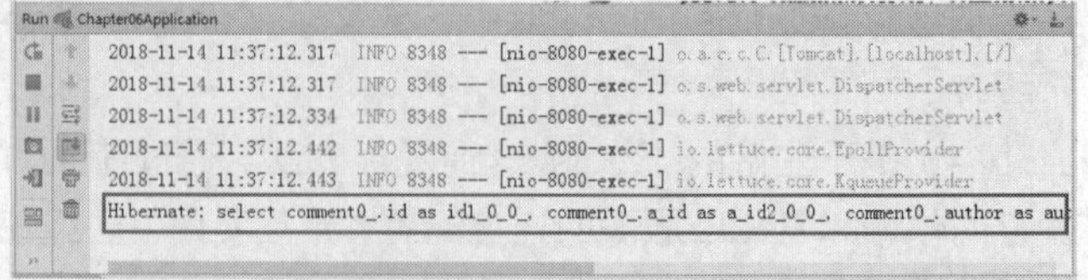

图6-8 执行findById()方法控制台显示的SQL语句

从图 6-7 和图 6-8 可以看出，执行 findById()方法正确查询出用户评论信息 Comment；在配置了 Redis 缓存组件后，重复进行同样的查询操作，数据库只执行了一次 SQL 语句。

还可以打开 Redis 客户端可视化管理工具 Redis Desktop Manager 连接本地启用的 Redis 服务，查看具体的数据缓存效果，效果如图 6-9 所示。

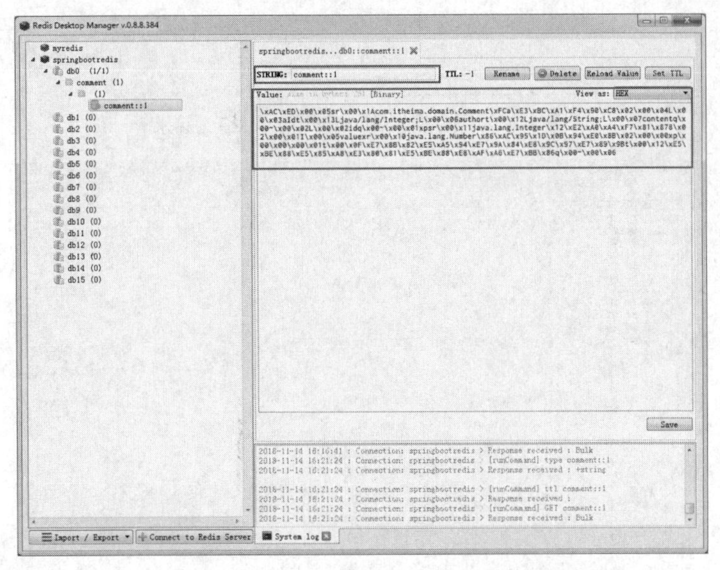

图6-9 Redis客户端可视化管理工具显示的数据缓存效果

从图 6-9 可以看出，执行 findById()方法查询出的用户评论信息 Comment 正确存储到了 Redis 缓存库中名为 comment 的名称空间下。其中缓存数据的唯一标识 key 值是以“名称空间 comment::+参数值”（comment::1）的字符串形式体现的，而 value 值则是以经过 JDK 默认序列格式化后的 HEX 格式存储。这种 JDK 默认序列格式化后的数据显然不方便缓存数据的可视化查看和管理，所以在实际开发中，通常会自定义数据的序列化格式。

（7）基于注解的 Redis 缓存更新测试。先通过浏览器访问“http://localhost:8080/update/1/shitou”，更新 id 为 1 的评论作者名为 shitou；接着继续访问“http://localhost:8080/get/1”，查询 id 为 1 的用户评论信息，结果如图 6-10 所示。

查看控制台打印的 SQL 查询语句，结果如图 6-11 所示。

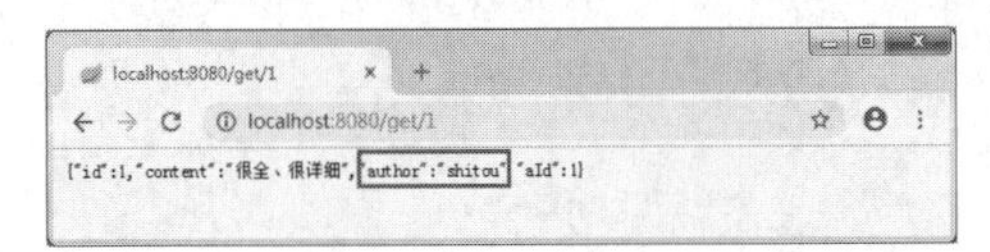

图6-10 缓存更新后findById()方法查询结果

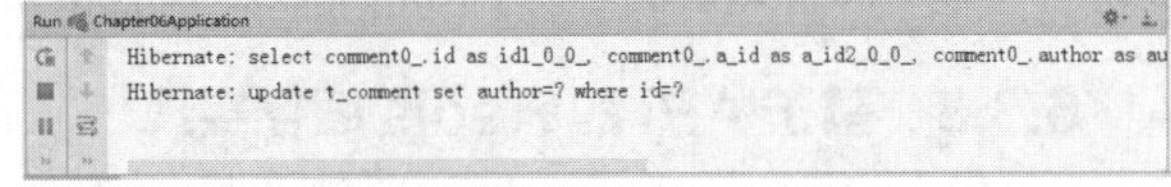

图6-11 缓存更新后findById()方法控制台显示的SQL语句

从图 6-10 和图 6-11 可以看出，执行 updateComment()方法更新 id 为 1 的数据时执行了一条更新 SQL 语句，后续调用 findById()方法查询 id 为 1 的用户评论信息时没有执行查询 SQL 语句，且浏览器正确返回了更新后的结果，表明@CachePut 缓存更新配置成功。

（8）基于注解的 Redis 缓存删除测试。先通过浏览器访问“http://localhost:8080/delete/1”删除 id 为 1 的用户评论信息；接着继续访问“http://localhost: 8080/get/1”查询 id 为 1 的用户评论信息，结果如图 6-12 所示。

可以通过 Redis 客户端可视化管理工具 Redis Desktop Manager 查看对应数据删除后的缓存信息，如图 6-13 所示（需要选择 Redis 仓库名 springbootredis 并右键单击【Reload】进行刷新）。

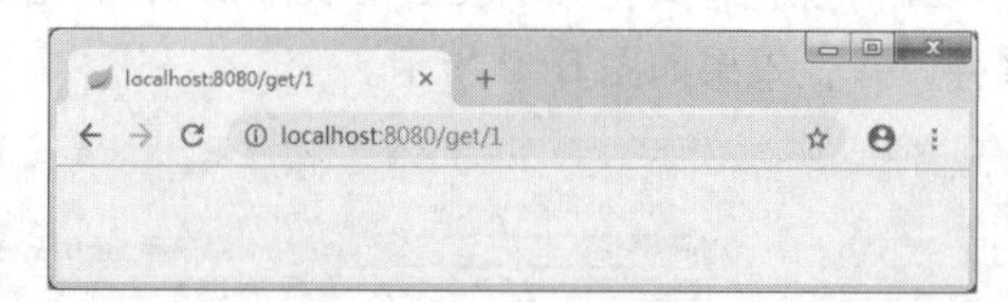

图6-12　缓存删除后findById()方法查询结果

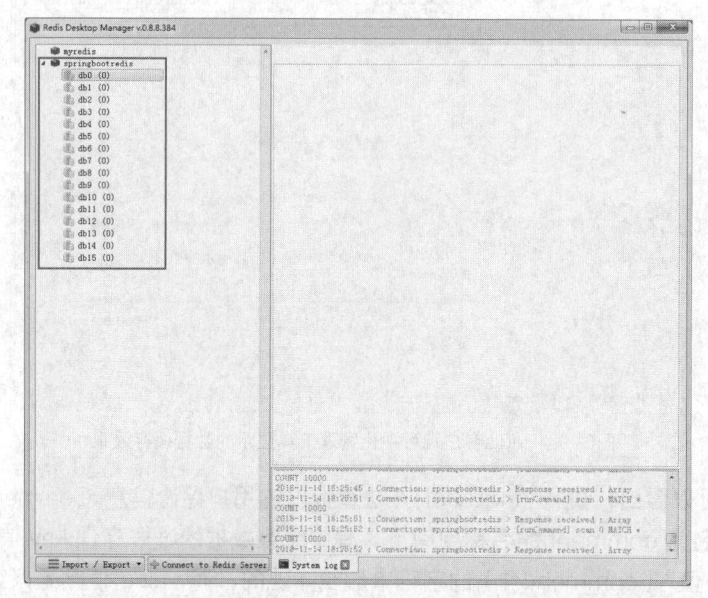

图6-13　删除缓存后Redis客户端可视化管理工具显示的效果

从图 6-12 和图 6-13 可以看出，id 为 1 的用户评论信息被成功删除了。

```
# 对基于注解的 Redis 缓存数据统一设置有效期为 1 分钟，单位毫秒
spring.cache.redis.time-to-live=60000
```

上述代码中，在 Spring Boot 全局配置文件中添加了“spring.cache.redis.time-to-live”属性统一配置 Redis 数据的有效期（单位为毫秒），这种方式相对来说不够灵活，并且这种设置方式对下一节中将要讲解的基于 API 的 Redis 缓存实现没有效果。

6.3.3 基于 API 的 Redis 缓存实现

在 Spring Boot 整合 Redis 缓存实现中，除了基于注解形式的 Redis 缓存实现外，还有一种开发中常用的方式——基于 API 的 Redis 缓存实现。下面我们通过 Redis API 的方式讲解 Spring Boot 整合 Redis 缓存的具体实现。

（1）使用 Redis API 进行业务数据缓存管理。在 chapter06 项目的基础上，在 com.itheima.service 包下编写一个进行业务处理的类 ApiCommentService，内容如文件 6-9 所示。

文件 6-9　ApiCommentService.java

```
1  import com.itheima.domain.Comment;
2  import com.itheima.repository.CommentRepository;
3  import org.springframework.beans.factory.annotation.Autowired;
4  import org.springframework.data.redis.core.RedisTemplate;
```

```
5  import org.springframework.stereotype.Service;
6  import java.util.Optional;
7  import java.util.concurrent.TimeUnit;
8  @Service
9  public class ApiCommentService {
10     @Autowired
11     private CommentRepository commentRepository;
12     @Autowired
13     private RedisTemplate redisTemplate;
14     public Comment findById(int comment_id){
15         // 先从Redis缓存中查询数据
16         Object object = redisTemplate.opsForValue().get("comment_"+comment_id);
17         if (object!=null){
18             return (Comment)object;
19         }else {
20             // 缓存中没有，就进入数据库查询
21             Optional<Comment> optional = commentRepository.findById(comment_id);
22             if(optional.isPresent()){
23                 Comment comment= optional.get();
24                 // 将查询结果进行缓存，并设置有效期为1天
25                 redisTemplate.opsForValue().set("comment_"+comment_id,
26                                                 comment,1,TimeUnit.DAYS);
27                 return comment;
28             }else {
29                 return null;
30             }
31         }
32     }
33     public Comment updateComment(Comment comment){
34         commentRepository.updateComment(comment.getAuthor(), comment.getaId());
35         // 更新数据后进行缓存更新
36         redisTemplate.opsForValue().set("comment_"+comment.getId(),comment);
37         return comment;
38     }
39     public void deleteComment(int comment_id){
40         commentRepository.deleteById(comment_id);
41         // 删除数据后进行缓存删除
42         redisTemplate.delete("comment_"+comment_id);
43     }
44 }
```

文件6-9中，首先使用@Autowired注解将RedisTemplate作为组件注入Spring容器，然后定义了findById()、updateComment()、deleteComment()三个方法，分别用于查询缓存、更新缓存以及删除缓存。当对数据进行缓存管理时，为了避免与其他业务的缓存数据混淆，本案例在对Comment数据缓存管理时，手动设置了前缀“comment_”。

关于Redis API中的RedisTemplate的更多用法，具体介绍如下。

- RedisTemplate是Spring Data Redis提供的直接进行Redis操作的Java API，可以直接注入使用，相对于传统的Jedis更加简便。

- RedisTemplate 可以操作<Object,Object >对象类型数据，而其子类 StringRedisTemplate 则是专门针对<String, String>字符串类型的数据进行操作。
- RedisTemplate 类中提供了很多进行数据缓存操作的方法，可以进行数据缓存查询、缓存更新、缓存修改、缓存删除以及设置缓存有效期等，本节示例中只是对其部分方法进行了演示说明。
- 上述示例中，redisTemplate.opsForValue().set("comment_"+comment_id,comment,1, TimeUnit.DAYS)设置缓存数据的同时，将缓存有效期设置为 1 天时间（倒数第一个参数还可以设置其他时间单位，如天、小时、分钟、秒等）；当然，还可以先设置缓存有效期，再设置缓存数据，示例代码如下。

```
redisTemplate.opsForValue().set("comment_"+comment_id,comment);
redisTemplate.expire("comment_"+comment_id,90,TimeUnit.SECONDS);
```

（2）编写 Web 访问层 Controller 文件。在 chapter06 项目的 com.itheima.controller 包下创建 Controller 实体类，内容如文件 6-10 所示。

文件 6-10　ApiCommentController.java

```
1  import com.itheima.domain.Comment;
2  import com.itheima.service.ApiCommentService;
3  import org.springframework.beans.factory.annotation.Autowired;
4  import org.springframework.web.bind.annotation.*;
5  @RestController
6  @RequestMapping("/api")  // 窄化请求路径
7  public class ApiCommentController {
8      @Autowired
9      private ApiCommentService apiCommentService;
10     @GetMapping("/get/{id}")
11     public Comment findById(@PathVariable("id") int comment_id){
12         Comment comment = apiCommentService.findById(comment_id);
13         return comment;
14     }
15     @GetMapping("/update/{id}/{author}")
16     public Comment updateComment(@PathVariable("id") int comment_id,
17                                  @PathVariable("author") String author){
18         Comment comment = apiCommentService.findById(comment_id);
19         comment.setAuthor(author);
20         Comment updateComment = apiCommentService.updateComment(comment);
21         return updateComment;
22     }
23     @GetMapping("/delete/{id}")
24     public void deleteComment(@PathVariable("id") int comment_id){
25         apiCommentService.deleteComment(comment_id);
26     }
27 }
```

文件 6-10 中，@RequestMapping(“/api”)作用于 ApiCommentController 类，该类的所有方法都将映射为“/api”路径下的请求。@Autowired 用于装配 ApiCommentService 对象，方

便调用 ApiCommentService 中的相关方法进行数据查询、修改和删除。

（3）基于API的Redis缓存实现的相关配置。基于API的Redis缓存实现不需要@EnableCaching注解开启基于注解的缓存支持，所以这里可以选择将添加在项目启动类上的@EnableCaching进行删除或者注释（也可以不用管，不会影响基于API的Redis缓存实现演示效果）。

另外，基于API的Redis缓存实现需要在Spring Boot项目的pom.xml文件中引入Redis依赖启动器，并在配置文件中进行Redis服务连接配置，同时为进行数据存储的Comment实体类实现序列化接口，这些配置与基于注解的Redis缓存实现操作步骤相同，并且已经实现，这里不再重复。

在Spring Boot项目中，完成基于API的Redis缓存配置后，下面就可以进行缓存查询、缓存更新和缓存删除的效果测试了。这里的缓存测试与6.3.2小节中基于注解的Redis缓存实现的测试完全一样，读者可以自行演示查看，这里不再重复说明。

相对使用注解的方式，使用Redis API进行数据缓存管理更加灵活，例如，手机验证码进行验证时，可以在缓存中设置验证等待时间。相比使用注解的方式进行缓存管理，使用Redis API的方式编写的代码量可能会更多。

小提示

Spring Boot 整合 Redis 缓存中间件实现数据的缓存管理时，只需要加入 Redis 的依赖启动器 spring-boot-starter-data-redis 即可，不需要其他依赖。如果使用 Spring Boot 整合 Jcache、EhCache 2.x 或者 Guava 组件进行缓存管理，除了要添加对应组件的依赖外，还必须加入 Spring Boot 提供的缓存依赖 spring-boot-starter-cache，其本质是提供一个 spring-context-support 依赖。

6.4 自定义Redis缓存序列化机制

在6.3节中我们已经实现了Spring Boot整合Redis进行数据的缓存管理，但缓存管理的实体类数据使用的是JDK序列化机制，不便于使用可视化管理工具进行查看和管理。接下来我们分别针对基于注解的Redis缓存实现和基于API的Redis缓存实现中的数据序列化机制进行介绍，并自定义JSON格式的数据序列化机制进行数据缓存管理。

6.4.1 自定义RedisTemplate

1. Redis API默认序列化机制

基于Redis API的Redis缓存实现是使用RedisTemplate模板进行数据缓存操作的，这里打开RedisTemplate类，查看该类的源码信息，示例代码如下。

```
public class RedisTemplate<K, V> extends RedisAccessor
                                implements RedisOperations<K, V>, BeanClassLoaderAware {
    // 声明了key、value的各种序列化方式，初始值为空
    @Nullable
    private RedisSerializer keySerializer = null;
    @Nullable
    private RedisSerializer valueSerializer = null;
    @Nullable
```

```
    private RedisSerializer hashKeySerializer = null;
    @Nullable
    private RedisSerializer hashValueSerializer = null;
    ...
    // 进行默认序列化方式设置，设置为 JDK 序列化方式
    public void afterPropertiesSet() {
        super.afterPropertiesSet();
        boolean defaultUsed = false;
        if(this.defaultSerializer == null) {
            this.defaultSerializer = new JdkSerializationRedisSerializer(
            this.classLoader != null?this.classLoader:this.getClass().
                                                    getClassLoader());
        }
        ...
    }
    ...
}
```

从上述 RedisTemplate 核心源码可以看出，在 RedisTemplate 内部声明了缓存数据 key、value 的各种序列化方式，且初始值都为空；在 afterPropertiesSet()方法中，如果序列号参数 defaultSerializer 为 null，则数据序列化方式为 JdkSerializationRedisSerializer。

根据上述源码信息的分析，可以得到以下两个重要的结论。

（1）使用 RedisTemplate 对 Redis 数据进行缓存操作时，内部使用的 JdkSerialization RedisSerializer 序列化方式要求被序列化的实体类继承 Serializable 接口。

（2）使用 RedisTemplate 时，如果没有特殊的设置，key 和 value 都是使用 defaultSerializer= new JdkSerializationRedisSerializer()进行序列化的。

另外，在 RedisTemplate 类源码中，看到的缓存数据 key、value 的各种序列化类型都是 RedisSerializer。进入 RedisSerializer 源码查看 RedisSerializer 支持的序列化方式（进入该类后，使用 Ctrl+Alt+左键单击类名查看），具体如图 6-14 所示。

Choose Implementation of **RedisSerializer** (6 found)	
GenericJackson2JsonRedisSerializer (org.springframework.data.redis.serializer)	Maven: org.springframework.data:spring-data-redis:2.1.5.RELEASE
GenericToStringSerializer (org.springframework.data.redis.serializer)	Maven: org.springframework.data:spring-data-redis:2.1.5.RELEASE
Jackson2JsonRedisSerializer (org.springframework.data.redis.serializer)	Maven: org.springframework.data:spring-data-redis:2.1.5.RELEASE
JdkSerializationRedisSerializer (org.springframework.data.redis.serializer)	Maven: org.springframework.data:spring-data-redis:2.1.5.RELEASE
OxmSerializer (org.springframework.data.redis.serializer)	Maven: org.springframework.data:spring-data-redis:2.1.5.RELEASE
StringRedisSerializer (org.springframework.data.redis.serializer)	Maven: org.springframework.data:spring-data-redis:2.1.5.RELEASE

图6-14 查看RedisSerializer支持的序列化方式

从图 6-14 可以看出，RedisSerializer 是一个 Redis 序列化接口，默认有 6 个实现类，这 6 个实现类代表了 6 种不同的数据序列化方式。其中，JdkSerializationRedisSerializer 是 JDK 自带的，也是 RedisTemplate 内部默认使用的数据序列化方式，我们可以根据需要选择其他支持的序列化方式（例如 JSON 方式）。

2. 自定义 RedisTemplate 序列化机制

在项目中引入 Redis 依赖后，Spring Boot 提供的 RedisAutoConfiguration 自动配置会生效。打开 RedisAutoConfiguration 类，查看内部源码中关于 RedisTemplate 的定义方式，核心代码如下所示。

```
public class RedisAutoConfiguration {
    @Bean
    @ConditionalOnMissingBean(
        name = {"redisTemplate"}
    )
    public RedisTemplate<Object, Object> redisTemplate(RedisConnectionFactory
                        redisConnectionFactory) throws UnknownHost Exception {
        RedisTemplate<Object, Object> template = new RedisTemplate();
        template.setConnectionFactory(redisConnectionFactory);
        return template;
    }
    ...
}
```

从上述 RedisAutoConfiguration 核心源码中可以看出，在 Redis 自动配置类中，通过 Redis 连接工厂 RedisConnectionFactory 初始化了一个 RedisTemplate；RedisTemplate 类上方添加了@ConditionalOnMissingBean 注解（顾名思义，当某个 Bean 不存在时生效），用来表明如果开发者自定义了一个名为 redisTemplate 的 Bean，则 RedisTemplate 会使用自定义的 Bean。

如果想要使用自定义序列化方式的 RedisTemplate 进行数据缓存操作，可以参考上述核心代码创建一个名为 redisTemplate 的 Bean 组件，并在该组件中设置对应的序列化方式即可。

接下来我们在 chapter06 项目中创建名为 com.itheima.config 的包，在该包下创建一个 Redis 自定义配置类 RedisConfig，内容如文件 6-11 所示。

文件 6-11 RedisConfig.java

```
1  import com.fasterxml.jackson.annotation.*;
2  import com.fasterxml.jackson.databind.ObjectMapper;
3  import org.springframework.context.annotation.*;
4  import org.springframework.data.redis.connection.RedisConnectionFactory;
5  import org.springframework.data.redis.core.RedisTemplate;
6  import org.springframework.data.redis.serializer.*;
7  @Configuration   // 定义一个配置类
8  public class RedisConfig {
9      @Bean
10     public RedisTemplate<Object, Object> redisTemplate(RedisConnectionFactory
11                                                  redisConnectionFactory) {
12         RedisTemplate<Object, Object> template = new RedisTemplate();
13         template.setConnectionFactory(redisConnectionFactory);
14         // 使用JSON格式序列化对象，对缓存数据key和value进行转换
15         Jackson2JsonRedisSerializer jacksonSeial =
16                                 new Jackson2JsonRedisSerializer(Object.class);
17         // 解决查询缓存转换异常的问题
18         ObjectMapper om = new ObjectMapper();
19         om.setVisibility(PropertyAccessor.ALL, JsonAutoDetect.Visibility.ANY);
20         om.enableDefaultTyping(ObjectMapper.DefaultTyping.NON_FINAL);
21         jacksonSeial.setObjectMapper(om);
```

```
22          // 设置 RedisTemplate 模板 API 的序列化方式为 JSON
23          template.setDefaultSerializer(jacksonSeial);
24          return template;
25      }
26 }
```

文件 6-11 中使用@Configuration 注解将 RedisConfig 标注为一个配置类，使用@Bean 注解注入一个默认名称为 redisTemplate 的组件。在 Bean 组件中，使用自定义的 Jackson2JsonRedisSerializer 数据序列化方式自定义一个 RedisTemplate，在定制序列化方式中，定义一个 ObjectMapper 用于进行数据转换设置。

3. 效果测试

启动 chapter06 项目，项目启动成功后，通过浏览器访问"http://localhost:8080/api/get/3"查询 id 为 3 的用户评论信息，并重复刷新浏览器查看同一条数据信息，结果如图 6-15 所示。

查看控制台打印的 SQL 查询语句，结果如图 6-16 所示。

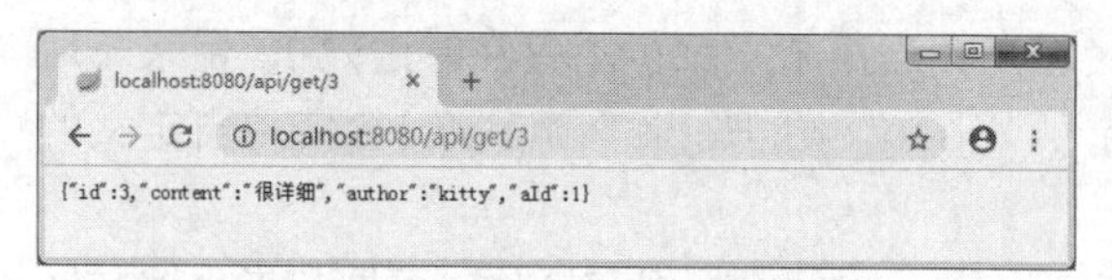

图6-15 findById()方法查询结果

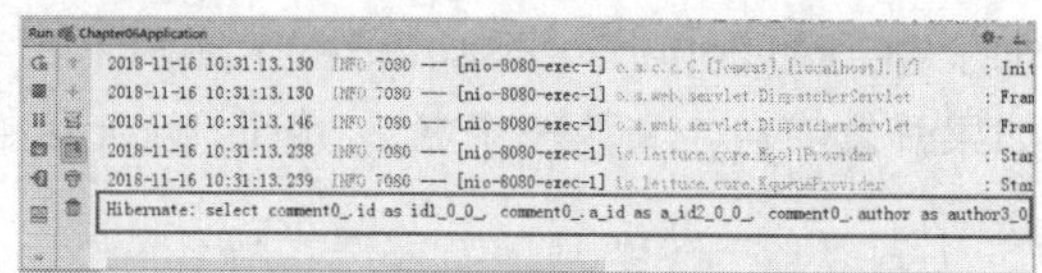

图6-16 执行findById()方法控制台显示的SQL语句

从图 6-15 和图 6-16 可以看出，执行 findById()方法正确查询出用户评论信息 Comment；重复进行同样的查询操作，数据库只执行了一次 SQL 语句，这说明定制的 Redis 缓存生效。

使用 Redis 客户端可视化管理工具 Redis Desktop Manager 查看缓存数据，效果如图 6-17 所示。

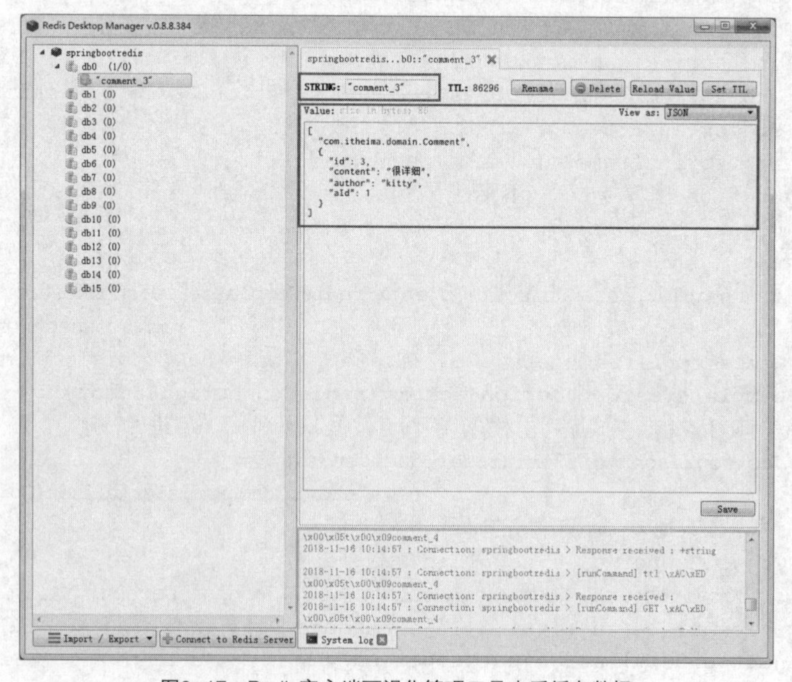

图6-17 Redis客户端可视化管理工具查看缓存数据

从图 6-17 可以看出，执行 findById()方法查询出用户评论信息 Comment 正确存储到了 Redis 缓存中，且缓存到 Redis 的数据以 JSON 格式存储，说明自定义的 Redis API 模板工具生效。

6.4.2 自定义 RedisCacheManager

在 6.4.1 小节中，我们针对基于 Redis API 的 RedisTemplate 进行了自定义序列化机制的改进，从而实现了相对熟悉的 JSON 格式缓存数据，接下来我们针对基于注解的 Redis 缓存机制和自定义序列化方式的实现进行讲解。

1. Redis 注解默认序列化机制

打开 Spring Boot 整合 Redis 组件提供的缓存自动配置类 RedisCacheConfiguration（org.springframework.boot.autoconfigure.cache 包下的），查看该类的源码信息，其核心代码如下。

```
@Configuration
class RedisCacheConfiguration {
    @Bean
    public RedisCacheManager cacheManager(RedisConnectionFactory
                                redisConnectionFactory,ResourceLoader resourceLoader) {
        RedisCacheManagerBuilder builder =
                                RedisCacheManager.builder(redisConnectionFactory)
          .cacheDefaults(this.determineConfiguration(resourceLoader.getClassLoader()));
        List<String> cacheNames = this.cacheProperties.getCacheNames();
        if(!cacheNames.isEmpty()) {
            builder.initialCacheNames(new LinkedHashSet(cacheNames));
        }
        return (RedisCacheManager)this.customizerInvoker.customize(builder.build());
    }
    private org.springframework.data.redis.cache.RedisCacheConfiguration
                        determineConfiguration(ClassLoader classLoader){
        if(this.redisCacheConfiguration != null) {
            return this.redisCacheConfiguration;
        } else {
            Redis redisProperties = this.cacheProperties.getRedis();
            org.springframework.data.redis.cache.RedisCacheConfiguration config =
    org.springframework.data.redis.cache.RedisCacheConfiguration.defaultCache Config();
    config = config.serializeValuesWith(SerializationPair.fromSerializer(
                        new JdkSerializationRedisSerializer (classLoader)));
              ...
            return config;
        }
    }
}
```

从上述核心源码中可以看出，同 RedisTemplate 核心源码类似，RedisCacheConfiguration 内部同样通过 Redis 连接工厂 RedisConnectionFactory 定义了一个缓存管理器 RedisCache Manager；同时定制 RedisCacheManager 时，使用了默认的 JdkSerializationRedisSerializer

序列化方式。

如果想要使用自定义序列化方式的 RedisCacheManager 进行数据缓存操作，可以参考上述核心代码创建一个名为 cacheManager 的 Bean 组件，并在该组件中设置对应的序列化方式即可。

需要注意的是，本书是基于 Spring Boot2.X 版本讲解的，而 Spring Boot1.X 版本中缓存管理的的实现原理有所不同。例如上述 RedisCacheManager 的构建方式，在 Spring Boot 1.X 版本中的源码如下。

```
@Bean
public RedisCacheManager cacheManager(RedisTemplate<Object, Object> redis Template) {
    RedisCacheManager cacheManager = new RedisCacheManager(redisTemplate);
    cacheManager.setUsePrefix(true);
    List<String> cacheNames = this.cacheProperties.getCacheNames();
    if(!cacheNames.isEmpty()) {
        cacheManager.setCacheNames(cacheNames);
    }
    return (RedisCacheManager)this.customizerInvoker.customize(cacheManager);
}
```

从这两个版本的源码对比可以看出，Spring Boot 1.X 版本中，RedisCacheManager 是在 RedisTemplate 的基础上进行构建的，而 Spring Boot 2.X 版本中，RedisCacheManager 是单独进行构建的。因此，在 Spring Boot 2.X 版本中，对 RedisTemplate 进行自定义序列化机制构建后，仍然无法对 RedisCacheManager 内部默认序列化机制进行覆盖（这也就解释了基于注解的 Redis 缓存实现仍然会使用 JDK 默认序列化机制的原因），想要基于注解的 Redis 缓存实现也使用自定义序列化机制，需要自定义 RedisCacheManager。

2. 自定义 RedisCacheManager

在 chapter06 项目的 Redis 配置类 RedisConfig 中，按照上一步分析的定制方法自定义名为 cacheManager 的 Bean 组件，示例代码如下。

```
@Bean
public RedisCacheManager cacheManager(RedisConnectionFactory redisConnectionFactory) {
    // 分别创建 String 和 JSON 格式序列化对象，对缓存数据 key 和 value 进行转换
    RedisSerializer<String> strSerializer = new StringRedisSerializer();
    Jackson2JsonRedisSerializer jacksonSeial =
                              new Jackson2JsonRedisSerializer(Object.class);
    // 解决查询缓存转换异常的问题
    ObjectMapper om = new ObjectMapper();
    om.setVisibility(PropertyAccessor.ALL, JsonAutoDetect.Visibility.ANY);
    om.enableDefaultTyping(ObjectMapper.DefaultTyping.NON_FINAL);
    jacksonSeial.setObjectMapper(om);
    // 定制缓存数据序列化方式及时效
    RedisCacheConfiguration config = RedisCacheConfiguration.defaultCacheConfig()
            .entryTtl(Duration.ofDays(1))
            .serializeKeysWith(RedisSerializationContext.SerializationPair
                              .fromSerializer(strSerializer))
            .serializeValuesWith(RedisSerializationContext.SerializationPair
                              .fromSerializer(jacksonSeial))
```

```
            .disableCachingNullValues();
    RedisCacheManager cacheManager = RedisCacheManager
                .builder(redisConnectionFactory).cacheDefaults(config).build();
    return cacheManager;
}
```

上述代码中，在 RedisConfig 配置类中使用@Bean 注解注入了一个默认名称为方法名的 cacheManager 组件。在定义的 Bean 组件中，通过 RedisCacheConfiguration 对缓存数据的 key 和 value 分别进行了序列化方式的定制，其中缓存数据的 key 定制为 StringRedisSerializer（即 String 格式），而 value 定制为了 Jackson2JsonRedisSerializer（即 JSON 格式），同时还使用 entryTtl(Duration.ofDays(1))方法将缓存数据有效期设置为 1 天。

完成基于注解的 Redis 缓存管理器 RedisCacheManager 定制后，就可以对该缓存管理器的效果进行测试了（使用自定义序列化机制的 RedisCacheManager 测试时，实体类可以不用实现序列化接口），具体的测试方法和效果与 6.4.1 小节中的测试方法和效果一样，读者可以自行演示。

6.5 本章小结

本章主要讲解了 Spring Boot 的缓存管理，首先体验了 Spring Boot 默认缓存管理，其次介绍了 Spring Boot 缓存的相关注解，最后介绍了 Spring Boot 与 Redis 整合实现缓存管理的方式以及自定义 Redis 缓存序列化机制。通过本章的学习，希望大家能够充分理解 Spring Boot 的缓存管理并学会使用 Spring Boot 整合 Redis 实现数据的缓存。

6.6 习题

一、填空题

1. Spring Boot 中，________注解用于开启基于注解的缓存支持。

2. ________注解是由 Spring 框架提供的，通常用在数据查询缓存方法上。

3. Spring Boot 中进行缓存存储时，对于一个参数的方法，其 key 值是________。

4. Simple 缓存组件是 Spring Boot 默认的缓存管理组件，它默认使用内存中的________进行缓存存储。

5. Redis 操作客户端类中，________专门针对<String, String>字符串类型的数据进行操作。

二、判断题

1. @EnableCaching 注解是 Spring Boot 框架提供的，用于开启基于注解的缓存支持。（　　）

2. @Cacheable 注解的 cacheNames 属性名可以省略。（　　）

3. @Cacheable 注解的 unless 属性在指定条件为 true 时，方法的返回值就不会被缓存。（　　）

4. 在对实体类数据进行 Redis 默认缓存存储时，如果没有实现序列化，就会出现类型转换异常的错误。（　　）

5. 自定义 RedisTemplate 组件时，方法名必须是 redisTemplate。（　　）

三、选择题

1. 下列关于Spring Boot中提供的缓存管理的相关注解的说法，正确的是（　　）。
   A. @EnableCaching注解是Spring Boot框架提供的，用于开启基于注解的缓存支持
   B. @Cacheable注解作用于方法上，用来对查询结果进行缓存
   C. @CacheEvict注解用于更新缓存数据
   D. @CacheConfig注解使用在类上，主要用于统筹管理类中所有使用@Cacheable、@CachePut和@CacheEvict注解标注的方法中的公共属性
2. 下列关于Spring Boot中Redis缓存注解相关属性的说法，错误的是（　　）。
   A. value和cacheNames属性作用相同，用于指定缓存的名称空间
   B. key属性的作用就是指定缓存数据对应的唯一标识，默认使用注解标记的方法参数值
   C. unless属性的作用是当指定的条件为true时，方法的返回值就会被缓存
   D. sync属性表示数据缓存过程中是否使用异步模式，默认值为false
3. 下列关于Spring Boot中RedisTemplate进行数据缓存管理的说法，正确的是（　　）。（多选）
   A. RedisTemplate是Spring Data Redis提供的，可以对<Object,Object >类型数据进行操作
   B. RedisTemplate类的set()方法可以进行数据缓存存储
   C. RedisTemplate类的delete()方法可以进行缓存数据删除
   D. RedisTemplate类的expire()方法可以设置缓存有效期
4. Spring Boot中支持的缓存组件包括有（　　）。（多选）
   A. Jcache　　　　B. EhCache 2.x
   C. Redis　　　　D. Caffeine
5. 下列关于将Spring Boot定制Redis缓存序列化机制的说法，错误的是（　　）。
   A. 自定义redisTemplate组件时，方法名必须为redisTemplate
   B. 在定制序列化方式中，要定义一个ObjectMapper用于进行数据转换设置
   C. Spring Boot 1.X版本中，定制RedisTemplate组件序列化配置后，就完成了基于API和注解方式Redis序列化的定制
   D. 使用自定义RedisTemplate序列化机制缓存存储实体类数据，实体类不用再实现序列化

7 Chapter

第7章 Spring Boot 安全管理

Spring Boot

学习目标

- 了解 Spring Security 安全管理的功能
- 掌握 Spring Security 的安全配置
- 掌握 Spring Security 自定义用户认证的实现方法
- 掌握 Spring Security 自定义用户授权管理的实现方法
- 掌握如何使用 Spring Security 实现页面控制

实际开发中，一些应用通常要考虑到安全性问题。例如，对于一些重要的操作，有些请求需要用户验明身份后才可以执行，还有一些请求需要用户具有特定权限才可以执行。这样做的意义，不仅可以用来保护项目安全，还可以控制项目访问效果。本章将针对 Spring Boot 的安全管理进行详细讲解。

7.1 Spring Security 介绍

针对项目的安全管理，Spring 家族提供了安全框架 Spring Security，它是一个基于 Spring 生态圈的，用于提供安全访问控制解决方案的框架。为了方便 Spring Boot 项目的安全管理，Spring Boot 对 Spring Security 安全框架进行了整合支持，并提供了通用的自动化配置，从而实现了 Spring Security 安全框架中包含的多数安全管理功能，下面，针对常见的安全管理功能进行介绍，具体如下。

（1）MVC Security 是 Spring Boot 整合 Spring MVC 搭建 Web 应用的安全管理框架，也是开发中使用最多的一款安全功能。

（2）WebFlux Security 是 Spring Boot 整合 Spring WebFlux 搭建 Web 应用的安全管理。虽然 Spring WebFlux 框架刚出现不久、文档不够健全，但是它集成了其他安全功能的优点，后续有可能在 Web 开发中越来越流行。

（3）OAuth2 是大型项目的安全管理框架，可以实现第三方认证、单点登录等功能，但是目前 Spring Boot 版本还不支持 OAuth2 安全管理框架。

（4）Actuator Security 用于对项目的一些运行环境提供安全监控，例如 Health 健康信息、Info 运行信息等，它主要作为系统指标供运维人员查看管理系统的运行情况。

上面介绍了 Spring Boot 整合 Spring Security 安全框架可以实现的一些安全管理功能。项目安全管理是一个很大的话题，开发者可以根据实际项目需求，选择性地使用 Spring Security 安全框架中的功能。

7.2 Spring Security 快速入门

Spring Security 的安全管理有两个重要概念，分别是 Authentication（认证）和 Authorization（授权）。其中，认证即确认用户是否登录，并对用户登录进行管控；授权即确定用户所拥有的功能权限，并对用户权限进行管控。本章后续小节中对 Spring Boot 整合 Spring Security 进行安全管理的讲解和实现将围绕用户登录管理和访问权限控制进行。下面我们先通过一个快速入门的案例来体验 Spring Boot 整合 Spring Security 实现的 MVC Security 安全管理效果。

7.2.1 基础环境搭建

为了更好地使用 Spring Boot 整合实现 MVC Security 安全管理功能，实现 Authentication（认证）和 Authorization（授权）的功能，后续我们将会结合一个访问电影列表和详情的案例进行演示说明，这里先对案例的基础环境进行搭建。

（1）创建 Spring Boot 项目。使用 Spring Initializr 方式创建一个名为 chapter07 的 Spring Boot 项目，在 Dependencies 依赖选择中选择 Web 模块中的 Web 依赖以及 Template Engines 模块中的

Thymeleaf 依赖，然后根据提示完成项目创建。其中，项目依赖选择效果如图 7-1 所示。

（2）引入页面 html 资源文件。在项目的 resources 下 templates 目录中，引入案例所需的资源文件，引入资源文件的结构如图 7-2 所示。

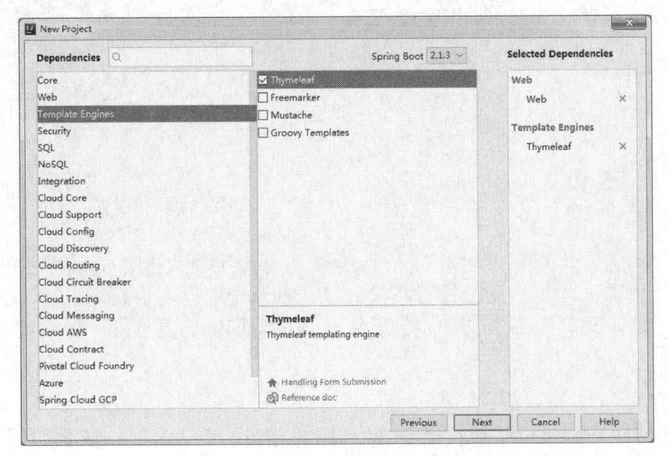

图7-1　项目chapter07选择的依赖

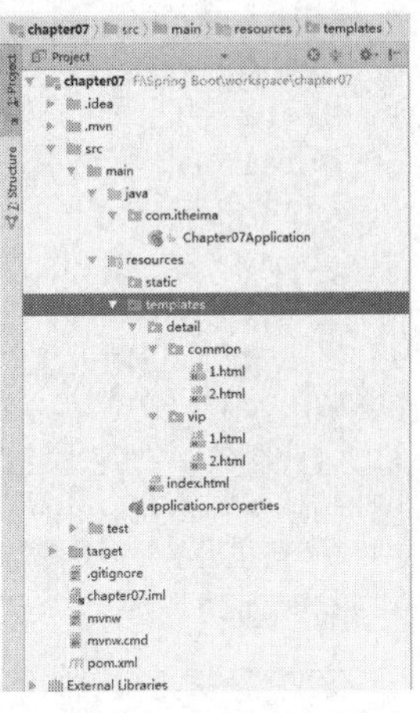

图7-2　引入资源文件结构图

图 7-2 中，index.html 文件是项目首页面，common 和 vip 文件夹中分别对应的是普通用户和 VIP 用户可访问的页面。其中，chapter07 项目首页 index.html 的内容如文件 7-1 所示。

文件 7-1　index.html

```
1  <!DOCTYPE html>
2  <html xmlns="http://www.w3.org/1999/xhtml" xmlns:th="http://www.thymeleaf.org">
3  <head>
4  <meta http-equiv="Content-Type" content="text/html; charset=UTF-8">
5  <title>影视直播厅</title>
6  </head>
7  <body>
8  <h1 align="center">欢迎进入电影网站首页</h1>
9  <hr>
10     <h3>普通电影</h3>
11     <ul>
12         <li><a th:href="@{/detail/common/1}">飞驰人生</a></li>
13         <li><a th:href="@{/detail/common/2}">夏洛特烦恼</a></li>
14     </ul>
15     <h3>VIP 专享</h3>
16     <ul>
17         <li><a th:href="@{/detail/vip/1}">速度与激情</a></li>
18         <li><a th:href="@{/detail/vip/2}">猩球崛起</a></li>
19     </ul>
20 </body>
21 </html>
```

文件 7-1 中，index.html 首页面中通过标签分类展示了一些普通电影和 VIP 电影，并且这些电影都通过<a>标签链接到了具体的影片详情路径（如/detail/common/1）。

在 templates 文件夹下，common 和 vip 文件夹中引入的 HTML 文件就是对应电影的简介信息，这里我们以 common 文件夹下的 1.html 文件为例，内容如文件 7-2 所示。

文件 7-2　1.html

```
1  <!DOCTYPE html>
2  <html xmlns="http://www.w3.org/1999/xhtml" xmlns:th="http://www.thymeleaf.org">
3  <head>
4  <meta http-equiv="Content-Type" content="text/html; charset=UTF-8">
5  <title>影片详情</title>
6  </head>
7  <body>
8      <a th:href="@{/}">返回</a>
9      <h1>飞驰人生</h1>
10     <p style="width: 550px">简介：曾经在赛车界叱咤风云，如今却只能经营炒饭大排档的赛车手张驰
11 （沈腾饰）决定重返车坛挑战年轻一代的天才。然而没钱没车没队友，甚至驾照都得重新考，
12 这场笑料百出、不断被打脸的复出之路，还有更多哭笑不得的窘境在等待着这位过气车神……</p>
13 </body>
14 </html>
```

文件 7-2 中，第 8 行代码中设置有一个<a>标签，并配置了属性 th:href="@{/}"，该属性用于配置返回项目首页链接。

（3）编写 Web 控制层。在 chapter07 项目中创建名为 com.itheima.controller 的包，并在该包下创建一个用于页面请求处理的控制类，内容如文件 7-3 所示。

文件 7-3　FileController.java

```
1  import org.springframework.stereotype.Controller;
2  import org.springframework.web.bind.annotation.GetMapping;
3  import org.springframework.web.bind.annotation.PathVariable;
4  @Controller
5  public class FileController {
6      // 影片详情页
7      @GetMapping("/detail/{type}/{path}")
8      public String toDetail(@PathVariable("type")String type,
9                              @PathVariable("path")String path) {
10         return "detail/"+type+"/"+path;
11     }
12 }
```

在文件 7-3 中，只编写了一个向影片详情页面请求跳转的方法 toDetail()，该文件中没有涉及用户登录提交以及退出操作的控制方法。

至此，我们就使用 Spring Boot 整合 Spring MVC 框架实现了一个传统且简单的 Web 项目，目前项目没有引入任何的安全管理依赖，也没有进行任何安全配置。项目启动成功后，可以访问首页，单击影片进入详情页。具体效果，读者可以自行启动项目访问查看。

7.2.2　开启安全管理效果测试

在 Spring Boot 项目中开启 Spring Security 的方式非常简单，只需要引入 spring-boot-starter-security 启动器即可。下面我们在项目中引入安全管理依赖，开启项目的安全管理并进行测试。

1. 添加 spring-boot-starter-security 启动器

在项目的 pom.xml 文件中引入 Spring Security 安全框架的依赖启动器 spring-boot-starter-security，示例代码如下。

```
<dependency>
    <groupId>org.springframework.boot</groupId>
    <artifactId>spring-boot-starter-security</artifactId>
</dependency>
```

上述引入的依赖 spring-boot-starter-security 就是 Spring Boot 整合 Spring Security 安全框架而提供的依赖启动器，其版本号由 Spring Boot 进行统一管理。在当前 Spring Boot 版本下，对应的 Spring Security 框架版本号为 5.1.4。

需要说明的是，一旦项目引入 spring-boot-starter-security 启动器，MVC Security 和 WebFlux Security 负责的安全功能都会立即生效（WebFlux Security 生效的另一个前提是项目属于 WebFlux Web 项目）；对于 OAuth2 安全管理功能来说，则还需要额外引入一些其他安全依赖。

2. 项目启动测试

启动 chapter07 项目进行效果测试，仔细查看控制台打印信息，如图 7-3 所示。

图7-3　添加spring-boot-starter-security后项目启动效果

从图 7-3 可以看出，项目启动时会在控制台自动生成一个安全密码（security password，这个密码在每次启动项目时都是随机生成的）。

通过浏览器访问“http://localhost:8080/”查看项目首页，效果如图 7-4 所示。

从图 7-4 可以看出，执行“http://localhost:8080/”访问项目首页，自动跳转到了一个新的登录链接页面“http://localhost:8080/login”，这说明在项目中添加 spring-boot-starter-security 依赖启动器后，项目实现了 Spring Security 的自动化配置，并且具有了一些默认的安全管理功能。另外，项目中并没有手动创建用户登录页面，而添加了 Security 依赖后，Spring Security 会自带一个默认的登录页面。

在图 7-4 所示的登录页面随意输入一个错误的用户名和密码，会出现错误提示，效果如图 7-5 所示。

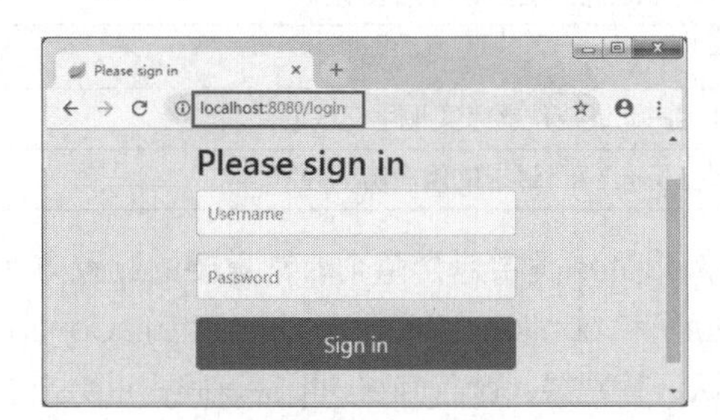

图7-4　项目首页访问效果

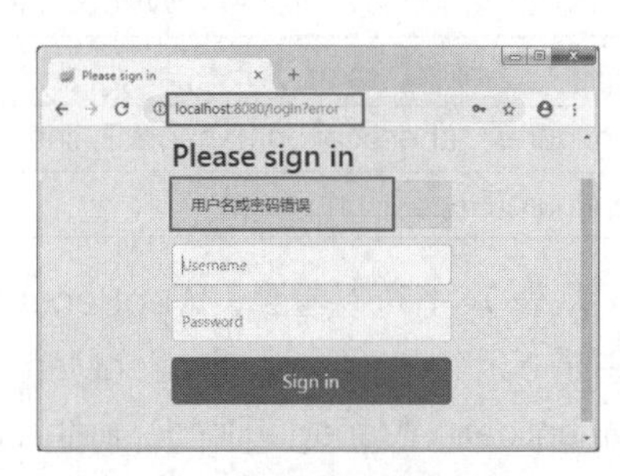

图7-5　项目登录错误效果

从图 7-5 可以看出，当在 Spring Security 提供的默认登录页面“/login”中输入错误登录信息后，会重定向到“/login?error”页面并显示出错误信息“用户名或密码错误”。

需要说明的是，在 Spring Boot 项目中加入 spring-boot-starter-security 依赖启动器后，Security 会默认提供一个可登录的用户信息，其中用户名为 user，密码随机生成，这个密码会随着项目的每次启动随机生成并打印在控制台上（也就是图 7-3 所示的默认随机密码）。

下面，在登录页面输入正确的用户名和密码，项目登录成功效果如图 7-6 所示。

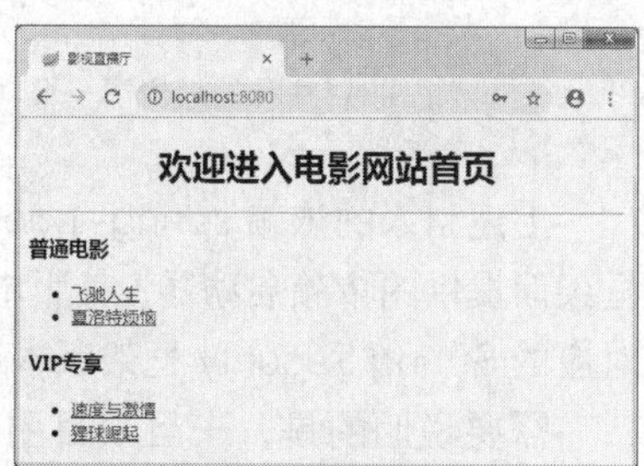

图7-6　项目登录成功效果

从图 7-6 可以看出，在 Spring Security 提供的登录页面“/login”输入正确信息后，就会自动跳转到项目首页，单击不同的电影名称可以查看影片详情。

细心的读者可能会发现，这种默认安全管理方式存在诸多问题。例如，只有唯一的默认登录用户 user、密码随机生成且过于暴露、登录页面及错误提示页面不是我们想要的等。

7.3 MVC Security 安全配置介绍

使用 Spring Boot 与 Spring MVC 进行 Web 开发时，如果项目引入 spring-boot-starter-security 依赖启动器，MVC Security 安全管理功能就会自动生效，其默认的安全配置是在 SecurityAutoConfiguration 和 UserDetailsServiceAutoConfiguration 中实现的。其中，Security AutoConfiguration 会导入并自动化配置 SpringBootWebSecurityConfiguration 用于启动 Web 安全管理，UserDetailsServiceAutoConfiguration 则用于配置用户身份信息。

通过自定义 WebSecurityConfigurerAdapter 类型的 Bean 组件，可以完全关闭 Security 提供的 Web 应用默认安全配置，但是不会关闭 UserDetailsService 用户信息自动配置类。如果要关闭 UserDetailsService 默认用户信息配置，可以自定义 UserDetailsService、AuthenticationProvider 或 AuthenticationManager 类型的 Bean 组件。另外，可以通过自定义 WebSecurityConfigurer Adapter 类型的 Bean 组件覆盖默认访问规则。Spring Boot 提供了非常多方便的方法，可用于覆盖请求映射和静态资源的访问规则。

下面我们通过 Spring Security API 查看 WebSecurityConfigurerAdapter 的主要方法，具体如表 7-1 所示。

表 7-1　WebSecurityConfigurerAdapter 类的主要方法及说明

方法	描述
configure(AuthenticationManagerBuilder auth)	定制用户认证管理器来实现用户认证
configure(HttpSecurity http)	定制基于 HTTP 请求的用户访问控制

从表 7-1 可以看到，WebSecurityConfigurerAdapter 类中包含两个非常重要的配置方法，分别是 configure(AuthenticationManagerBuilder auth)和 configure(HttpSecurity http)。Configure (AuthenticationManagerBuilder auth)方法用于构建认证管理器，configure(HttpSecurity http)方法用于对基于 HTTP 的请求进行请求访问控制。

7.4 自定义用户认证

通过自定义WebSecurityConfigurerAdapter类型的Bean组件，并重写configure(AuthenticationManagerBuilder auth)方法，可以自定义用户认证。针对自定义用户认证，Spring Security提供了多种自定义认证方式，包括有：In-Memory Authentication（内存身份认证）、JDBC Authentication（JDBC身份认证）、LDAP Authentication（LDAP身份认证）、Authentication Provider（身份认证提供商）和UserDetailsService（身份详情服务）。下面我们选取其中3个比较有代表性的方式讲解如何实现自定义用户认证。

7.4.1 内存身份认证

In-Memory Authentication（内存身份认证）是最简单的身份认证方式，主要用于Security安全认证体验和测试。自定义内存身份认证时，只需要在重写的configure(AuthenticationManagerBuilder auth)方法中定义测试用户即可。下面通过Spring Boot整合Spring Security实现内存身份认证，具体步骤如下。

1. 自定义WebSecurityConfigurerAdapter配置类

在chapter07项目中创建名为com.itheima.config的包，并在该包下创建一个配置类SecurityConfig，内容如文件7-4所示。

文件7-4 SecurityConfig.java

```
1  import org.springframework.security.config.annotation.web.configuration.*;
2  @EnableWebSecurity  // 开启MVC Security安全支持
3  public class SecurityConfig extends WebSecurityConfigurerAdapter {
4  }
```

文件7-4中，自定义了一个继承自WebSecurityConfigurerAdapter的SecurityConfig配置类，用于进行MVC Security自定义配置，该类上方的@EnableWebSecurity注解是一个组合注解，其效果等同于@Configuration、@Import、@EnableGlobalAuthentication的组合用法，关于这些注解的介绍具体如下：

（1）@Configuration注解的作用是将当前自定义的SecurityConfig类作为Spring Boot的配置类。

（2）@Import注解的作用是根据pom.xml中导入的Web模块和Security模块进行自动化配置。

（3）@EnableGlobalAuthentication注解则用于开启自定义的全局认证。

需要说明的是，如果是针对Spring WebFlux框架的安全支持，需要在项目中导入Reactive Web模块和Security模块，并使用@EnableWebFluxSecurity注解开启基于WebFlux Security的安全支持。

2. 使用内存进行身份认证

在自定义的SecurityConfig类中重写configure(AuthenticationManagerBuilder auth)方法，并在该方法中使用内存身份认证的方式进行自定义用户认证，内容如文件7-5所示。

文件7-5 SecurityConfig.java

```
1  import org.springframework.security.config.annotation.authentication.builders.*;
2  import org.springframework.security.config.annotation.web.configuration.*;
```

```
3  import org.springframework.security.crypto.bcrypt.BCryptPasswordEncoder;
4  @EnableWebSecurity  // 开启MVC Security安全支持
5  public class SecurityConfig extends WebSecurityConfigurerAdapter {
6      @Override
7      protected void configure(AuthenticationManagerBuilder auth) throws Exception {
8          //  密码需要设置编码器
9          BCryptPasswordEncoder encoder = new BCryptPasswordEncoder();
10         // 1.使用内存用户信息，作为测试使用
11         auth.inMemoryAuthentication().passwordEncoder(encoder)
12                 .withUser("shitou").password(encoder.encode("123456")).roles("common")
13                 .and()
14                 .withUser("李四").password(encoder.encode("123456")).roles("vip");
15     }
16 }
```

文件 7-5 中，重写了 WebSecurityConfigurerAdapter 类的 configure(AuthenticationManager Builder auth)方法，并在该方法中使用内存身份认证的方式自定义了认证用户信息。定义用户认证信息时，设置了两个用户，包括用户名、密码和角色。

文件 7-5 中进行的自定义用户认证时，需要注意以下几个问题。

（1）从 Spring Security 5 开始，自定义用户认证必须设置密码编码器用于保护密码，否则控制台会出现“IllegalArgumentException: There is no PasswordEncoder mapped for the id "null"”异常错误。

（2）Spring Security 提供了多种密码编码器，包括 BcryptPasswordEncoder、Pbkdf2Password Encoder、ScryptPasswordEncoder 等，密码设置不限于本例中的 BcryptPasswordEncoder 密码编码器。

（3）自定义用户认证时，可以定义用户角色 roles，也可以定义用户权限 authorities。在进行赋值时，权限通常是在角色值的基础上添加“ROLE_”前缀。例如，authorities("ROLE_common")和 roles("common")是等效的。

（4）自定义用户认证时，可以为某个用户一次指定多个角色或权限，例如 roles("common", "vip")或者 authorities("ROLE_common"," ROLE_vip")。

3. 效果测试

重启 chapter07 项目进行效果测试，项目启动成功后，仔细查看控制台打印信息，发现没有默认安全管理时随机生成的密码了。通过浏览器访问“http://localhost:8080/”查看首页，效果如图 7-7 所示。

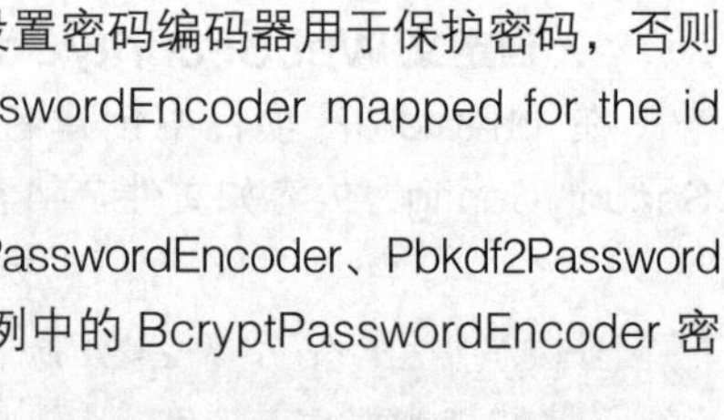

从图 7-7 可以看出，执行“http://localhost:8080/”访问项目首页时，同样自动跳转到了用户登录页面“http://localhost:8080/login”。如果输入的用户名或者密码错误，会出现相应的错误提示，效果如图 7-8 所示。

如果输入的用户名和密码正确，那么会跳转进入网站首页，效果如图 7-9 所示。

图7-7　项目首页访问效果（自定义用户认证）

单击图 7-9 所示窗口展示的电影名称同样可以查看影片详情，说明通过内存身份认证方式实现了自定义用户认证。

实际开发中，用户都是在页面注册和登录时进行认证管理的，而非在程序内部使用内存管理

的方式手动控制注册用户，所以上述使用内存身份认证的方式无法用于实际生产，只可以作为初学者的测试使用。

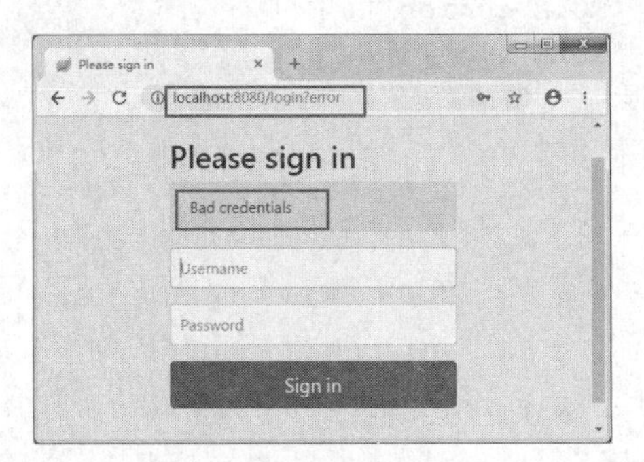

图7-8　项目登录错误效果（自定义用户认证）

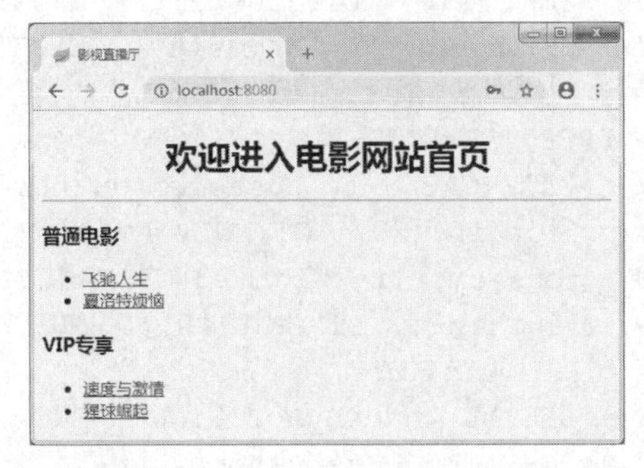

图7-9　项目登录成功效果（自定义用户认证）

7.4.2　JDBC 身份认证

JDBC Authentication（JDBC 身份认证）是通过 JDBC 连接数据库对已有用户身份进行认证，下面通过一个案例讲解 JDBC 身份认证的实现方式。

1. 数据准备

JDBC 身份认证的本质是使用数据库中已有的用户信息在项目中实现用户认证服务，所以需要提前准备好相关数据。这里我们使用之前创建的名为 springbootdata 的数据库，在该数据库中创建 3 个表 t_customer、t_authority 和 t_customer_authority，并预先插入几条测试数据。准备数据的 SQL 语句如文件 7-6 所示。

文件 7-6　security.sql

```
1  # 选择使用数据库
2  USE springbootdata;
3  # 创建表 t_customer 并插入相关数据
4  DROP TABLE IF EXISTS 't_customer';
5  CREATE TABLE 't_customer' (
6    'id' int(20) NOT NULL AUTO_INCREMENT,
7    'username' varchar(200) DEFAULT NULL,
8    'password' varchar(200) DEFAULT NULL,
9    'valid' tinyint(1) NOT NULL DEFAULT '1',
10   PRIMARY KEY ('id')
11 ) ENGINE=InnoDB AUTO_INCREMENT=4 DEFAULT CHARSET=utf8;
12 INSERT INTO 't_customer' VALUES ('1', 'shitou',
13                  '$2a$10$5ooQI8dir8jv0/gCa1Six.GpzAdIPf6pMqdminZ/3ijYzivCyPlfK', '1');
14 INSERT INTO 't_customer' VALUES ('2', '李四',
15                  '$2a$10$5ooQI8dir8jv0/gCa1Six.GpzAdIPf6pMqdminZ/3ijYzivCyPlfK', '1');
16 # 创建表 t_authority 并插入相关数据
17 DROP TABLE IF EXISTS 't_authority';
18 CREATE TABLE 't_authority' (
19   'id' int(20) NOT NULL AUTO_INCREMENT,
20   'authority' varchar(20) DEFAULT NULL,
```

```
21   PRIMARY KEY ('id')
22 ) ENGINE=InnoDB AUTO_INCREMENT=3 DEFAULT CHARSET=utf8;
23 INSERT INTO 't_authority' VALUES ('1', 'ROLE_common');
24 INSERT INTO 't_authority' VALUES ('2', 'ROLE_vip');
25 # 创建表 t_customer_authority 并插入相关数据
26 DROP TABLE IF EXISTS 't_customer_authority';
27 CREATE TABLE 't_customer_authority' (
28   'id' int(20) NOT NULL AUTO_INCREMENT,
29   'customer_id' int(20) DEFAULT NULL,
30   'authority_id' int(20) DEFAULT NULL,
31   PRIMARY KEY ('id')
32 ) ENGINE=InnoDB AUTO_INCREMENT=5 DEFAULT CHARSET=utf8;
33 INSERT INTO 't_customer_authority ' VALUES ('1', '1', '1');
34 INSERT INTO 't_customer_authority ' VALUES ('2', '2', '2');
```

文件 7-6 所示的 SQL 语句中，创建了 3 个表 t_customer、t_authority 和 t_customer_authority。其中 t_customer 表示用户表，t_authority 表示用户权限表，t_customer_authority 表示用户权限关联表。另外，使用 JDBC 身份认证方式创建用户/权限表以及初始化数据时，应特别注意以下几点。

（1）创建用户表 t_customer 时，用户名 username 必须唯一，因为 Security 在进行用户查询时是先通过 username 定位是否存在唯一用户的。

（2）创建用户表 t_customer 时，必须额外定义一个 tinyint 类型的字段（对应 boolean 类型的属性，例如示例中的 valid），用于校验用户身份是否合法（默认都是合法的）。

（3）初始化用户表 t_customer 数据时，插入的用户密码 password 必须是对应编码器编码后的密码，例如示例中的密码￥2a￥10￥5ooQI8dir8jv0/gCa1Six.GpzAdIPf6pMqdminZ/3ijYzivCyPlfK 是使用 BcryptPasswordEncoder 密码加密后的形式（对应的原始密码为 123456）。因此，在自定义配置类中进行用户密码查询时，必须使用与数据库密码统一的密码编码器进行编码。

（4）初始化权限表 t_authority 数据时，权限 authority 值必须带有“ROLE_”前缀，而默认的用户角色值则是对应权限值去掉“ROLE_”前缀。

2. 添加 JDBC 连接数据库的依赖启动器

打开 chapter07 项目的 pom.xml 文件，在该文件中添加 MySQL 数据库连接驱动的依赖和 JDBC 连接依赖，示例代码如下。

```
<!-- JDBC 数据库连接启动器 -->
<dependency>
    <groupId>org.springframework.boot</groupId>
    <artifactId>spring-boot-starter-jdbc</artifactId>
</dependency>
<!-- MySQL 数据连接驱动 -->
<dependency>
    <groupId>mysql</groupId>
    <artifactId>mysql-connector-java</artifactId>
    <scope>runtime</scope>
</dependency>
```

3. 进行数据库连接配置

在项目的全局配置文件 application.properties 中编写对应的数据库连接配置，内容如文件 7-7

所示。

文件 7-7 application.properties

```
1  # MySQL数据库连接配置
2  spring.datasource.url=jdbc:mysql://localhost:3306/springbootdata?serverTimezone=UTC
3  spring.datasource.username=root
4  spring.datasource.password=root
```

4. 使用 JDBC 进行身份认证

完成准备工作后，在 configure(AuthenticationManagerBuilder auth)方法中使用 JDBC 身份认证的方式进行自定义用户认证，内容如文件 7-8 所示。

文件 7-8 SecurityConfig.java

```
1  import org.springframework.beans.factory.annotation.Autowired;
2  import org.springframework.security.config.annotation.authentication.builders.*;
3  import org.springframework.security.config.annotation.web.configuration.*;
4  import org.springframework.security.crypto.bcrypt.BCryptPasswordEncoder;
5  import javax.sql.DataSource;
6  @EnableWebSecurity  // 开启MVC security安全支持
7  public class SecurityConfig extends WebSecurityConfigurerAdapter {
8      @Autowired
9      private DataSource dataSource;
10     @Override
11     protected void configure(AuthenticationManagerBuilder auth) throws Exception {
12         //  密码需要设置编码器
13         BCryptPasswordEncoder encoder = new BCryptPasswordEncoder();
14         // 2.使用JDBC进行身份认证
15         String userSQL ="select username,password,valid from t_customer "+
16                         "where username = ?";
17         String authoritySQL="select c.username,a.authority from t_customer c, "+
18                         "t_authority a,t_customer_authority ca where "+
19                 "ca.customer_id=c.id and ca.authority_id=a.id and c.username =?";
20         auth.jdbcAuthentication().passwordEncoder(encoder)
21                 .dataSource(dataSource)
22                 .usersByUsernameQuery(userSQL)
23                 .authoritiesByUsernameQuery(authoritySQL);
24     }
25 }
```

文件 7-8 中，第 8~9 行代码使用@Autowired 注解装配了 DataSource 数据源，重写的 configure（AuthenticationManagerBuilderauth）方法中使用 JDBC 身份认证的方式进行身份认证。使用 JDBC 身份认证时，首先需要对密码进行编码设置（必须与数据库中用户密码加密方式一致）；然后需要加载 JDBC 进行认证连接的数据源 DataSource；最后，执行 SQL 语句，实现通过用户名 username 查询用户信息和用户权限。

需要注意的是，定义用户查询的 SQL 语句时，必须返回用户名 username、密码 password、是否为有效用户 valid 3 个字段信息；定义权限查询的 SQL 语句时，必须返回用户名 username、权限 authority 两个字段信息。否则，登录时输入正确的用户信息会出现 PreparedStatement

Callback 的 SQL 异常错误信息。

5. 效果测试

重启 chapter07 项目进行效果测试，项目启动成功后，通过浏览器访问“http://localhost: 8080/”查看项目首页，效果如图 7-10 所示。

图7-10 项目首页访问效果（JDBC 身份认证）

从图 7-10 可以看出，执行“http://localhost:8080/”访问项目首页时，自动跳转到了用户登录页面“http://localhost:8080/login”，此时可以输入错误的用户信息和正确的用户信息（数据库中初始化的用户数据）进行效果验证，会发现验证结果和 7.4.1 小节的示例效果一样。

7.4.3 UserDetailsService 身份认证

对于用户流量较大的项目来说，频繁地使用 JDBC 进行数据库查询认证不仅麻烦，而且会降低网站响应速度。对于一个完善的项目来说，如果某些业务已经实现了用户信息查询的服务，就没必要使用 JDBC 进行身份认证了。

下面假设当前项目中已经有用户信息查询的业务方法，这里，在已有的用户信息服务的基础上选择使用 UserDetailsService 进行自定义用户身份认证。

1. 定义查询用户及角色信息的服务接口

为了案例演示，假设项目中存在一个 CustomerService 业务处理类，用来通过用户名查询用户信息及权限信息，内容如文件 7-9 所示。

文件 7-9 CustomerService.java

```
1  import com.itheima.domain.Customer;
2  import com.itheima.domain.Authority;
3  import com.itheima.repository.CustomerRepository;
4  import com.itheima.repository.AuthorityRepository;
5  import org.springframework.beans.factory.annotation.Autowired;
6  import org.springframework.data.redis.core.RedisTemplate;
7  import org.springframework.stereotype.Service;
8  import java.util.List;
9  // 对用户数据结合 Redis 缓存进行业务处理
10 @Service
11 public class CustomerService {
12     @Autowired
13     private CustomerRepository customerRepository;
14     @Autowired
15     private AuthorityRepository authorityRepository;
16     @Autowired
17     private RedisTemplate redisTemplate;
18     // 业务控制：使用唯一用户名查询用户信息
19     public Customer getCustomer(String username){
20         Customer customer=null;
21         Object o = redisTemplate.opsForValue().get("customer_"+username);
```

```
22          if(o!=null){
23              customer=(Customer)o;
24          }else {
25              customer = customerRepository.findByUsername(username);
26              if(customer!=null){
27                  redisTemplate.opsForValue().set("customer_"+username,customer);
28              }
29          }
30          return customer;
31      }
32      // 业务控制：使用唯一用户名查询用户权限
33      public List<Authority> getCustomerAuthority(String username){
34          List<Authority> authorities=null;
35          Object o = redisTemplate.opsForValue().get("authorities_"+username);
36          if(o!=null){
37              authorities=(List<Authority>)o;
38          }else {
39              authorities=authorityRepository.findAuthoritiesByUsername(username);
40              if(authorities.size()>0){
41                  redisTemplate.opsForValue().set("authorities_"+username,authorities);
42              }
43          }
44          return authorities;
45      }
46  }
```

文件 7-9 中，CustomerService 是项目中存在的 Customer 业务处理类，该类结合 Redis 缓存定义了通过 username 获取用户信息和用户权限信息的方法。

2. 定义 UserDetailsService 用于封装认证用户信息

UserDetailsService 是 Security 提供的用于封装认证用户信息的接口，该接口提供的 loadUserByUsername(String s)方法用于通过用户名加载用户信息。使用 UserDetailsService 进行身份认证时，自定义一个 UserDetailsService 接口的实现类，通过 loadUserByUsername(String s)方法封装用户详情信息并返回 UserDetails 对象供 Security 认证使用。

下面我们自定义一个 UserDetailsService 接口实现类进行用户认证信息封装，内容如文件 7-10 所示。

文件 7-10　UserDetailsServiceImpl.java

```
1  import com.itheima.domain.Authority;
2  import com.itheima.domain.Customer;
3  import org.springframework.beans.factory.annotation.Autowired;
4  import org.springframework.security.core.authority.SimpleGrantedAuthority;
5  import org.springframework.security.core.userdetails.*;
6  import org.springframework.stereotype.Service;
7  import java.util.List;
8  import java.util.stream.Collectors;
9  // 自定义一个 UserDetailsService 接口实现类进行用户认证信息封装
10  @Service
```

```
11 public class UserDetailsServiceImpl implements UserDetailsService {
12     @Autowired
13     private CustomerService customerService;
14     @Override
15     public UserDetails loadUserByUsername(String s) throws UsernameNotFound Exception {
16         // 通过业务方法获取用户及权限信息
17         Customer customer = customerService.getCustomer(s);
18         List<Authority> authorities = customerService.getCustomerAuthority(s);
19         // 对用户权限进行封装
20         List<SimpleGrantedAuthority> list = authorities.stream()
21                 .map(authority -> new SimpleGrantedAuthority(authority. getAuthority()))
22                 .collect(Collectors.toList());
23         // 返回封装的UserDetails用户详情类
24         if(customer!=null){
25             UserDetails userDetails=
26                     new User(customer.getUsername(),customer.getPassword(),list);
27             return userDetails;
28         } else {
29             // 如果查询的用户不存在（用户名不存在），必须抛出此异常
30             throw new UsernameNotFoundException("当前用户不存在！");
31         }
32     }
33 }
```

文件 7-10 中，重写了 UserDetailsService 接口的 loadUserByUsername（String s）方法用于借助 CustomerService 业务处理类获取用户信息和权限信息，并通过 UserDetails 进行认证用户信息封装。

需要注意的是，CustomerService 业务处理类获取 User 实体类时，必须对当前用户进行非空判断，这里使用 throw 进行异常处理，如果查询的用户为空，throw 会抛出 UsernameNotFoundException 的异常。如果没有使用 throw 异常处理，Security 将无法识别，导致程序整体报错。

3. 使用 UserDetailsService 进行身份认证

接下来我们在 configure(AuthenticationManagerBuilder auth)方法中使用 UserDetailsService 身份认证的方式进行自定义用户认证，内容如文件 7-11 所示。

文件 7-11　SecurityConfig.java

```
1  import com.itheima.service.UserDetailsServiceImpl;
2  import org.springframework.beans.factory.annotation.Autowired;
3  import org.springframework.security.config.annotation.authentication.builders.*;
4  import org.springframework.security.config.annotation.web.configuration.*;
5  import org.springframework.security.crypto.bcrypt.BCryptPasswordEncoder;
6  @EnableWebSecurity  // 开启MVC security安全支持
7  public class SecurityConfig extends WebSecurityConfigurerAdapter {
8      @Autowired
9      private UserDetailsServiceImpl userDetailsService;
10     @Override
```

```
11      protected void configure(AuthenticationManagerBuilder auth) throws Exception {
12          //  密码需要设置编码器
13          BCryptPasswordEncoder encoder = new BCryptPasswordEncoder();
14          // 3.使用 UserDetailsService 进行身份认证
15          auth.userDetailsService(userDetailsService).passwordEncoder(encoder);
16      }
17 }
```

在文件 7-11 中，先通过@Autowired 注解引入了自定义的 UserDetailsService 接口实现类 UserDetailsServiceImpl，然后在重写的 configure(AuthenticationManagerBuilder auth)方法中使用 UserDetailsService 身份认证的方式自定义了认证用户信息。在使用 UserDetailsService 身份认证时，可直接调用 userDetailsService(T userDetailsService)对 UserDetailsServiceImpl 实现类进行认证，认证过程中需要对密码进行编码设置。

4. 效果测试

重启 chapter07 项目进行效果测试，项目启动成功后，通过浏览器访问“http://localhost:8080/”访问项目首页（务必保证项目已有的 CustomerService 业务处理类配置完成，且关联的 Redis 服务器已经启动），效果如图 7-11 所示。

图7-11　项目首页访问效果（UserDetailsService身份认证）

从图 7-11 可以看出，执行“http://localhost:8080/”访问项目首页时，同样自动跳转到了用户登录页面“http:// localhost:8080/login”。此时输入正确或者错误的用户信息，其效果和 7.4.1 小节的示例效果一样。

至此，关于 Spring Boot 整合 Spring Security 中的自定义用户认证讲解完毕。内存身份认证最为简单，主要用作测试和新手体验；JDBC 身份认证和 UserDetailsService 身份认证在实际开发中使用较多，而这两种认证方式的选择，主要根据实际开发中已有业务的支持来确定。

7.5 自定义用户授权管理

当一个系统建立之后，通常需要适当地做一些权限控制，使得不同用户具有不同的权限操作系统。例如，一般的项目中都会做一些简单的登录控制，只有特定用户才能登录访问。接下来我们针对 Web 应用中常见的自定义用户授权管理进行介绍。

7.5.1 自定义用户访问控制

实际生产中，网站访问多是基于 HTTP 请求的，在 7.3 节进行 MVC Security 安全配置介绍时，我们已经分析出通过重写 WebSecurityConfigurerAdapter 类的 configure(HttpSecurity http)方法可以对基于 HTTP 的请求访问进行控制。下面我们通过对 configure(HttpSecurity http)方法剖析，分析自定义用户访问控制的实现过程。

configure(HttpSecurity http)方法的参数类型是 HttpSecurity 类，HttpSecurity 类提供了 Http 请求的限制以及权限、Session 管理配置、CSRF 跨站请求问题等方法，具体如表 7-2 所示。

表 7-2 HttpSecurity 类的主要方法及说明

方法	描述
authorizeRequests()	开启基于 HttpServletRequest 请求访问的限制
formLogin()	开启基于表单的用户登录
httpBasic()	开启基于 HTTP 请求的 Basic 认证登录
logout()	开启退出登录的支持
sessionManagement()	开启 Session 管理配置
rememberMe()	开启记住我功能
csrf()	配置 CSRF 跨站请求伪造防护功能

此处重点讲解用户访问控制，这里先对 authorizeRequests()方法的返回值做进一步查看，其中涉及用户访问控制的主要方法及说明如表 7–3 所示。

表 7-3 用户请求控制相关的主要方法及说明

方法	描述
antMatchers(java.lang.String…antPatterns)	开启 Ant 风格的路径匹配
mvcMatchers(java.lang.String…patterns)	开启 MVC 风格的路径匹配（与 Ant 风格类似）
regexMatchers(java.lang.String…regexPatterns)	开启正则表达式的路径匹配
and()	功能连接符
anyRequest()	匹配任何请求
rememberMe()	开启记住我功能
access(String attribute)	匹配给定的 SpEL 表达式计算结果是否为 true
hasAnyRole(String…roles)	匹配用户是否有参数中的任意角色
hasRole(String role)	匹配用户是否有某一个角色
hasAnyAuthority(String…authorities)	匹配用户是否有参数中的任意权限
hasAuthority(String authority)	匹配用户是否有某一个权限
authenticated()	匹配已经登录认证的用户
fullyAuthenticated()	匹配完整登录认证的用户（非 rememberMe 登录用户）
hasIpAddress(String ipaddressExpression)	匹配某 IP 地址的访问请求
permitAll()	无条件对请求进行放行

表 7–3 列举了用户请求访问的常用方法，如果想了解更多方法可以通过查看 API 文档。

下面在自定义用户认证案例的基础上，配置用户访问控制，演示 Security 授权管理的用法。

1. 自定义用户访问控制

打开之前创建的 MVC Security 自定义配置类 SecurityConfig，重写 configure(Http Security http)方法进行用户访问控制，示例代码如下。

```
@Override
protected void configure(HttpSecurity http) throws Exception {
    http.authorizeRequests()
          .antMatchers("/").permitAll()
```

```
            .antMatchers("/detail/common/**").hasRole("common")
            .antMatchers("/detail/vip/**").hasRole("vip")
            .anyRequest().authenticated()
            .and()
            .formLogin();
}
```

上述代码中，configure()方法设置了用户访问权限，其中，路径为“/”的请求直接放行；路径为“/detail/common/**”的请求，只有用户角色为 common(即 ROLE_common 权限)才允许访问；路径为“/detail/vip/**”的请求，只有用户角色是 vip(即 ROLE_vip 权限)才允许访问；其他请求则要求用户必须先进行登录认证。

2. 效果测试

重启 chapter07 项目进行效果测试，项目启动成功后，通过浏览器访问“http://localhost:8080/”项目首页，效果如图 7-12 所示。

从图 7-12 可以看出，直接访问“http://localhost:8080/”可以进入项目首页，这是因为自定义的用户访问控制中，对“/”的请求是直接放行的，说明自定义用户访问控制生效。

在项目首页单击普通电影或者 VIP 专享电影名称查询电影详情，效果如图 7-13 所示。

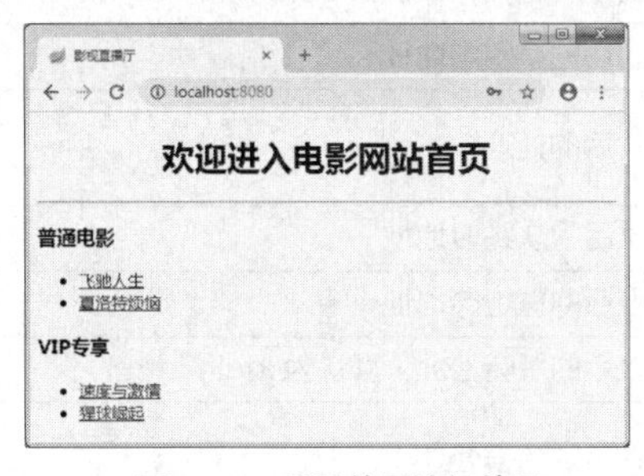

图7-12 项目首页访问效果

图7-13 未登录状态访问影片详情效果

从图 7-13 可以看出，在项目首页访问影片详情（实质是请求 URL 跳转，如“/detail/common/1”），会直接被自定义的访问控制拦截并跳转到默认用户登录界面。在此登录界面输入正确的用户名和密码信息（如果访问的是普通电影，可以输入用户名 shitou，密码 123456），效果如图 7-14 所示。

在拦截的登录界面输入正确的用户名和密码后，会立即跳转到之前将要访问的影片详情页面，说明当前登录的用户 shitou 有查看普通电影详情的权限。

如果单击图 7-14 左上角的“返回”链接，会再次回到项目首页。此时，之前登录的普通用户 shitou 还处于登录状态，再次单击 VIP 专享电影名称查看影片详情，效果如图 7-15 所示。

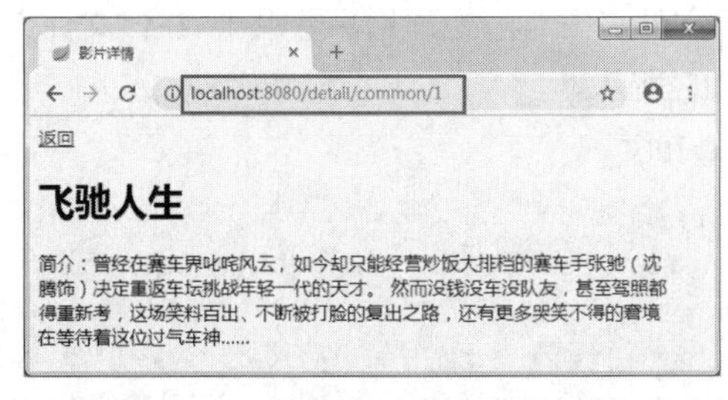

图7-14 登录状态访问影片详情效果

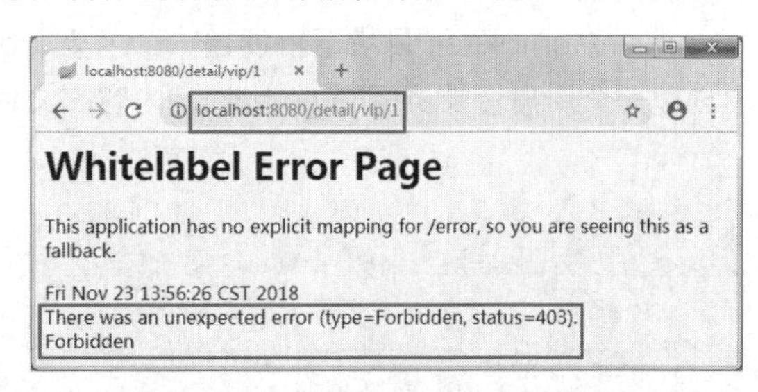

图7-15 普通用户访问VIP电影效果

从图 7-16 可以看出，登录后的普通用户 shitou，在查看 VIP 电影详情时，页面会出现 403 Forbidden（禁止访问）的错误信息，而控制台不会报错。上述演示结果，说明了示例中配置的用户访问控制对不同的请求拦截也生效了。另外，当前示例没有配置完善的用户注销功能，所以登录一个用户后要切换其他用户的话将浏览器重启，再次使用新账号登录即可。

7.5.2 自定义用户登录

通过前面几个示例演示可以发现，项目中并没有配置用户登录页面和登录处理方法，但是演示过程中却提供了一个默认的用户登录页面，并且进行了自动登录处理，这就是 Spring Security 提供的默认登录处理机制。实际开发中，通常要求定制更美观的用户登录页面，并配置有更好的错误提示信息，此时需要自定义用户登录控制。下面我们就围绕 formLogin()这个方法来探索并讲解自定义用户登录的具体实现。

formLogin()用户登录方法中涉及用户登录的主要方法及说明如表 7-4 所示。

表 7-4 用户登录相关的主要方法及说明

方法	描述
loginPage(String loginPage)	用户登录页面跳转路径，默认为 get 请求的/login
successForwardUrl(String forwardUrl)	用户登录成功后的重定向地址
successHandler(AuthenticationSuccessHandler successHandler)	用户登录成功后的处理
defaultSuccessUrl(String defaultSuccessUrl)	用户直接登录后默认跳转地址
failureForwardUrl(String forwardUrl)	用户登录失败后的重定向地址
failureUrl(String authenticationFailureUrl)	用户登录失败后的跳转地址，默认为/login?error
failureHandler(AuthenticationFailureHandler authenticationFailureHandler)	用户登录失败后的错误处理
usernameParameter(String usernameParameter)	登录用户的用户名参数，默认为 username
passwordParameter(String passwordParameter)	登录用户的密码参数，默认为 password
loginProcessingUrl(String loginProcessingUrl)	登录表单提交的路径，默认为 post 请求的/login
permitAll()	无条件对请求进行放行

了解了 Spring Security 中关于用户登录的相关方法后，下面我们在前一个自定义用户访问控制案例的基础上实现自定义用户登录功能。

1. 自定义用户登录页面

要实现自定义用户登录功能，首先必须根据需要自定义一个用户登录页面。在项目的 resources/ templates 目录下新创建一个名为 login 的文件夹（专门处理用户登录），在该文件夹中创建一个用户登录页面 login.html，内容如文件 7-12 所示。

文件 7-12 login.html

```
1  <!DOCTYPE html>
2  <html xmlns="http://www.w3.org/1999/xhtml" xmlns:th="http://www.thymeleaf.org">
3  <head>
4      <meta http-equiv="Content-Type" content="text/html; charset=UTF-8">
5      <title>用户登录界面</title>
```

```
6     <link th:href="@{/login/css/bootstrap.min.css}" rel="stylesheet">
7     <link th:href="@{/login/css/signin.css}" rel="stylesheet">
8  </head>
9  <body class="text-center">
10     <form class="form-signin" th:action="@{/userLogin}" th:method="post" >
11         <img class="mb-4" th:src="@{/login/img/login.jpg}" width="72px" height="72px">
12         <h1 class="h3 mb-3 font-weight-normal">请登录</h1>
13         <!-- 用户登录错误信息提示框 -->
14         <div th:if="${param.error}"
15                   style="color: red;height: 40px;text-align: left;font-size: 1.1em">
16         <img th:src="@{/login/img/loginError.jpg}" width="20px">用户名或密码错误，请重新登录!
17         </div>
18         <input type="text" name="name" class="form-control"
19                                   placeholder="用户名" required="" autofocus="">
20         <input type="password" name="pwd" class="form-control"
21                                        placeholder="密码" required="">
22         <button class="btn btn-lg btn-primary btn-block" type="submit" >登录</button>
23         <p class="mt-5 mb-3 text-muted">Copyright© 2019-2020</p>
24     </form>
25 </body>
26 </html>
```

文件 7-12 中，通过<form>标签定义了一个用户登录功能，且登录数据以 POST 方式通过“/userLogin”路径进行提交。其中，登录表单中的用户名参数和密码参数可以自行定义；登录数据提交方式必须为 post，提交的路径也可以自行定义。同时，在第 14～17 行代码中有一个专门用来存储登录错误后返回错误信息的<div>块，在该<div>块中使用 th:if="￥{param.error}"来判断请求中是否带有一个 error 参数，从而判断是否登录成功，该参数是 Security 默认的，用户可以自行定义。

文件 7-12 中还引入了两个 CSS 样式文件和两个 IMG 图片文件，用来渲染用户登录页面，它们都存在于/login/**目录下，需要提前引入这些静态资源文件到 chapter07 项目 resources 下的 static 目录中。引入这些静态资源文件后，结构如图 7-16 所示。

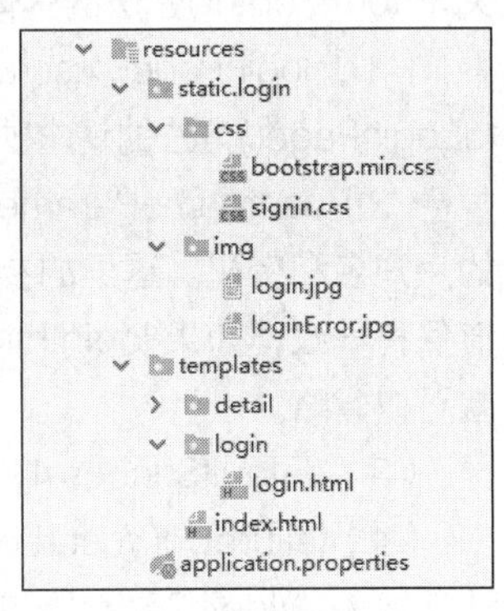

图7-16 引入静态资源的结构图

2. 自定义用户登录跳转

在之前创建的 FileController 类中添加一个跳转到登录页面 login. html 的方法，示例代码如下。

```
@GetMapping("/userLogin")
public String toLoginPage() {
    return "login/login";
}
```

在上述添加的 toLoginPage()方法中，配置了请求路径为“/userLogin”的 Get 请求，并向静态资源根目录下的 login 文件夹下的 login.html 页面跳转。

Spring Security 默认采用 Get 方式的“/login”请求用于向登录页面跳转，使用 Post 方式的“/login”请求用于对登录后的数据处理。

Spring Security 默认向登录页面跳转时，采用的请求方式是 GET，请求路径是“/login”；如果要处理登录后的数据，默认采用的请求方式是 POST，请求路径是“/login”。

3. 自定义用户登录控制

完成上面的准备工作后，打开 SecurityConfig 类，重写 configure(HttpSecurity http)方法，实现用户登录控制，示例代码如下。

```
@Override
protected void configure(HttpSecurity http) throws Exception {
    http.authorizeRequests()
            .antMatchers("/").permitAll()
            // 需要对 static 文件夹下静态资源进行统一放行
            .antMatchers("/login/**").permitAll()
            .antMatchers("/detail/common/**").hasRole("common")
            .antMatchers("/detail/vip/**").hasRole("vip")
            .anyRequest().authenticated();
    // 自定义用户登录控制
    http.formLogin()
            .loginPage("/userLogin").permitAll()
            .usernameParameter("name").passwordParameter("pwd")
            .defaultSuccessUrl("/")
            .failureUrl("/userLogin?error");
}
```

在 7.5.1 案例的基础上，定义一个 HTTP 形式的 formLogin()方法，用于实现用户登录控制，关于 formLogin()方法的具体介绍如下：

（1）loginPage("/userLogin")方法指定了向自定义登录页跳转的请求路径（前面定义的 toLoginPage()方法的请求映射路径），并使用 permitAll()方法对进行登录跳转的请求进行放行。

（2）usernameParameter("name")和 passwordParameter("pwd")方法用来接收登录时提交的用户名和密码。这里的参数 name 和 pwd 必须和 login.html 中用户名、密码中的 name 属性值保持一致，如果 login.html 中的 name 属性值是默认的 username 和 password，这两个方法就可以省略。

（3）defaultSuccessUrl("/")方法指定了用户登录成功后默认跳转到项目首页。

（4）failureUrl("/userLogin?error")方法用来控制用户登录认证失败后的跳转路径，该方法默认参数为“/login?error”。其中，参数中的“/userLogin”为向登录页面跳转的映射，error 是一个错误标识，作用是登录失败后在登录页面进行接收判断，例如 login.html 示例中的 ¥{param.error}，这两者必须保持一致。

（5）antMatchers("/login/**").permitAll()方法的作用是对项目 static 文件夹下 login 包及其子包中的静态资源文件进行统一放行处理。如果没有对静态资源放行，未登录的用户访问项目首页时就无法加载页面关联的静态资源文件。

4. 效果测试

重启 chapter07 项目进行效果测试，项目启动成功后，通过浏览器访问“http://localhost:8080/”，会直接进入到项目首页。在项目首页，单击普通电影或者 VIP 专享电影名称查询电影详情，效果如图 7-17 所示。

再次访问影片详情时，已经被 Security 拦截并跳转到自定义的用户登录页面 login.html。此登录界面输入错误的账号信息后，效果如图 7-18 所示。

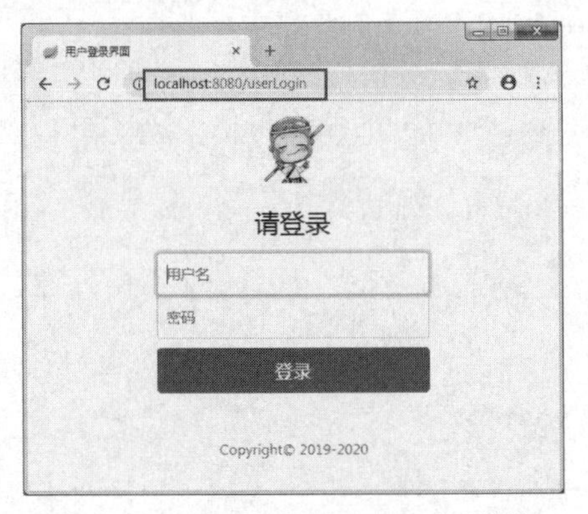

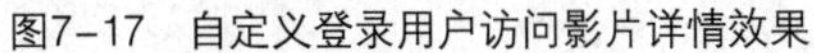
图7-17　自定义登录用户访问影片详情效果

图7-18　自定义登录用户登录失败效果

从图 7-18 可以看出，如果在自定义的登录页面中输入错误用户信息，会返回到了当前登录页面，此时的请求路径上已经携带了 error 错误标识，并且登录页面也有错误信息提示，说明自定义登录失败设置成功。

使用正确的账户进行登录，并查看影片详情页面，访问效果与之前的成功案例一样，读者可以自行演示查看。

7.5.3　自定义用户退出

自定义用户退出主要考虑退出后的会话如何管理以及跳转到哪个页面。HttpSecurity 类的 logout()方法用来处理用户退出，它默认处理路径为“/logout”的 Post 类型请求，同时也会清除 Session 和“Remember Me”（记住我）等任何默认用户配置。下面我们就围绕 logout()这个方法来探索并讲解自定义用户退出的具体实现。

logout()方法中涉及用户退出的主要方法及说明如表 7-5 所示。

表 7-5　用户退出相关的主要方法及说明

方法	描述
logoutUrl(String logoutUrl)	用户退出处理控制 URL，默认为 post 请求的/logout
logoutSuccessUrl(String logoutSuccessUrl)	用户退出成功后的重定向地址
logoutSuccessHandler(LogoutSuccessHandler logoutSuccessHandler)	用户退出成功后的处理器设置
deleteCookies(String…cookieNamesToClear)	用户退出后删除指定 Cookie
invalidateHttpSession(boolean invalidateHttpSession)	用户退出后是否立即清除 Session（默认为 true）
clearAuthentication(boolean clearAuthentication)	用户退出后是否立即清除 Authentication 用户认证信息（默认为 true）

在了解了 Spring Security 中关于用户退出的相关方法后，下面我们继续在前面案例的基础上实现定义用户退出功能。

1. 添加自定义用户退出链接

要实现自定义用户退出功能，必须先在某个页面定义用户退出链接或者按钮。为了简化操作，我们在之前创建的项目首页 index.html 上方新增一个用户退出链接，修改后的示例如文件 7-13 所示。

文件 7-13 index.html

```
1  <!DOCTYPE html>
2  <html xmlns="http://www.w3.org/1999/xhtml" xmlns:th="http://www.thymeleaf.org">
3  <head>
4  <meta http-equiv="Content-Type" content="text/html; charset=UTF-8">
5  <title>影视直播厅</title>
6  </head>
7  <body>
8  <h1 align="center">欢迎进入电影网站首页</h1>
9  <form th:action="@{/mylogout}" method="post">
10     <input th:type="submit" th:value="注销" />
11 </form>
12 <hr>
13     <h3>普通电影</h3>
14     <ul>
15         <li><a th:href="@{/detail/common/1}">飞驰人生</a></li>
16         <li><a th:href="@{/detail/common/2}">夏洛特烦恼</a></li>
17     </ul>
18     <h3>VIP 专享</h3>
19     <ul>
20         <li><a th:href="@{/detail/vip/1}">速度与激情</a></li>
21         <li><a th:href="@{/detail/vip/2}">猩球崛起</a></li>
22     </ul>
23 </body>
24 </html>
```

文件 7-13 中，新增了一个<form>标签进行注销控制，且定义的退出表单 aciton 为“/mylogout”（默认为“/logout”），方法为 post。

需要说明的是，Spring Boot 项目中引入 Spring Security 框架后会自动开启 CSRF 防护功能（跨站请求伪造防护，此处作为了解即可，后续小节将详细说明），用户退出时必须使用 POST 请求；如果关闭了 CSRF 防护功能，那么可以使用任意方式的 HTTP 请求进行用户注销。

2. 自定义用户退出控制

在页面中定义好用户退出链接后，不需要在 Controller 控制层中额外定义用户退出方法，可以直接在 Security 中定制 logout()方法实现用户退出。打开 SecurityConfig 类，重写 configure(HttpSecurity http)方法进行用户退出控制，示例代码如下。

```
@Override
protected void configure(HttpSecurity http) throws Exception {
    http.authorizeRequests()
            .antMatchers("/").permitAll()
            // 需要对 static 文件夹下静态资源进行统一放行
            .antMatchers("/login/**").permitAll()
            .antMatchers("/detail/common/**").hasRole("common")
            .antMatchers("/detail/vip/**").hasRole("vip")
            .anyRequest().authenticated();
```

```
        // 自定义用户登录控制
        http.formLogin()
                .loginPage("/userLogin").permitAll()
                .usernameParameter("name").passwordParameter("pwd")
                .defaultSuccessUrl("/")
                .failureUrl("/userLogin?error");
        // 自定义用户退出控制
        http.logout()
                .logoutUrl("/mylogout")
                .logoutSuccessUrl("/");
    }
```

上述代码中，在 configure(HttpSecurity http)方法中使用 logout()及其相关方法实现了用户退出功能。其中，logoutUrl("/mylogout")方法指定了用户退出的请求路径，这个路径与 index.html 页面退出表单中 action 的值必须保持一致，如果退出表单使用了默认的“/logout”请求，则此方法可以省略；logoutSuccessUrl("/")方法指定了用户退出成功后重定向到“/”地址（即再次重定向到项目首页）。在用户退出后，用户会话信息则会默认清除，此情况下无须手动配置（如有需要，读者可自行定制）。

3. 效果测试

重启 chapter07 项目进行效果测试，项目启动成功后，通过浏览器访问“http://localhost: 8080/”会直接进入到项目首页，效果如图 7-19 所示。

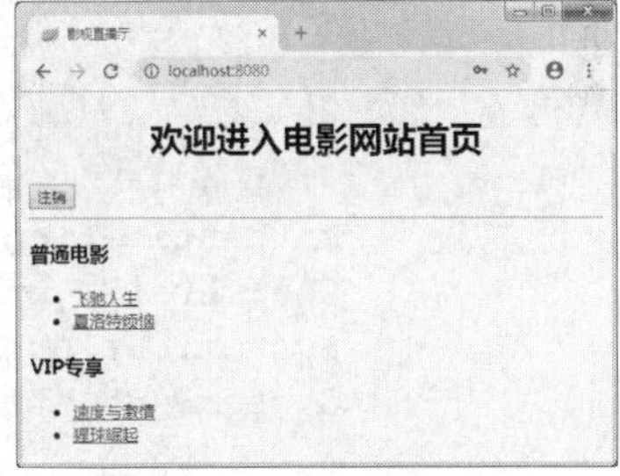

图7-19 访问项目首页效果

从图 7-19 可以看出，在项目首页上方已经出现了新添加的用户退出链接。为了演示自定义的用户退出功能效果，我们先访问影片详情，会自动跳转到自定义的用户登录页面 login.html，在登录界面输入正确的用户名和密码后，效果如图 7-20 所示。

单击影片详情页中的“返回”链接回到项目首页（此时用户仍处于登录状态），单击首页中的“注销”链接进行用户注销，效果如图 7-21 所示。

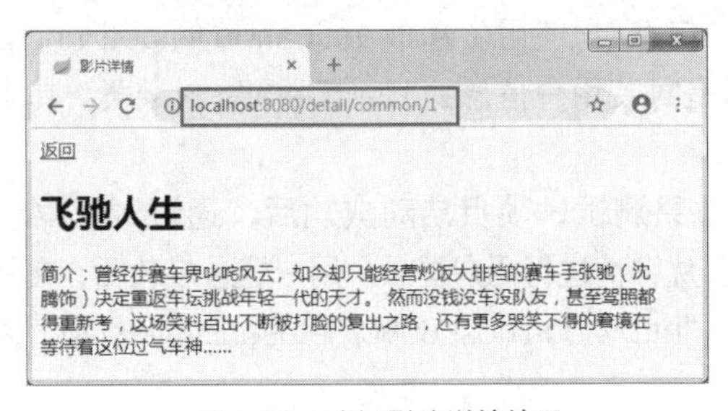

图7-20 访问影片详情效果

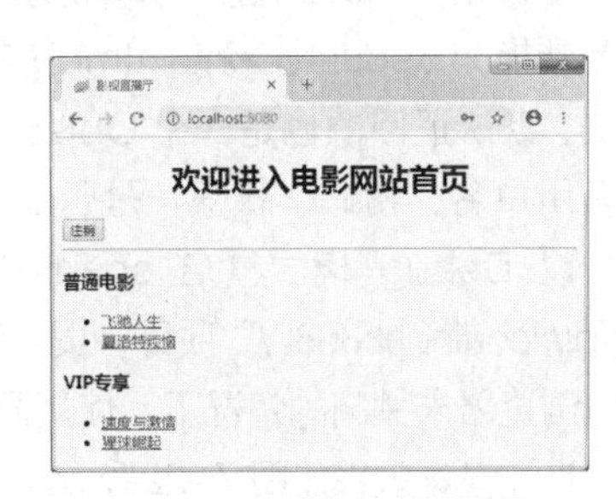

图7-21 用户注销后效果

如图 7-21 所示，用户注销后会根据自定义设置重定向到项目首页，而此时如果再次访问影片详情则又会被拦截到用户登录页面，说明自定义的用户退出功能正确实现。

7.5.4 登录用户信息获取

在传统项目中进行用户登录处理时，通常会查询用户是否存在，如果存在则登录成功，同时将当前用户放在 Session 中。前面的案例中，使用整合 Security 进行用户授权管理后并没有显示登录后的用户处理情况，那么这种情况下登录后的用户存放在哪里呢？存储的用户数据及结构又是怎样的呢？下面我们通过 HttpSession 和 SecurityContextHolder 两种方式来获取登录后的用户信息。

1．使用 HttpSession 获取用户信息

为了简化操作，在之前创建的 FilmeController 控制类中新增一个用于获取当前会话用户信息的 getUser()方法，示例代码如下。

```
@GetMapping("/getuserBySession")
@ResponseBody
public void getUser(HttpSession session) {
    // 从当前 HttpSession 获取绑定到此会话的所有对象的名称
    Enumeration<String> names = session.getAttributeNames();
    while (names.hasMoreElements()){
        // 获取 HttpSession 中会话名称
        String element = names.nextElement();
        // 获取 HttpSession 中的应用上下文
        SecurityContextImpl attribute =
                        (SecurityContextImpl) session.getAttribute(element);
        System.out.println("element: "+element);
        System.out.println("attribute: "+attribute);
        // 获取用户相关信息
        Authentication authentication = attribute.getAuthentication();
        UserDetails principal = (UserDetails)authentication.getPrincipal();
        System.out.println(principal);
        System.out.println("username: "+principal.getUsername());
    }
}
```

上述代码中，在 getUser(HttpSession session)方法中通过获取当前 HttpSession 的相关方法遍历并获取了会话中的用户信息。其中，通过 getAttribute(element)获取会话对象时，默认返回的是一个 Object 对象，其本质是一个 SecurityContextImpl 类，为了方便查看对象数据，所以强制转换为 SecurityContextImpl；在获取认证用户信息时，使用了 Authentication 的 getPrincipal()方法，默认返回的也是一个 Object 对象，其本质是封装用户信息的 UserDetails 封装类，其中包括有用户名、密码、权限、是否过期等。

以 Debug 模式重启 chapter07 项目进行效果测试，项目启动成功后，通过浏览器访问"http://localhost:8080/"项目首页，随意查看一个影片详情进行用户登录。用户登录成功后，在保证当前浏览器未关闭的情况下，使用同一浏览器执行"http://localhost:8080/getuserBySession"来获取用户详情，效果如图 7-22 所示。

从图 7-22 可以看出，当前 HttpSession 会话中只有一个 key 为"SPRING_SECURITY_CONTEXT"的用户信息，并且用户信息被封装在 SecurityContextImpl 类对象中。另外，通过 SecurityContextImpl 类的相关方法可以进一步获取到当前登录用户的更多信息，其中关于用户的主要信息（例如用户名、用户权限等）都封装在 UserDetails 类中。

2．使用 SecurityContextHolder 获取用户信息

Spring Security 针对拦截的登录用户专门提供了一个 SecurityContextHolder 类，来获取 Spring Security 的应用上下文 SecurityContex，进而获取封装的用户信息。下面我们通过 Security

提供的 SecurityContextHolder 类来获取登录的用户信息。

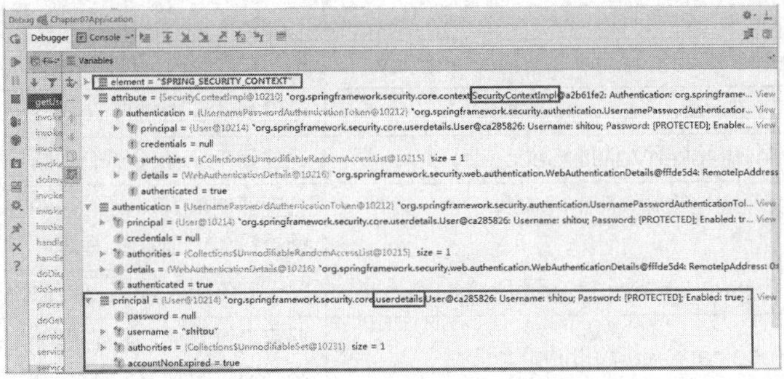

图7-22 控制台获取到的用户详情效果

在 FileController 控制类中新增一个获取当前会话用户信息的 getUser2()方法，示例代码如下。

```
@GetMapping("/getuserByContext")
@ResponseBody
public void getUser2() {
    // 获取应用上下文
    SecurityContext context = SecurityContextHolder.getContext();
    System.out.println("userDetails: "+context);
    // 获取用户相关信息
    Authentication authentication = context.getAuthentication();
    UserDetails principal = (UserDetails)authentication.getPrincipal();
    System.out.println(principal);
    System.out.println("username: "+principal.getUsername());
}
```

上述代码中，通过 Security 提供的 SecurityContextHolder 类先获取了应用上下文对象 SecurityContext，并通过其相关方法获取了当前登录用户信息。通过与 HttpSession 方式获取用户信息的示例对比可以发现，这两种方法的区别就是获取 SecurityContext 的不同，其他后续方法基本一致。

至此，关于 Spring Boot 整合 Spring Security 拦截后的登录用户信息获取就已经讲解完毕了。这里介绍的两种方法中，HttpSession 的方式获取用户信息相对比较传统，而且必须引入 HttpSession 对象；而 Security 提供的 SecurityContextHolder 则相对简便，也是在 Security 项目中相对推荐的使用方式。

7.5.5 记住我功能

在实际开发中，有些项目为了用户登录方便还会提供记住我（Remember-Me）功能。如果用户登录时勾选了记住我选项，那么在一段有效时间内，会默认自动登录，并允许访问相关页面，这就免去了重复登录操作的麻烦。Spring Security 提供了用户登录控制的同时，当然也提供了对应的记住我功能，前面介绍的 HttpSecurity 类的主要方法 rememberMe()就是 Spring Security 用来处理记住我功能的。下面我们围绕 rememberMe()这个方法来探索并讲解记住我功能的具体实现。

rememberMe()记住我功能相关涉及记住我的主要方法及说明如表 7-6 所示。

表 7-6　记住我相关的主要方法及说明

方法	描述
rememberMeParameter(String rememberMeParameter)	指示在登录时记住用户的 HTTP 参数
key(String key)	记住我认证生成的 Token 令牌标识
tokenValiditySeconds(int tokenValiditySeconds)	记住我 Token 令牌有效期，单位为 s（秒）
tokenRepository(PersistentTokenRepository tokenRepository)	指定要使用的 PersistentTokenRepository，用来配置持久化 Token 令牌
alwaysRemember(boolean alwaysRemember)	是否应该始终创建记住我 Cookie，默认为 false
clearAuthentication(boolean clearAuthentication)	是否设置 Cookie 为安全的，如果设置为 true，则必须通过 HTTPS 进行连接请求

需要说明的是，Spring Security 针对记住我功能提供了两种实现：一种是简单地使用加密来保证基于 Cookie 中 Token 的安全；另一种是通过数据库或其他持久化机制来保存生成的 Token。下面我们分别对这两种记住我功能的实现进行讲解并演示说明。

1. 基于简单加密 Token 的方式

基于简单加密 Token 的方式实现记住我功能非常简单，当用户选择记住我并成功登录后，Spring Security 将会生成一个 Cookie 并发送给客户端浏览器。其中，Cookie 值由下列方式组合加密而成。

```
base64(username + ":" + expirationTime + ":" +
        md5Hex(username + ":" + expirationTime + ":" password + ":" + key))
```

上述 Cookie 值的生成方式中，username 代表登录的用户名；password 代表登录用户密码；expirationTime 表示记住我中 Token 的失效日期，以毫秒为单位；key 表示防止修改 Token 的标识。

基于简单加密 Token 的方式中的 Token 在指定的时间内有效，且必须保证 Token 中所包含的 username、password 和 key 没有被改变。需要注意的是，这种加密方式其实是存在安全隐患的，任何人获取到该记住我功能的 Token 后，都可以在该 Token 过期之前进行自动登录，只有当用户觉察到 Token 被盗用后，才会对自己的登录密码进行修改来立即使其原有的记住我 Token 失效。

下面我们结合前面介绍的 rememberMe()相关方法来实现这种简单的记住我功能。为了简化操作，我们在之前创建的项目用户登录页 login.html 中新增一个记住我功能勾选框，示例代码如下。

```
<form class="form-signin" th:action="@{/userLogin}" th:method="post" >
    <img class="mb-4" th:src="@{/login/img/login.jpg}" width="72px" height="72px">
    <h1 class="h3 mb-3 font-weight-normal">请登录</h1>
    <!-- 用户登录错误信息提示框 -->
    <div th:if="${param.error}"
                style="color: red;height: 40px;text-align: left;font-size: 1.1em">
      <img th:src="@{/login/img/loginError.jpg}" width="20px">用户名或密码
错误，请重新登录！
    </div>
    <input type="text" name="name" class="form-control"
                             placeholder="用户名" required="" autofocus="">
    <input type="password" name="pwd" class="form-control"
                             placeholder="密码" required="">
    <div class="checkbox mb-3">
        <label>
```

```
            <input type="checkbox" name="rememberme"> 记住我
        </label>
    </div>
    <button class="btn btn-lg btn-primary btn-block" type="submit" >登录</button>
    <p class="mt-5 mb-3 text-muted">Copyright© 2019-2020</p>
</form>
```

上述修改的用户登录页 login.html 中，在用户登录的<form>表单中新增了一个 checkbox 多选框为用户提供记住我选项。其中，记住我勾选框的 name 属性值设为了“rememberme”，而 Security 提供的记住我功能的 name 属性值默认为“remember-me”。

打开 SecurityConfig 类，重写 configure(HttpSecurity http)方法进行记住我功能配置，示例代码如下。

```
@Override
protected void configure(HttpSecurity http) throws Exception {
    http.authorizeRequests()
            .antMatchers("/").permitAll()
            // 需要对 static 文件夹下静态资源进行统一放行
            .antMatchers("/login/**").permitAll()
            .antMatchers("/detail/common/**").hasRole("common")
            .antMatchers("/detail/vip/**").hasRole("vip")
            .anyRequest().authenticated();
    // 自定义用户登录控制
    http.formLogin()
            .loginPage("/userLogin").permitAll()
            .usernameParameter("name").passwordParameter("pwd")
            .defaultSuccessUrl("/")
            .failureUrl("/userLogin?error");
    // 自定义用户退出控制
    http.logout()
            .logoutUrl("/mylogout")
            .logoutSuccessUrl("/");
    // 定制 Remember-me 记住我功能
    http.rememberMe()
            .rememberMeParameter("rememberme")
            .tokenValiditySeconds(200);
}
```

上述代码中，在之前实现的 configure(HttpSecurity http)方法中使用 rememberMe()及相关方法实现了记住我功能。其中，rememberMeParameter("rememberme")方法指定了记住我勾选框的 name 属性值，如果页面中使用了默认的“remember-me”，则该方法可以省略；tokenValiditySeconds(200)方法设置了记住我功能中 Token 的有效期为 200s。

重启 chapter07 项目进行效果测试，项目启动成功后，通过浏览器访问“http://localhost:8080/userLogin”进行登录，效果如图 7-23 所示。

从图 7-23 可以看出，在项目登录页上已经出现了新添加的具有记住我功能的勾选框，直接在此登录界面输入正确的用户名和密码信息，同时勾选【记住我】，就会默认跳转到项目首页 index.html。

为了演示记住我功能的实现效果，重新打开浏览器访问项目首页，直接查看影片详情（打开与之前登录用户对应权限的影片），效果如图 7-24 所示。

图7-23　访问userLogin登录效果

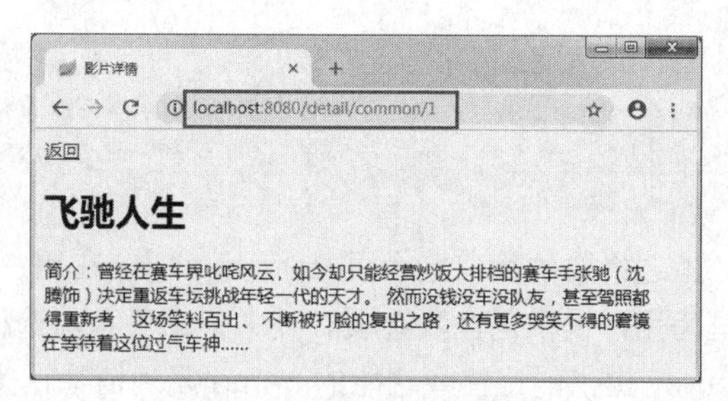

图7-24　访问影片详情效果

在初次登录时勾选了【记住我】选项后，在设置的 Token 有效期内再次进行访问不需要重新登录认证。如果 Token 失效后，再次访问项目，则需要重新登录认证。

2. 基于持久化 Token 的方式

持久化 Token 的方式与简单加密 Token 的方式在实现 Remember-Me 功能上大体相同，都是在用户选择【记住我】并成功登录后，将生成的 Token 存入 Cookie 中并发送到客户端浏览器，在下次用户通过同一客户端访问系统时，系统将直接从客户端 Cookie 中读取 Token 进行认证。两者的主要区别在于：基于简单加密 Token 的方式，生成的 Token 将在客户端保存一段时间，如果用户不退出登录，或者不修改密码，那么在 Cookie 失效之前，任何人都可以无限制地使用该 Token 进行自动登录；而基于持久化 Token 的方式采用如下实现逻辑。

（1）用户选择【记住我】成功登录后，Security 会把 username、随机产生的序列号、生成的 Token 进行持久化存储（例如一个数据表中），同时将它们的组合生成一个 Cookie 发送给客户端浏览器。

（2）当用户再次访问系统时，首先检查客户端携带的 Cookie，如果对应 Cookie 中包含的 username、序列号和 Token 与数据库中保存的一致，则通过验证并自动登录，同时系统将重新生成一个新的 Token 替换数据库中旧的 Token，并将新的 Cookie 再次发送给客户端。

（3）如果 Cookie 中的 Token 不匹配，则很有可能是用户的 Cookie 被盗用了。由于盗用者使用初次生成的 Token 进行登录时会生成一个新的 Token，所以当用户在不知情时再次登录就会出现 Token 不匹配的情况，这时就需要重新登录，并生成新的 Token 和 Cookie。同时 Spring Security 就可以发现 Cookie 可能被盗用的情况，它将删除数据库中与当前用户相关的所有 Token 记录，这样盗用者使用原有的 Cookie 将不能再次登录。

（4）如果用户访问系统时没有携带 Cookie，或者包含的 username 和序列号与数据库中保存的不一致，那么将会引导用户到登录页面。

从以上实现逻辑可以看出，持久化 Token 的方式比简单加密 Token 的方式相对更加安全。使用简单加密 Token 的方式，一旦用户的 Cookie 被盗用，在 Token 有效期内，盗用者可以无限制地自动登录进行恶意操作，直到用户本人发现并修改密码才会避免这种问题；而使用持久化 Token 的方式相对安全，用户每登录一次都会生成新的 Token 和 Cookie，但也给盗用者留下了在用户进行第 2 次登录前进行恶意操作的机会，只有在用户进行第 2 次登录并更新 Token 和 Cookie 时，才会避免这种问题。因此，总体来讲，对于安全性要求很高的应用，不推荐使用 Remember-Me 功能。

下面我们结合前面介绍的 rememberMe()相关方法来实现这种持久化 Token 方式的记住我功能。为了对持久化 Token 进行存储，需要在数据库中创建一个存储 Cookie 信息的持续登录用户表 persistent_logins（这里仍在之前创建的 springbootdata 数据库中创建该表），具体建表语句如下所示。

```
create table persistent_logins (username varchar(64) not null,
                                series varchar(64) primary key,
                                token varchar(64) not null,
                                last_used timestamp not null);
```

上述建表语句中创建了一个名为 persistent_logins 的数据表，其中 username 存储用户名，series 存储随机生成的序列号，token 存储每次访问更新的 Token，last_used 表示最近登录日期。需要说明的是，在默认情况下基于持久化 Token 的方式会使用上述官方提供的用户表 persistent_logins 进行持久化 Token 的管理，读者不需要自定义存储 Cookie 信息的用户表，如果有兴趣的读者可以自行查询相关方法。

在完成存储 Cookie 信息的用户表创建以及页面记住我功能勾选框设置后，打开 SecurityConfig 类，重写 configure(HttpSecurity http)方法进行记住我功能配置，示例代码如下。

```
@Autowired
private DataSource dataSource;
@Override
protected void configure(HttpSecurity http) throws Exception {
    // 自定义用户授权管理
    http.authorizeRequests()
            .antMatchers("/").permitAll()
            // 需要对 static 文件夹下静态资源进行统一放行
            .antMatchers("/login/**").permitAll()
            .antMatchers("/detail/common/**").hasRole("common")
            .antMatchers("/detail/vip/**").hasRole("vip")
            .anyRequest().authenticated();
    // 自定义用户登录控制
    http.formLogin()
            .loginPage("/userLogin").permitAll()
            .usernameParameter("name").passwordParameter("pwd")
            .defaultSuccessUrl("/")
            .failureUrl("/userLogin?error");
    // 自定义用户退出控制
    http.logout()
            .logoutUrl("/mylogout")
            .logoutSuccessUrl("/");
    // 定制 Remember-me 记住我功能
    http.rememberMe()
            .rememberMeParameter("rememberme")
            .tokenValiditySeconds(200)
            // 对 Cookie 信息进行持久化管理
            .tokenRepository(tokenRepository());
}
// 持久化 Token 存储
@Bean
public JdbcTokenRepositoryImpl tokenRepository(){
    JdbcTokenRepositoryImpl jr=new JdbcTokenRepositoryImpl();
```

```
        jr.setDataSource(dataSource);
        return jr;
    }
```

上述代码中，与基于简单加密的 Token 方式相比，在持久化 Token 方式的 rememberMe() 示例中加入了 tokenRepository(tokenRepository())方法对 Cookie 信息进行持久化管理。其中的 tokenRepository()参数会返回一个设置 dataSource 数据源的 JdbcTokenRepositoryImpl 实现类对象，该对象包含操作 Token 的各种方法。

重启 chapter07 项目进行效果测试，项目启动成功后，通过浏览器访问项目登录页，在登录界面输入正确的用户名和密码信息，同时勾选记住我功能后跳转到项目首页 index.html。此时，查看数据库中 persistent_logins 表数据信息，效果如图 7-25 所示。

从图 7-25 可以看出，项目启动后用户使用记住我功能登录时，会在持久化数据表 persistent_logins 中生成对应的用户信息，包括用户名、序列号、Token 和最近登录时间。

使用浏览器重新访问项目首页并直接查看影片详情（打开与之前登录用户权限对应的影片），会发现无须重新登录就可以直接访问。此时，再次查看数据库中 persistent_logins 表数据信息，效果如图 7-26 所示。

图7-25　首次查看persistent_logins表数据

图7-26　再次查看persistent_logins表数据

将图 7-25 和图 7-26 对比可以看出，在 Token 有效期内再次自动登录时，数据库中的 token 会更新而其他数据不变。如果启用浏览器 Debug 模式还会发现，第 2 次登录返回的 Cookie 值也会随之更新，这与之前分析的持久化的 Token 方法实现逻辑是一致的。

返回浏览器首页，单击首页上方的用户“注销”链接，在 Token 有效期内进行用户手动注销。此时，再次查看数据库中 persistent_logins 表数据信息，效果如图 7-27 所示。

图7-27　注销登录后查看persistent_logins表数据

从图 7-27 可以看出，登录用户手动实现用户退出后，数据库中 persistent_logins 表的持久化用户信息也会随之删除。如果用户是在 Token 有效期后自动退出的，那么数据库中 persistent_logins 表的持久化用户信息不会随之删除，当用户再次进行访问登录时，则是在表中新增一条持久化用户信息。

7.5.6 CSRF 防护功能

CSRF（Cross-site request forgery，跨站请求伪造），也被称为“One Click Attack”（一键

攻击）或者“Session Riding”（会话控制），通常缩写为CSRF或者XSRF，是一种对网站的恶意利用。与传统的XSS攻击（Cross-site Scripting，跨站脚本攻击）相比，CSRF攻击更加难以防范，被认为比XSS更具危险性。CSRF攻击可以在受害者毫不知情的情况下以受害者的名义伪造请求发送给攻击页面，从而在用户未授权的情况下执行在权限保护之下的操作。

例如，一个用户Tom登录银行站点服务器准备进行转账操作，在此用户信息有效期内，Tom被诱导查看了一个黑客恶意网站，该网站就会获取到Tom登录后的浏览器与银行网站之间尚未过期的Session信息，而Tom浏览器的Cookie中含有Tom银行账户的认证信息，此时黑客就会伪装成Tom认证后的合法用户对银行账户进行非法操作。

在讨论如何抵御CSRF攻击之前，先要明确CSRF攻击的对象，也就是要保护的对象。从上面的例子可知，CSRF攻击是黑客借助受害者的Cookie骗取服务器的信任，但是黑客并不能获取Cookie，也看不到Cookie的具体内容。另外，对于服务器返回的结果，由于浏览器同源策略的限制，黑客无法进行解析。黑客所能做的就是伪造正常用户给服务器发送请求，以执行请求中所描述的命令，在服务器端直接改变数据的值，而非窃取服务器中的数据。因此，针对CSRF攻击要保护的对象是那些可以直接产生数据变化的服务，而对于读取数据的服务，可以不进行CSRF保护。例如，银行转账操作会改变账号金额，需要进行CSRF保护。获取银行卡等级信息是读取操作，不会改变数据，可以不需要保护。

在业界目前防御CSRF攻击主要有以下3种策略。

（1）验证HTTP Referer字段。

（2）在请求地址中添加Token并验证。

（3）在HTTP头中自定义属性并验证。

Spring Security安全框架提供了CSRF防御相关方法，具体如表7-7所示。

表7-7 CSRF防御相关的主要方法及说明

方法	描述
disable()	关闭Security默认开启的CSRF防御功能
csrfTokenRepository(CsrfTokenRepositor csrfTokenRepository)	指定要使用的CsrfTokenRepository（Token令牌持久化仓库）。默认是由LazyCsrfTokenRepository包装的HttpSessionCsrfTokenRepository
requireCsrfProtectionMatcher(RequestMatcher requireCsrfProtectionMatcher)	指定针对什么类型的请求应用CSRF防护功能。默认设置是忽略GET、HEAD、TRACE和OPTIONS请求，而处理并防御其他所有请求

接下来我们结合上表中的方法对Spring Boot中的CSRF防护功能进行说明。

1. CSRF防护功能关闭

Spring Boot整合Spring Security默认开启了CSRF防御功能，并要求数据修改的请求方法（例如PATCH、POST、PUT和DELETE）都需要经过Security配置的安全认证后方可正常访问，否则无法正常发送请求。这里我们为了演示Security的CSRF实际默认防护效果，编写一个页面进行演示说明。

（1）创建数据修改页面。打开项目resources/templates目录，在该目录下创建一个名为csrf的文件夹，在该文件夹中编写一个模拟修改用户账号信息的Thymeleaf页面csrfTest.html用来进行CSRF测试，内容如文件7-14所示。

文件 7-14 csrfTest.html

```
1  <!DOCTYPE html>
2  <html xmlns="http://www.w3.org/1999/xhtml" xmlns:th="http://www.thymeleaf.org">
3  <head>
4      <meta charset="UTF-8">
5      <title>用户修改</title>
6  </head>
7  <body>
8  <div align="center">
9      <form method="post" action="/updateUser">
10         用户名: <input type="text" name="username" /><br />
11         密  码: <input type="password" name="password" /><br />
12         <button type="submit">修改</button>
13     </form>
14 </div>
15 </body>
16 </html>
```

文件 7-14 中，编写了一个进行用户信息修改的<form>表单，<form>标签中定义了请求方法为 post，使用 action 属性定义了提交路径为“/updateUser”。

（2）编写后台控制层方法。在 chapter07 项目的 com.itheima.controller 的包下，创建一个用于 CSRF 页面请求测试的控制类 CSRFController，内容如文件 7-15 所示。

文件 7-15 CSRFController.java

```
1  import org.springframework.stereotype.Controller;
2  import org.springframework.web.bind.annotation.*;
3  import javax.servlet.http.HttpServletRequest;
4  @Controller
5  public class CSRFController {
6      // 向用户修改页跳转
7      @GetMapping("/toUpdate")
8      public String toUpdate() {
9          return "csrf/csrfTest";
10     }
11     // 用户修改提交处理
12     @ResponseBody
13     @PostMapping(value = "/updateUser")
14     public String updateUser(@RequestParam String username, @RequestParam String password,
15                              HttpServletRequest request) {
16         System.out.println(username);
17         System.out.println(password);
18         String csrf_token = request.getParameter("_csrf");
19         System.out.println(csrf_token);
20         return "ok";
21     }
22 }
```

文件 7-15 中，编写的 toUpdate()方法用于向用户修改页面跳转，updateUser()方法用于对用户修改提交数据处理。其中，在 updateUser()方法中只是演示了获取的请求参数，没有具体的业务实现。

（3）CSRF 默认防护效果测试。重启 chapter07 项目，通过浏览器访问“http://localhost:8080/toUpdate”用户修改页面，由于前面配置了请求拦截，会先被拦截跳转到用户登录页面。在用户登录页面输入正确的用户信息后，就会自动跳转到用户修改页面，效果如图 7-28 所示。

在图 7-28 所示的用户修改页面中，随意输入修改后的用户名和密码，单击【修改】按钮进行数据提交，效果如图 7-29 所示。

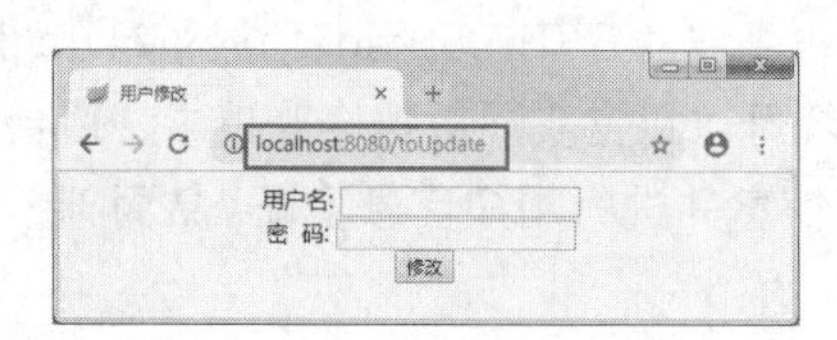

图7-28 用户修改页面效果

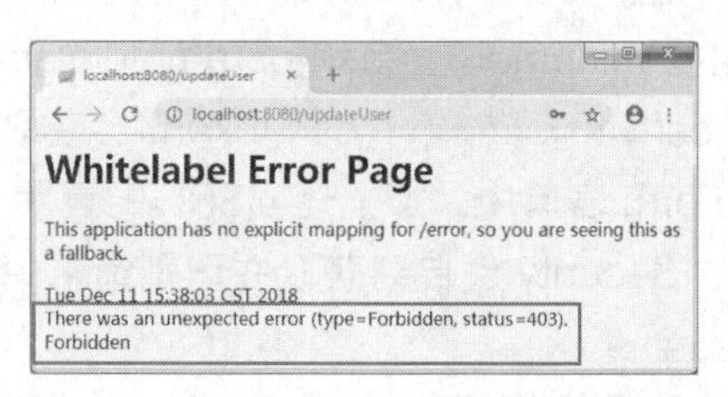

图7-29 修改提交测试效果

从图 7-29 可以看出，在代码业务逻辑没有错误的情况下，表单中正确提交 POST 的请求数据被拦截，出现了 403 和 Forbidden（禁止）的错误提示信息，而后台也没有任何响应。这说明整合使用的 Spring Security 安全框架默认启用了 CSRF 安全防护功能，而上述示例被拦截的本质原因就是数据修改请求中没有携带 CSRF Token（CSRF 令牌）相关的参数信息，所以被认为是不安全的请求。

通过上述示例可以看出，在整合 Spring Security 安全框架后，项目默认启用了 CSRF 安全防护功能，项目中所有涉及数据修改方式的请求都会被拦截。针对这种情况，可以有两种处理方式：一种方式是直接关闭 Security 默认开启的 CSRF 防御功能；另一种方式就是配置 Security 需要的 CSRF Token。

如果选择关闭 Security 默认开启的 CSRF 防御功能的话，配置非常简单。打开配置类 SecurityConfig，在重写的 configure(HttpSecurity http)方法中进行关闭配置即可，示例代码如下。

```
@Override
protected void configure(HttpSecurity http) throws Exception {
    // 可以关闭 Spring Security 默认开启的 CSRF 防护功能
    http.csrf().disable();
    ...
}
```

上述示例中展示了关闭 CSRF 防御功能的配置方式，其他代码示例无须变动。需要说明的是，这种直接关闭 CSRF 防御的方式简单粗暴，不太推荐使用，如果强行关闭后网站可能会面临 CSRF 攻击的危险。

Spring Security 针对不同类型的数据修改请求提供了不同方式的 CSRF Token 配置，主要包括有：针对 Form 表单数据修改的 CSRF Token 配置和针对 Ajax 数据修改请求的 CSRF Token 配置。下面我们分别对这两种配置方式进行讲解。

2. 针对 Form 表单数据修改的 CSRF Token 配置

针对 Form 表单类型的数据修改请求，Security 支持在 Form 表单中提供一个携带 CSRF Token 信息的隐藏域，与其他修改数据一起提交，这样后台就可以获取并验证该请求是否为安全的，示例代码如下。

```
<form method="post" action="/updateUser">
    <input type="hidden" th:name="${_csrf.parameterName}" th:value="${_csrf.token}"/>
    用户名: <input type="text" name="username" /> <br />
    密  码: <input type="password" name="password" /> <br />
    <button type="submit">修改</button>
</form>
```

上述代码中，Form 表单中的< input>隐藏标签携带了 Security 提供的 CSRF Token 信息。其中，th:name="￥{_csrf.parameterName}"会获取 Security 默认提供的 CSRF Token 对应的 key 值_csrf，th:value="￥{_csrf.token}"会获取 Security 默认随机生成的 CSRF Token 对应的 value 值。在 Form 表单中添加上述 CSRF 配置后，无须其他配置就可以正常实现数据修改请求，后台配置的 Security 会自动获取并识别请求中的 CSRF Token 信息并进行用户信息验证，从而判断是否安全。

需要说明的是，针对 Thymeleaf 模板页面中的 Form 表单数据修改请求，除了可以使用上述示例方式显式配置 CSRF Token 信息提交数据修改请求外，还可以使用 Thymeleaf 模板的 th:action 属性配置 CSRF Token 信息，示例代码如下。

```
<form method="post" th:action="@{/updateUser}">
    用户名: <input type="text" name="username" /> <br />
    密  码: <input type="password" name="password" /> <br />
    <button type="submit">修改</button>
</form>
```

上述代码中，使用了 Thymeleaf 模板的 th:action 属性配置了 Form 表单数据修改后的请求路径，而在表单中并没有提供携带 CSRF Token 信息的隐藏域，但仍然可以正常地执行数据修改请求。这是因为使用 Thymeleaf 模板的 th:action 属性配置请求时，会默认携带 CSRF Token 信息，无须开发者手动添加，这也解释了在前面编写的 login.html 页面进行用户登录时为何可以正常执行的原因。

3. 针对 Ajax 数据修改请求的 CSRF Token 配置

对于 Ajax 类型的数据修改请求来说，Security 提供了通过添加 HTTP header 头信息的方式携带 CSRF Token 信息进行请求验证。

首先，在页面<head>标签中添加<meta>子标签，并配置 CSRF Token 信息，示例代码如下。

```
<html>
<head>
    <!-- 获取 CSRF Token -->
    <meta name="_csrf" th:content="${_csrf.token}"/>
    <!-- 获取 CSRF 头，默认为 X-CSRF-TOKEN -->
    <meta name="_csrf_header" th:content="${_csrf.headerName}"/>
</head>
...
```

上述代码中，在<head>标签中添加了两个<meta>子标签，分别用来设置 CSRF Token 信息的属性头和具体生成的 Security Token 值信息。其中，在 HTTP header 头信息中携带的 CSRF 请求头 header 参数的默认值为 X-CSRF-TOKEN，而请求头 CSRF header 对应的 CSRF Token 值是随机生成的。

然后，在具体的 Ajax 请求中获取<meta>子标签中设置的 CSRF Token 信息并绑定在 HTTP 请求头中进行请求验证，示例代码如下。

```
$(function () {
    // 获取<meta>标签中封装的 CSRF Token 信息
    var token = $("meta[name='_csrf']").attr("content");
    var header = $("meta[name='_csrf_header']").attr("content");
    // 将头中的 CSRF Token 信息进行发送
    $(document).ajaxSend(function(e, xhr, options) {
        xhr.setRequestHeader(header, token);
    });
});
```

上述代码中，首先获取<meta>标签中设置的 CSRF Token 信息，然后通过 HTTP 请求将 CSRF Token 信息给后台进行验证。

至此，关于 Spring Security 框架的 CSRF 防护功能讲解完毕。关于 CSRF 的更多用法，感兴趣的同学可以自行学习。

7.6 Security 管理前端页面

在前面几个小节中，我们只是通过 Spring Security 对后台增加了权限控制，前端页面并没有做任何处理，前端页面显示的还是对应的链接等内容，用户体验较差。接下来我们在前面案例的基础上，讲解如何使用 Security 与 Thymeleaf 整合实现前端页面的管理。

1. 添加 thymeleaf-extras-springsecurity5 依赖启动器

在项目 pom.xml 中添加 thymeleaf-extras-springsecurity5 依赖启动器，示例代码如下：

```
<dependency>
    <groupId>org.thymeleaf.extras</groupId>
    <artifactId>thymeleaf-extras-springsecurity5</artifactId>
</dependency>
```

需要注意的是，上述添加的 thymeleaf-extras-springsecurity5 依赖启动器中，其版本号同样是由 Spring Boot 统一整合并管理的。如果引用 thymeleaf-extras-springsecurity4 依赖启动器，那么还需要添加<version>标签手动进行版本管理。

2. 修改前端页面，使用 Security 相关标签进行页面控制

打开 chapter07 项目首页 index.html，引入 Security 安全标签，并在页面中根据需要使用 Security 标签进行显示控制，修改后的项目首页内容如文件 7-16 所示。

文件 7-16　Index.html

```
1  <!DOCTYPE html>
2  <html xmlns="http://www.w3.org/1999/xhtml" xmlns:th="http://www.thymeleaf.org"
3         xmlns:sec="http://www.thymeleaf.org/thymeleaf-extras-springsecurity5">
4  <head>
5      <meta http-equiv="Content-Type" content="text/html; charset=UTF-8">
6      <title>影视直播厅</title>
7  </head>
8  <body>
```

```
9  <h1 align="center">欢迎进入电影网站首页</h1>
10 <div sec:authorize="isAnonymous()">
11     <h2 align="center">游客您好，如果想查看电影<a th:href="@{/userLogin}">请登录</a></h2>
12 </div>
13 <div sec:authorize="isAuthenticated()">
14     <h2 align="center"><span sec:authentication="name" style="color: #007bff"></span>
15     您好，您的用户权限为<span sec:authentication="principal.authorities"
16                       style="color:darkkhaki"></span>，您有权观看以下电影</h2>
17     <form th:action="@{/mylogout}" method="post">
18         <input th:type="submit" th:value="注销" />
19     </form>
20 </div>
21 <hr>
22 <div sec:authorize="hasRole('common')">
23     <h3>普通电影</h3>
24     <ul>
25         <li><a th:href="@{/detail/common/1}">飞驰人生</a></li>
26         <li><a th:href="@{/detail/common/2}">夏洛特烦恼</a></li>
27     </ul>
28 </div>
29 <div sec:authorize="hasAuthority('ROLE_vip')">
30     <h3>VIP 专享</h3>
31     <ul>
32         <li><a th:href="@{/detail/vip/1}">速度与激情</a></li>
33         <li><a th:href="@{/detail/vip/2}">猩球崛起</a></li>
34     </ul>
35 </div>
36 </body>
37 </html>
```

文件 7-16 中，页面顶部通过“xmlns:sec”引入了 Security 安全标签，页面中根据需要编写了 4 个<div>模块。下面我们对这 4 个<div>模块的作用及内部属性进行详细说明，具体如下所示。

（1）第 10～12 行代码使用 sec:authorize="isAnonymous()"属性判断用户是否未登录，只有匿名用户（未登录用户）才会显示“请登录”链接提示。

（2）第 13～20 行代码使用 sec:authorize="isAuthenticated()"属性来判断用户是否已登录，只有认证用户（登录用户）才会显示登录用户信息和注销链接等提示。

（3）第 22～28 行代码使用 sec:authorize="hasRole('common')"属性，定义了只有角色为 common（对应权限 Authority 为 ROLE_common）且登录的用户才会显示普通电影列表信息。

（4）第 29～35 行代码使用 sec:authorize="hasAuthority('ROLE_vip')"属性，定义了只有权限为 ROLE_vip（对应角色 Role 为 vip）且登录的用户才会显示 VIP 电影列表信息。

另外，第 14～16 行代码在进行登录用户信息获取展示时，使用 sec:authentication="name"和 sec:authentication="principal.authorities"两个属性分别显示了登录用户名 name 和权限 authority。

3. 效果测试

重启 chapter07 项目进行效果测试，项目启动成功后，通过浏览器访问“http://localhost:

8080/”查看项目首页，效果如图 7-30 所示。

从图 7-30 可以看出，此次访问项目首页时，页面上方出现提示“请登录”的链接，页面中不再展示普通电影和 VIP 电影列表了，说明页面安全访问控制初显成效。接着，单击【请登录】链接跳转到项目登录页面，输入正确的用户名和密码进行登录，登录成功后会跳转到项目首页，效果如图 7-31 所示。

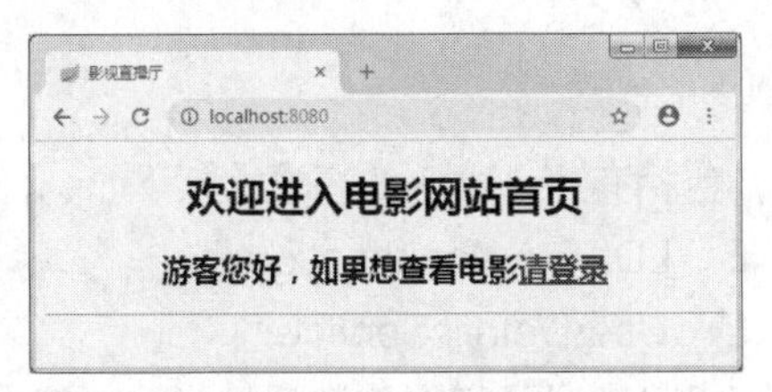

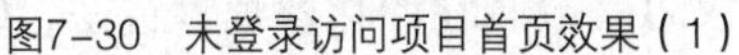
图7-30　未登录访问项目首页效果（1）

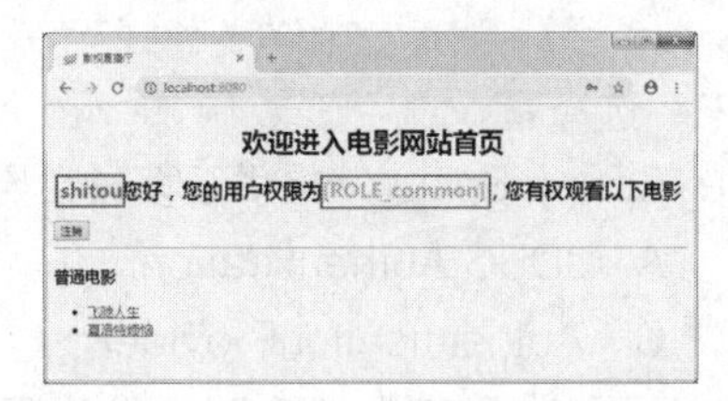

图7-31　登录后访问项目首页效果（2）

不同权限的用户登录后，电影网站首页会显示出用户的权限信息以及可以查看的影片信息，这与前面页面中的控制效果一致，说明在 Thymeleaf 页面使用的 Security 安全标签成功实现了页面的安全访问控制。

7.7 本章小结

本章主要讲解了 Spring Boot 的 MVC Security 安全管理。首先介绍了 Spring Security 安全框架以及 Spring Boot 支持的安全管理，并体验了 Spring Boot 默认的安全管理；其次讲解了 Spring Security 自定义用户认证以及授权管理；最后介绍了 Security 与前端的整合实现页面安全管理控制。希望大家通过本章的学习，能够掌握 Spring Boot 的安全管理机制，并灵活运用在实际开发中，提升项目的安全性。

7.8 习题

一、填空题

1. Spring Boot 整合 Spring Security 安全框架实现的安全管理功能有________、WebFlux Security、OAuth2、Actuator Security。

2. Security 默认提供一个可登录的用户信息，用户名为 user，密码为________。

3. 重写 WebSecurityConfigurerAdapter 类的________方法可以自定义用户认证。

4. 重写 WebSecurityConfigurerAdapter 类的________方法可以对基于 HTTP 的请求访问进行控制。

5. 自定义 WebSecurityConfigurerAdapter 类上的________注解用于开启基于 WebFlux Security 的安全支持。

二、判断题

1. 项目中引入 spring-boot-starter-security 依赖后，还需要使用@EnableSecurity 开启安全管理支持。(　　)

2. WebSecurityConfigurerAdapter 类的 configure(HttpSecurity http)方法用于构建认证管

理器。(　　)

3. 初始化权限表数据时，权限值必须带有“ROLE_”前缀。(　　)

4. 定义 JDBC 身份认证时，定义权限查询的 SQL 语句必须返回用户名、密码和权限几个字段信息。(　　)

5. 定义 UserDetailsService 身份认证时，如果用户为空，需要抛出 UserNotFoundException 异常。(　　)

三、选择题

1. Spring Security 提供了多种自定义认证方式，包括有(　　)。(多选)

A. JDBC Authentication　　B. LDAP Authentication

C. AuthenticationProvider　　D. UserDetailsService

2. 下列关于使用 JDBC 身份认证方式创建用户/权限表以及初始化数据性说法，错误的是(　　)。

A. 用户表中的用户名 username 必须唯一

B. 创建用户表时，必须额外定义一个 tinyint 类型的字段

C. 初始化用户表数据时，插入的用户密码必须是对应编码器编码后的密码

D. 初始化角色表数据时，角色值必须带有“ROLE_”前缀

3. 下列关于 configure(HttpSecurity http)方法中参数 HttpSecurity 类的说法，正确的是(　　)。(多选)

A. authorizeRequests()方法开启基于 HttpServletRequest 请求访问的限制

B. formLogin()方法开启基于表单的用户登录

C. rememberMe()方法开启记住我功能

D. csrf()方法配置 CSRF 跨站请求伪造防护功能

4. 下列关于自定义用户登录中的相关说法，错误的是(　　)。

A. loginPage(String loginPage) 指定用户登录页面跳转路径，默认为 GET 请求的/login

B. failureUrl(String authenticationFailureUrl)指定用户登录失败后的跳转地址，默认为/login?failure

C. loginProcessingUrl(String loginProcessingUrl)指定登录表单提交的路径，默认为 POST 请求的/login

D. 项目加入 Security 后，可以不对 static 文件夹下的静态资源文件进行统一放行处理

5. 下列关于使用 Security 整合 Thymeleaf 实现页面的管理的说法，错误的是(　　)。

A. Spring Boot 2.1.3 版本中添加 thymeleaf-extras-springsecurity5 依赖不需要手动指定版本号

B. sec:authorize="! isAuthenticated()"用于判断用户没有认证

C. sec:authorize="hasAuthority('ROLE_vip')"用于判断用户是否有 ROLE_vip 权限

D. sec:authentication="name"属性用于显示登录用户名 name

Spring Boot

8 Chapter

第 8 章 Spring Boot 消息服务

学习目标

- 了解为什么要使用消息中间件
- 熟悉 RabbitMQ 消息中间件的基本概念和工作原理
- 熟悉 Spring Boot 与 RabbitMQ 的整合搭建
- 掌握 Spring Boot 与 RabbitMQ 整合实现常用的工作模式

在实际项目开发中，有时候需要与其他系统进行集成完成相关业务功能，这种情况最原始的做法是程序内部相互调用，除此之外，还可以使用消息服务中间件进行业务处理，使用消息服务中间件处理业务能够提升系统的异步通信和扩展解耦能力。Spring Boot 对消息服务管理提供了非常好的支持。本章将针对 Spring Boot 消息服务的原理和整合使用进行详细讲解。

8.1 消息服务概述

8.1.1 为什么要使用消息服务

在多数应用尤其是分布式系统中，消息服务是不可或缺的重要部分，它使用起来比较简单，同时解决了不少难题，例如异步处理、应用解耦、流量削锋、分布式事务管理等，使用消息服务可以实现一个高性能、高可用、高扩展的系统。下面我们使用实际开发中的若干场景来分析和说明为什么要使用消息服务，以及使用消息服务的好处。

1. 异步处理

场景说明：用户注册后，系统需要将信息写入数据库，并发送注册邮件和注册短信通知。下面我们使用图示的方式直观展示上述场景的不同处理方式，如图 8-1 所示。

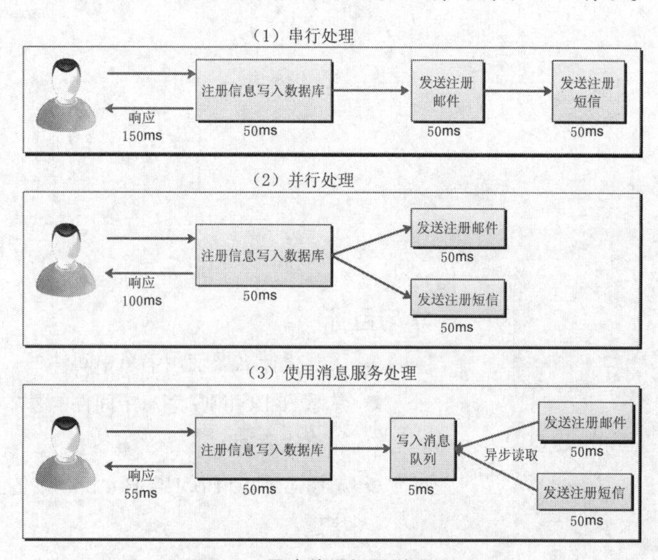

图8-1 异步处理场景说明图示

在图 8-1 中，针对上述注册业务的场景需求，处理方式有 3 种，如下所示。

（1）串行处理方式：用户发送注册请求后，服务器会先将注册信息写入数据库，依次发送注册邮件和短信消息，服务器只有在消息处理完毕后才会将处理结果返回客户端。这种串行处理消息的方式非常耗时，用户体验不友好。

（2）并行处理方式：用户发送注册请求后，将注册信息写入数据库，同时发送注册邮件和短信，最后返回给客户端，这种并行处理的方式在一定程度上提高了后台业务处理的效率，但如果遇到较为耗时的业务处理，仍然显得不够完善。

（3）消息服务处理方式：可以在业务中嵌入消息服务进行业务处理，这种方式先将注册信息写入数据库，在极短的时间内将注册信息写入消息队列后即可返回响应信息。此时前端业务不需要理会不相干的后台业务处理，而发送注册邮件和短信的业务会自动读取消息队列中的相关消息进行后续业务处理。

2. 应用解耦

场景说明：用户下单后，订单服务需要通知库存服务。下面我们使用图示的方式直观展示上述需求的不同处理方式，如图 8-2 所示。

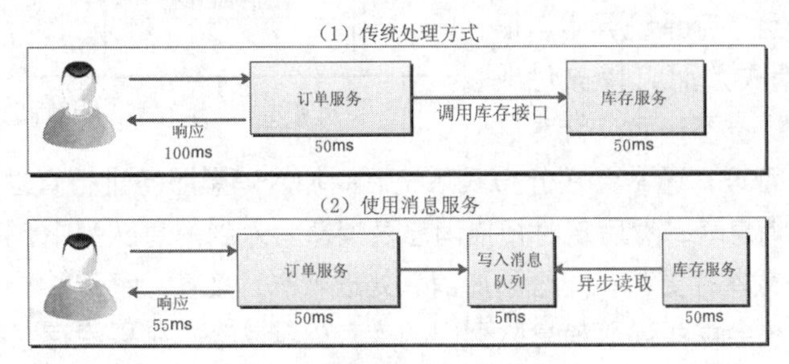

图8-2 应用解耦场景说明图示

在图 8-2 中 ，如果使用传统方式处理订单业务，用户下单后，订单服务会直接调用库存服务接口进行库存更新，这种方式有一个很大的问题是：一旦库存系统出现异常，订单服务会失败导致订单丢失。如果使用消息服务模式，订单服务的下订单消息会快速写入消息队列，库存服务会监听并读取到订单，从而修改库存。相较于传统方式，消息服务模式显得更加高效、可靠。

3. 流量削峰

场景说明：秒杀活动是流量削峰的一种应用场景，由于服务器处理资源能力有限，因此出现峰值时很容易造成服务器宕机、用户无法访问的情况。为了解决这个问题，通常会采用消息队列缓冲瞬时高峰流量，对请求进行分层过滤，从而过滤掉一些请求。图 8-3 描述的是流量削峰场景的处理方式。

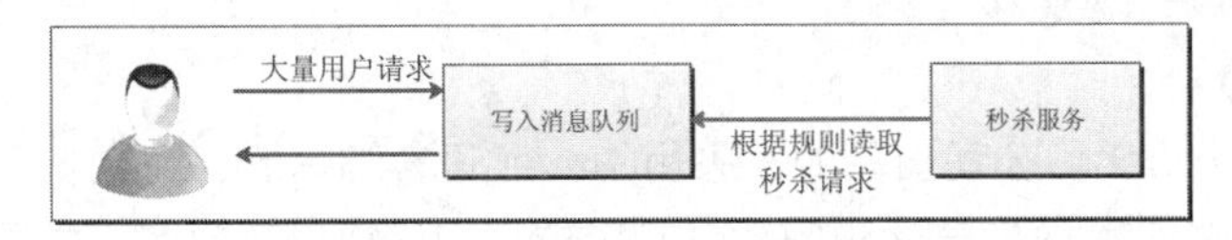

图8-3 流量削峰场景说明图示

针对上述秒杀业务的场景需求，如果专门增设服务器来应对秒杀活动期间的请求瞬时高峰的话，在非秒杀活动期间，这些多余的服务器和配置显得有些浪费；如果不进行有效处理的话，秒杀活动瞬时高峰流量请求有可能压垮服务，因此，在秒杀活动中加入消息服务是较为理想的解决方案。通过在应用前端加入消息服务，先将所有请求写入到消息队列，并限定一定的阈值，多余的请求直接返回秒杀失败，秒杀服务会根据秒杀规则从消息队列中读取并处理有限的秒杀请求。

4. 分布式事务管理

场景说明：在分布式系统中，分布式事务是开发中必须要面对的技术难题，怎样保证分布式系统的请求业务处理的数据一致性通常是要重点考虑的问题。针对这种分布式事务管理的情况，目前较为可靠的处理方式是基于消息队列的二次提交，在失败的情况可以进行多次尝试，或者基于队列数据进行回滚操作。因此，在分布式系统中加入消息服务是一个既能保证性能不变，又能保证业务一致性的方案。

针对这种分布式事务处理的需求，下面我们以图示的方式展示使用消息服务的处理机制，如图 8-4 所示。

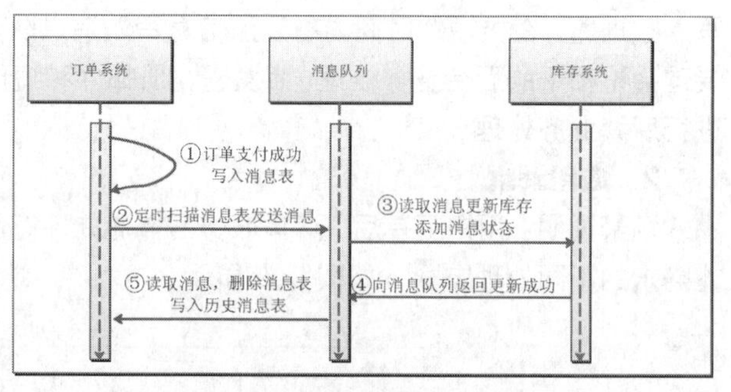

图8-4　分布式事务管理场景说明图示

针对上述分布式事务管理的场景需求，如果使用传统方式在订单系统中写入订单支付成功信息后，再远程调用库存系统进行库存更新，一旦库存系统异常，很有可能导致库存更新失败而订单支付成功的情况，从而导致数据不一致。针对这种分布式系统的事务管理，通常会在分布式系统之间加入消息服务进行管理。在图 8-4 中，订单支付成功后，写入消息表；然后定时扫描消息表消息写入到消息队列中，库存系统会立即读取消息队列中的消息进行库存更新，同时添加消息处理状态；接着，库存系统向消息队列中写入库存处理结果，订单系统会立即读取消息队列中的库存处理状态。如果库存服务处理失败，订单服务还会重复扫描并发送消息表中的消息，让库存系统进行最终一致性的库存更新。如果处理成功，订单服务直接删除消息表数据，并写入到历史消息表。

通过上述几个常用场景的说明，相信读者对为什么要使用消息服务以及使用消息服务的好处有了一定的认识，除此之外，消息服务还有其他一些用处，这里不再详细说明了。

8.1.2　常用消息中间件介绍

消息队列中间件（简称消息中间件）是指利用高效可靠的消息传递机制进行与平台无关的数据交流，并基于数据通信来进行分布式系统的集成。目前开源的消息中间件可谓是琳琅满目，大家耳熟能详的有很多，比如 ActiveMQ、RabbitMQ、Kafka、RocketMQ 等。目前市面上的消息中间件各有侧重点，选择适合自己、能够扬长避短的无疑是最好的选择。接下来，我们针对常用的消息队列中间件进行介绍。

1. ActiveMQ

ActiveMQ 是 Apache 公司出品的、采用 Java 语言编写的、完全基于 JMS 规范（Java Message Service）的、面向消息的中间件，它为应用程序提供高效、可扩展的、稳定的、安全的企业级消息通信。ActiveMQ 丰富的 API 和多种集群构建模式使得它成为业界老牌的消息中间件，广泛的应用于中小型企业中。相较于后续出现的 RabbitMQ、RocketMQ、Kafka 等消息中间件来说，ActiveMQ 性能相对较弱，在如今的高并发、大数据处理的场景下显得力不从心，经常会出现一些问题，例如消息延迟、堆积、堵塞等。

2. RabbitMQ

RabbitMQ 是使用 Erlang 语言开发的开源消息队列系统，基于 AMQP 协议（Advanced Message Queuing Protocol）实现。AMQP 是为应对大规模并发活动而提供统一消息服务的应用层标准高级消息队列协议，专门为面向消息的中间件设计，该协议更多用在企业系统内，对数据一致性、稳定性和可靠性要求很高的场景，对性能和吞吐量的要求还在其次。正是基于 AMQP 协议的各种优势性能，使得 RabbitMQ 消息中间件在应用开发中越来越受欢迎。

3. Kafka

Kafka 是由 Apache 软件基金会开发的一个开源流处理平台，它是一种高吞吐量的分布式发布订阅消息系统，采用 Scala 和 Java 语言编写，提供了快速、可扩展的、分布式的、分区的和可复制的日志订阅服务，其主要特点是追求高吞吐量，适用于产生大量数据的互联网服务的数据收集业务。

4. RocketMQ

RocketMQ 是阿里巴巴公司开源产品，目前也是 Apache 公司的顶级项目，使用纯 Java 开发，具有高吞吐量、高可用、适合大规模分布式系统应用的特点。RocketMQ 的思路起源于 Kafka，对消息的可靠传输以及事务性做了优化，目前在阿里巴巴中被广泛应用于交易、充值、流计算、消息推送、日志流式处理场景，不过维护上稍微麻烦。

在实际项目技术选型时，在没有特别要求的场景下，通常会选择使用 RabbitMQ 作为消息中间件，如果针对的是大数据业务，推荐使用 Kafka 或者是 RocketMQ 作为消息中间件。

8.2 RabbitMQ 消息中间件

8.2.1 RabbitMQ 简介

RabbitMQ 是基于 AMQP 协议的轻量级、可靠、可伸缩和可移植的消息代理，Spring 使用 RabbitMQ 通过 AMQP 协议进行通信；在 Spring Boot 中对 RabbitMQ 进行了集成管理。

在所有的消息服务中，消息中间件都会作为一个第三方消息代理，接收发布者发布的消息，并推送给消息消费者。不同消息中间件内部转换消息的细节不同，图 8-5 展示的是 RabbitMQ 的消息代理过程。

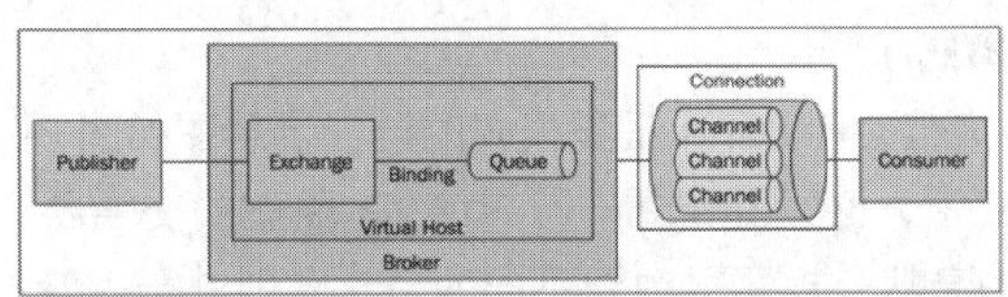

图8-5 RabbitMQ 的消息代理过程

从图 8-5 可以看出，RabbitMQ 的消息代理流程中有很多细节内容和内部组件，这里不必理会组件的具体作用，先对整个流程梳理一遍，可以总结出如下主要流程。

（1）消息发布者（Publisher，简称 P）向 RabbitMQ 代理（Broker）指定的虚拟主机服务器（Virtual Host）发送消息。

（2）虚拟主机服务器内部的交换器（Exchange，简称 X）接收消息，并将消息传递并存储到与之绑定（Binding）的消息队列（Queue）中。

（3）消息消费者（Consumer，简称 C）通过一定的网络连接（Connection）与消息代理建立连接，同时为了简化开支，在连接内部使用了多路复用的信道（Channel）进行消息的最终消费。

8.2.2 RabbitMQ 工作模式介绍

RabbitMQ 消息中间件针对不同的服务需求，提供了多种工作模式。下面我们就对 RabbitMQ 支持的工作模式和工作原理进行简要说明。

1. Work queues（工作队列模式）

参考 RabbitMQ 官方文档，Work queues 工作模式的流程示意图如图 8-6 所示。

在Work queues工作模式中，不需要设置交换器（RabbitMQ会使用内部默认交换器进行消息转换），需要指定唯一的消息队列进行消息传递，并且可以有多个消息消费者。在这种模式下，多个消息消费者通过轮询的方式依次接收消息队列中存储的消息，一旦消息被某一个消费者接收，消息队列会将消息移除，而接收并处理消息的消费者必须在消费完一条消息后再准备接收下一条消息。

从上面的分析可以发现，Work queues工作模式适用于那些较为繁重，并且可以进行拆分处理的业务，这种情况下可以分派给多个消费者轮流处理业务。

2. Publish/Subscribe（发布订阅模式）

参考RabbitMQ官方文档，Publish/Subscribe工作模式的流程示意图如图8-7所示。

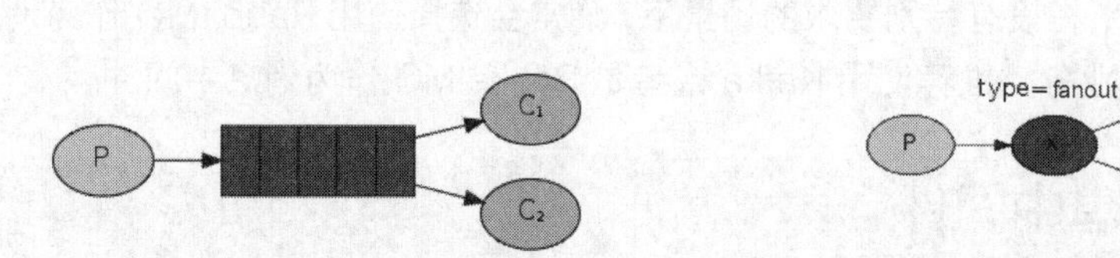

图8-6　Work queues工作模式　　图8-7　Publish/Subscribe工作模式

在Publish/Subscribe工作模式中，必须先配置一个fanout类型的交换器，不需要指定对应的路由键（Routing key），同时会将消息路由到每一个消息队列上，然后每个消息队列都可以对相同的消息进行接收存储，进而由各自消息队列关联的消费者进行消费。

从上面的分析可以发现，Publish/Subscribe工作模式适用于进行相同业务功能处理的场合。例如，用户注册成功后，需要同时发送邮件通知和短信通知，那么邮件服务消费者和短信服务消费者需要共同消费“用户注册成功”这一条消息。

3. Routing（路由模式）

参考RabbitMQ官方文档，Routing工作模式的流程示意图如图8-8所示。

在Routing工作模式中，必须先配置一个direct类型的交换器，并指定不同的路由键值（Routing key）将对应的消息从交换器路由到不同的消息队列进行存储，由消费者进行各自消费。

从上面的分析可以发现，Routing工作模式适用于进行不同类型消息分类处理的场合。例如，日志收集处理，用户可以配置不同的路由键值分别对不同级别的日志信息进行分类处理。

4. Topics（通配符模式）

参考RabbitMQ官方文档，Topics工作模式的流程示意图如图8-9所示。

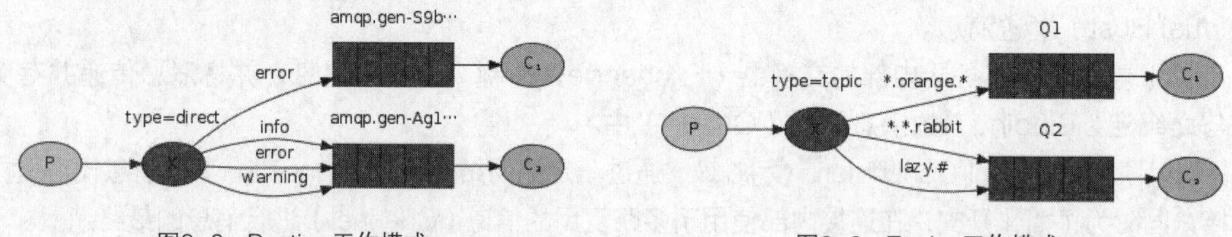

图8-8　Routing工作模式　　图8-9　Topics工作模式

在Topics工作模式中，必须先配置一个topic类型的交换器，并指定不同的路由键值（Routing key）将对应的消息从交换器路由到不同的消息队列进行存储，然后由消费者进行各自消费。Topics模式与Routing模式的主要不同在于：Topics模式设置的路由键是包含通配符的，其中，#匹配多个字符，*匹配一个字符，然后与其他字符一起使用“.”进行连接，从而组成动态路由键，在发送消息时可以根据需求设置不同的路由键，从而将消息路由到不同的消息队列。

通常情况下，Topics 工作模式适用于根据不同需求动态传递处理业务的场合。例如，一些订阅客户只接收邮件消息，一些订阅客户只接收短信消息，那么可以根据客户需求进行动态路由匹配，从而将订阅消息分发到不同的消息队列中。

5. RPC

参考 RabbitMQ 官方文档，RPC 工作模式的流程示意图如图 8-10 所示。

RPC 工作模式与 Work queues 工作模式主体流程相似，都不需要设置交换器，需要指定唯一的消息队列进行消息传递。RPC 模式与 Work queues 模式的主要不同在于：RPC 模式是一个回环结构，主要针对分布式架构的消息传递业务，客户端 Client 先发送消息到消息队列，远程服务端 Server 获取消息，然后再写入另一个消息队列，向原始客户端 Client 响应消息处理结果。

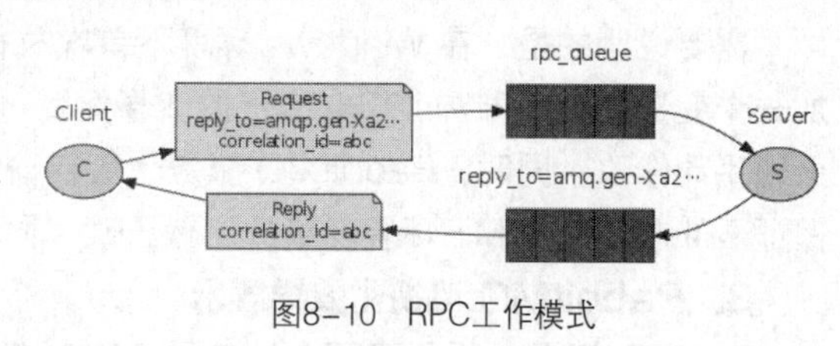

图8-10 RPC工作模式

从上面的分析可以发现，RPC 工作模式适用于远程服务调用的业务处理场合。例如，在分布式架构中必须考虑的分布式事务管理问题。

6. Headers

Headers 工作模式在 RabbitMQ 所支持的工作模式中是较为少用的一种模式，其主体流程与 Routing 工作模式有些相似。不过，使用 Headers 工作模式时，必须设置一个 headers 类型的交换器，而不需要设置路由键，取而代之的是在 Properties 属性配置中的 headers 头信息中使用 key/value 的形式配置路由规则。由于 Headers 工作模式使用较少，官方文档也没有详细说明，这里就不做具体说明了。

上面我们主要针对 RabbitMQ 支持的 6 种工作模式及原理进行了说明，其中有些工作模式可以嵌套使用，例如，在发布订阅模式中加入工作队列模式。这里介绍的 6 种工作模式中，Publish/Subscribe、Routing、Topics 和 RPC 模式是开发中较为常用的工作模式。

8.3 RabbitMQ 安装以及整合环境搭建

8.3.1 安装 RabbitMQ

在使用 RabbitMQ 之前必须预先安装配置，参考 RabbitMQ 官网说明，RabbitMQ 支持多平台安装，例如 Linux、Windows、MacOS、Docker 等。这里，我们以 Windows 环境为例，介绍 RabbitMQ 的安装配置。

1. 下载 RabbitMQ

进入 RabbitMQ 官网，在该页面中可以选择第一个推荐（recommended）的 rabbitmq-server-3.7.9.exe（3.7.9 版本是本书编写时的最新稳定版本）进行下载。

需要说明的是，在 Windows 环境下安装 RabbitMQ 消息中间件还需要 64 位的 Erlang 语言包支持（注意，RabbitMQ 最新版本开始要求使用 64 位的 Erlang 语言包，如果 Windows 系统不支持 64 位安装包，可以选择 32 位的 Erlang 安装包）。这里可以在 RabbitMQ 下载页面中找到并打开 Windows 环境下的 Erlang 语言包链接【Windows installer for Erlang】跳转到 Erlang 语言包的下载页面。在 Erlang 语言包下载页面中，找到 RabbitMQ 3.7.9 版本对应依赖的 Erlang

下载链接【OTP 21.2 Windows 64-bit Binary File】进行下载。

2. 安装 RabbitMQ

RabbitMQ 安装包依赖于 Erlang 语言包的支持，所以需要先安装 Erlang 语言包，再安装 RabbitMQ 安装包。RabbitMQ 安装包和 Erlang 语言包的安装都非常简单，只需要双击下载的 exe 文件进行安装即可（需要注意的是，安装 Erlang 语言包，必须以管理员的身份进行安装）。

需要说明的是，在 Windows 环境下首次执行 RabbitMQ 的安装，系统环境变量中会自动增加一个变量名为 ERLANG_HOME 的变量配置，它的配置路径是 Erlang 选择安装的具体路径，无须手动修改，同时，RabbitMQ 服务也会自动启动。如果是多次卸载安装的 RabbitMQ，需要保证 ERLANG_HOME 环境变量的配置正确，同时保证 RabbitMQ 服务正常启动。

3. RabbitMQ 可视化效果展示

RabbitMQ 默认提供了两个端口号 5672 和 15672，其中 5672 用作服务端口号，15672 用作可视化管理端口号。在浏览器上访问“http://localhost:15672”通过可视化的方式查看 RabbitMQ，效果如图 8-11 所示。

如图 8-11 所示，首次登录 RabbitMQ 可视化管理页面时需要进行用户登录，RabbitMQ 安装过程中默认提供了用户名和密码均为 guest 的用户，可以使用该账户进行登录。登录成功后会进入 RabbitMQ 可视化管理页面的首页，效果如图 8-12 所示。

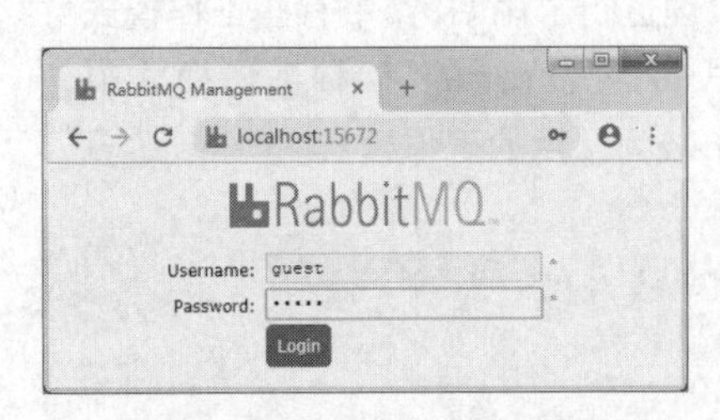

图8-11 RabbitMQ可视化登录页面

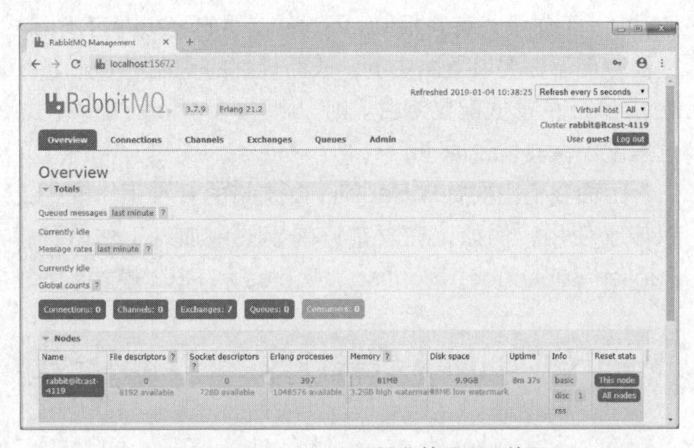

图8-12 RabbitMQ可视化管理页面首页

在图 8-12 所示的 RabbitMQ 可视化管理页面中，显示出了 RabbitMQ 的版本、用户信息等信息，同时页面还包括 Connections、Channeis、Exchanges、Queues、Admin 在内的管理面板。

8.3.2 Spring Boot 整合 RabbitMQ 环境搭建

完成 RabbitMQ 的安装后，下面我们开始对 Spring Boot 整合 RabbitMQ 实现消息服务需要的整合环境进行搭建，具体步骤如下所示。

（1）创建 Spring Boot 项目。使用 Spring Initializr 方式创建一个名为 chapter08 的 Spring Boot 项目，在 Dependencies 依赖选择中选择 Web 模块中的 Web 依赖以及 Integration 模块中的 RabbitMQ 依赖，如图 8-13 所示。

（2）编写配置文件，连接 RabbitMQ 服务。打开创建项目时自动生成的 application.properties 全局配置文件，在该文件中编写 RabbitMQ 服务对应的连接配置，内容如文件 8-1 所示。

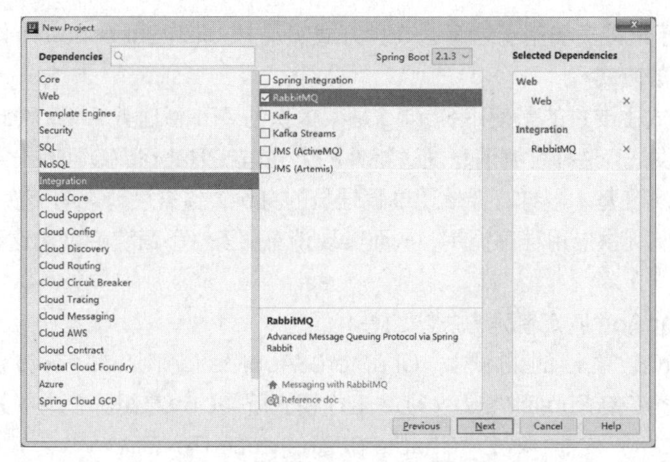

图8-13 项目chapter08添加的依赖

文件 8-1 application.properties

```
1  # 配置 RabbitMQ 消息中间件连接配置
2  spring.rabbitmq.host=localhost
3  spring.rabbitmq.port=5672
4  spring.rabbitmq.username=guest
5  spring.rabbitmq.password=guest
6  #配置 RabbitMQ 虚拟主机路径/，默认可以省略
7  spring.rabbitmq.virtual-host=/
```

文件 8-1 中，连接的 RabbitMQ 服务端口号为 5672，并使用了默认用户 guest 连接。

需要强调的是，在上述项目全局配置文件 application.properties 中，编写了外部 RabbitMQ 消息中间件的连接配置，这样在进行整合消息服务时，使用的都是我们自己安装配置的 RabbitMQ 服务。而在 Spring Boot 中，也集成了一个内部默认的 RabbitMQ 中间件，如果我们没有在配置文件中配置外部 RabbtiMQ 连接，会启用内部的 RabbitMQ 中间件，这种内部 RabbitMQ 中间件是不推荐使用的。

8.4 Spring Boot 与 RabbitMQ 整合实现

在 8.2.2 小节中，我们介绍了 RabbitMQ 消息中间件支持的 6 种工作模式，并进行了工作原理的说明。Spring Boot 对 RabbitMQ 的工作模式进行了整合，并支持多种整合方式，包括基于 API 的方式、基于配置类的方式、基于注解的方式。下面我们选取常用的 Publish/Subscribe、Routing 和 Topics 3 种工作模式完成在 Spring Boot 项目中的消息服务整合实现。

8.4.1 Publish/Subscribe（发布订阅模式）

Spring Boot 整合 RabbitMQ 中间件实现消息服务，主要围绕 3 个部分的工作进行展开：定制中间件、消息发送者发送消息、消息消费者接收消息。其中，定制中间件是比较麻烦的工作，且必须预先定制。下面我们以用户注册成功后同时发送邮件通知和短信通知这一场景为例，分别使用基于 API、基于配置类和基于注解这 3 种方式实现 Publish/Subscribe 工作模式的整合。

1. 基于 API 的方式

基于 API 的方式主要讲的是使用 Spring 框架提供的 API 管理类 AmqpAdmin 定制消息发送组件，并进行消息发送。这种定制消息发送组件的方式与在 RabbitMQ 可视化界面上通过对应面板进行组件操作的实现基本一样，都是通过管理员的身份，预先手动声明交换器、队列、路由键等，然后组装消息队列供应用程序调用，从而实现消息服务。下面我们就对这种基于 API 的方式进行讲解和演示。

（1）使用 AmqpAdmin 定制消息发送组件

打开 chapter08 项目的测试类 Chapter08ApplicationTests，在该测试类中先引入 AmqpAdmin 管理类定制 Publish/Subscribe 工作模式所需的消息组件，内容如文件 8-2 所示。

文件 8-2 Chapter08ApplicationTests.java

```
1  import org.junit.Test;
2  import org.junit.runner.RunWith;
3  import org.springframework.amqp.core.*;
4  import org.springframework.beans.factory.annotation.Autowired;
5  import org.springframework.boot.test.context.SpringBootTest;
6  import org.springframework.test.context.junit4.SpringRunner;
7  @RunWith(SpringRunner.class)
8  @SpringBootTest
9  public class Chapter08ApplicationTests {
10     @Autowired
11     private AmqpAdmin amqpAdmin;
12     @Test
13     public void amqpAdmin() {
14         // 1.定义 fanout 类型的交换器
15         amqpAdmin.declareExchange(new FanoutExchange("fanout_exchange"));
16         // 2.定义两个默认持久化队列，分别处理 email 和 sms
17         amqpAdmin.declareQueue(new Queue("fanout_queue_email"));
18         amqpAdmin.declareQueue(new Queue("fanout_queue_sms"));
19         // 3.将队列分别与交换器进行绑定
20         amqpAdmin.declareBinding(new Binding("fanout_queue_email",
21                 Binding.DestinationType.QUEUE,"fanout_exchange","", null));
22         amqpAdmin.declareBinding(new Binding("fanout_queue_sms",
23                 Binding.DestinationType.QUEUE,"fanout_exchange","", null));
24     }
25 }
```

在文件 8-2 中，使用 Spring 框架提供的消息管理组件 AmqpAdmin 定制了消息组件。其中，第 15 行定义了一个 fanout 类型的交换器 fanout_exchange；第 17～18 行定义了两个消息队列 fanout_queue_email 和 fanout_queue_sms，分别用来处理邮件信息和短信信息；第 20～23 行，将定义的两个队列分别与交换器绑定。

执行上述单元测试方法 amqpAdmin()，验证 RabbitMQ 消息组件的定制效果。单元测试方法执行成功后，通过 RabbitMQ 可视化管理页面的 Exchanges 面板查看效果，结果如图 8-14 所示。

从图 8-14 可以看出，在 RabbitMQ 可视化管理页面的 Exchanges 面板中新出现了一个名称为 fanout_exchange 的交换器（其他 7 个交换器是 RabbitMQ 自带的），且其类型是我们设置的 fanout 类型。单击 fanout_exchange 交换器进入查看，效果如图 8-15 所示。

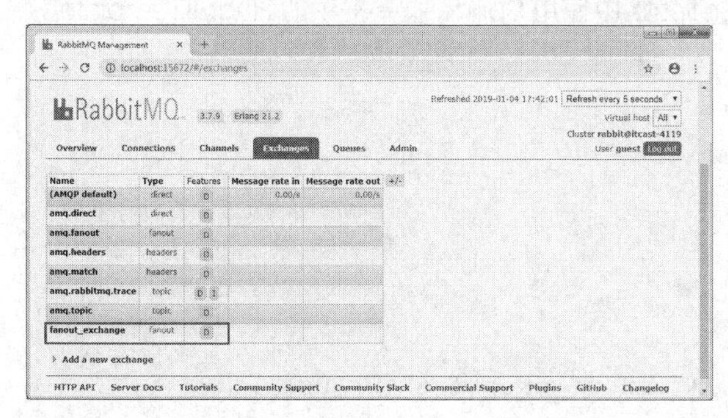

图8-14　RabbitMQ 可视化管理页面Exchanges面板效果

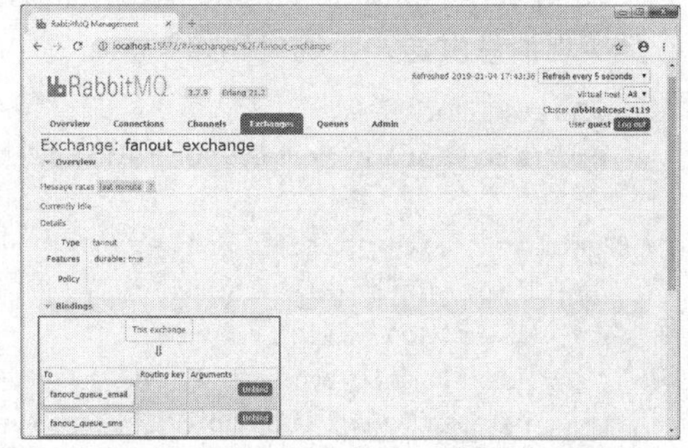

图8-15　fanout_exchange交换器详情页面

从图 8-15 可以看出，在 fanout_exchange 交换器详情页面中展示有该交换器的具体信息，还有与之绑定的两个消息队列 fanout_queue_email 和 fanout_queue_sms，并且程序中设置的绑定规则一致。切换到 Queues 面板页面，查看定制生成的消息队列信息，效果如图 8-16 所示。

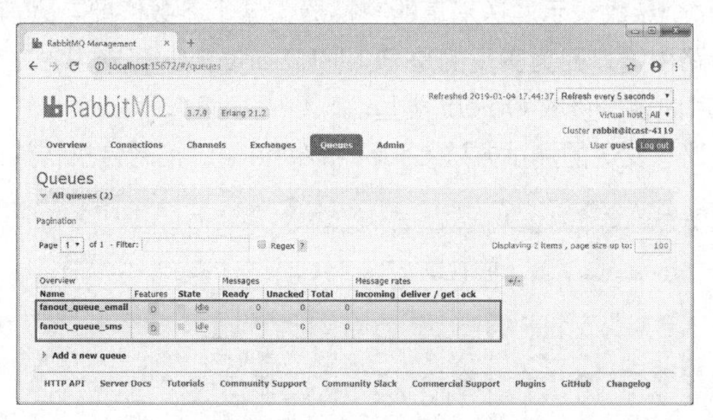

图8-16　Queues队列面板页面

从图 8-16 可以看出，在 Queues 队列面板页面中，展示有定制的消息队列信息，这与程序中定制的消息队列一致。读者可以单击消息队列名称查看每个队列的详情。

通过上述操作可以发现，在管理页面中提供了消息组件交换器、队列的定制功能。在程序中使用 Spring 框架提供的管理员 API 组件 AmqpAdmin 定制消息组件和在管理页面上手动定制消息组件的本质是一样的。

（2）消息发送者发送消息

完成消息组件的定制工作后，创建消息发送者发送消息到消息队列中。发送消息时，借助一个实体类传递消息，需要预先创建一个实体类对象。

首先，在 chapter08 项目中创建名为 com.itheima.domain 的包，并在该包下创建一个实体类 User，内容如文件 8-3 所示。

文件 8-3　User.java

```
1  public class User {
2      private Integer id;
3      private String username;
```

```
4      // 省略属性 getter 和 setter 方法
5      // 省略 toString()方法
6  }
```

其次，在项目测试类 Chapter08ApplicationTests 中使用 Spring 框架提供的 RabbitTemplate 模板类实现消息发送，示例代码如下。

```
@Autowired
private RabbitTemplate rabbitTemplate;
@Test
public void psubPublisher() {
    User user=new User();
    user.setId(1);
    user.setUsername("石头");
    rabbitTemplate.convertAndSend("fanout_exchange","",user);
}
```

上述代码中，先使用@Autowired 注解引入了进行消息中间件管理的 RabbitTemplate 组件对象，然后使用该模板工具类的 convertAndSend(String exchange, String routingKey, Object object)方法进行消息发布。其中，convertAndSend(String exchange, String routingKey, Object object)方法中的第 1 个参数表示发送消息的交换器，这个参数值要与之前定制的交换器名称一致；第 2 个参数表示路由键，因为实现的是 Publish/Subscribe 工作模式，所以不需要指定；第 3 个参数是发送的消息内容，接收 Object 类型。

然后，执行上述消息发送的测试方法 psubPublisher()，控制台执行效果如图 8-17 所示。

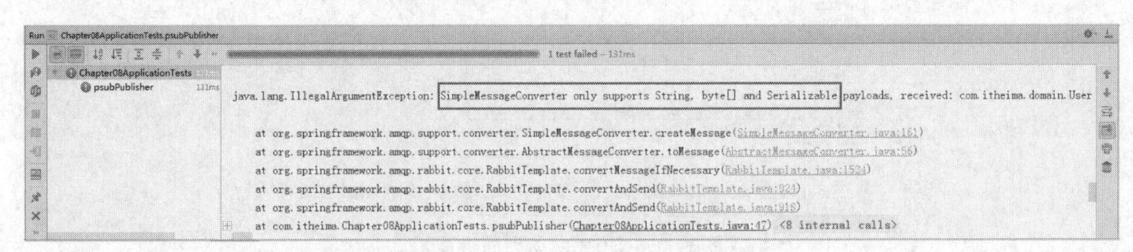

图8-17　psubPublisher()方法执行结果

从图 8-17 可以看出，发送实体类对象消息时程序发生异常，从异常信息“SimpleMessage Converter only supports String, byte[] and Serializable payloads”可以看出，消息发送过程中默认使用了 SimpleMessageConverter 转换器进行消息转换存储，该转换器只支持字符串或实体类对象序列化后的消息。而测试类中发送的是 User 实体类对象消息，所以发生异常。

如果要解决上述消息中间件发送实体类消息出现的异常，通常可以采用两种解决方案：第一种是执行 JDK 自带的 serializable 序列化接口；第二种是定制其他类型的消息转化器。两种实现方式都可行，相对于第二种实现方式而言，第一种方式实现后的可视化效果较差，转换后的消息无法辨识，所以一般使用第二种方式。

在 chapter08 项目中创建名为 com.itheima.config 的包，并在该包下创建一个 RabbitMQ 消息配置类 RabbitMQConfig，内容如文件 8-4 所示。

文件 8-4　RabbitMQConfig.java

```
1  import org.springframework.amqp.support.converter.Jackson2JsonMessageConverter;
2  import org.springframework.amqp.support.converter.MessageConverter;
```

```
3  import org.springframework.context.annotation.Bean;
4  import org.springframework.context.annotation.Configuration;
5  @Configuration
6  public class RabbitMQConfig {
7      @Bean
8      public MessageConverter messageConverter(){
9          return new Jackson2JsonMessageConverter();
10     }
11 }
```

文件 8-4 中，创建了一个 RabbitMQ 消息配置类 RabbitMQConfig，并在该配置类中通过 @Bean 注解自定义了一个 Jackson2JsonMessageConverter 类型的消息转换器组件，该组件的返回值必须为 MessageConverter 类型。

再次执行 psubPublisher()方法，该方法执行成功后，查看 RabbitMQ 可视化管理页面 Queues 面板信息，具体如图 8-18 所示。

从图 8-18 可以看出，消息发送完成后，Publish/Subscribe 工作模式下绑定的两个消息队列中各自拥有一条待接收的消息，由于目前尚未提供消息消费者，所以刚才测试类发送的消息会暂存在队列中。进入队列详情页面查看消息，效果如图 8-19 所示。

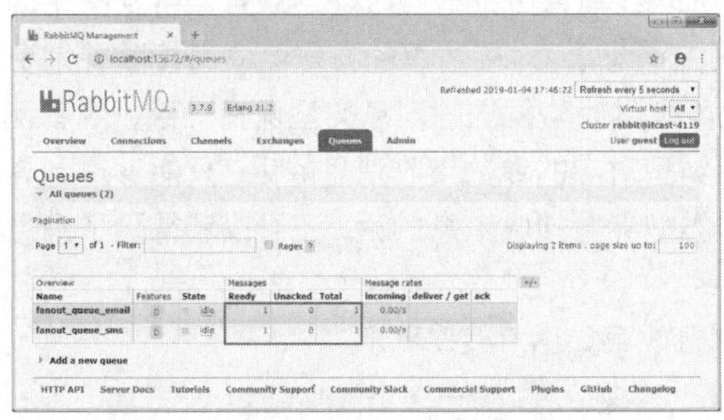

图8-18 序列化后的Queues面板信息页面

图8-19 队列详情页面

从图 8-19 可以看出，在消息队列中存储有指定发送的消息详情和其他参数信息，这与程序指定发送的信息完全一致。

（3）消息消费者接收消息

在 chapter08 项目中创建名为 com.itheima.service 的包，并在该包下创建一个针对 RabbitMQ 消息中间件进行消息接收和处理的业务类 RabbitMQService，内容如文件 8-5 所示。

文件 8-5 RabbitMQService.java

```
1  import org.springframework.amqp.core.Message;
2  import org.springframework.amqp.rabbit.annotation.RabbitListener;
3  import org.springframework.stereotype.Service;
4  @Service
5  public class RabbitMQService {
6      /**
7       * Publish/Subscribe 工作模式接收、处理邮件业务
8       */
9      @RabbitListener(queues = "fanout_queue_email")
10     public void psubConsumerEmail(Message message) {
```

```
11          byte[] body = message.getBody();
12          String s = new String(body);
13          System.out.println("邮件业务接收到消息： "+s);
14
15      }
16      /**
17       * Publish/Subscribe 工作模式接收、处理短信业务
18       */
19      @RabbitListener(queues = "fanout_queue_sms")
20      public void psubConsumerSms(Message message) {
21          byte[] body = message.getBody();
22          String s = new String(body);
23          System.out.println("短信业务接收到消息： "+s);
24      }
25  }
```

文件 8-5 中，创建了一个接收处理 RabbitMQ 消息的业务处理类 RabbitMQService，在该类中使用 Spring 框架提供的@RabbitListener 注解监听队列名称为 fanout_queue_email 和 fanout_queue_sms 的消息，监听的这两个队列是前面指定发送并存储消息的消息队列。

需要说明的是，使用@RabbitListener 注解监听队列消息后，一旦服务启动且监听到指定的队列中有消息存在（目前两个队列中各有一条相同的消息），对应注解的方法会立即接收并消费队列中的消息。另外，在接收消息的方法中，参数类型可以与发送的消息类型保持一致，或者使用 Object 类型和 Message 类型。如果使用与消息类型对应的参数接收消息的话，只能够得到具体的消息体信息；如果使用 Object 或者 Message 类型参数接收消息的话，还可以获得除了消息体外的消息参数信息 MessageProperties。

成功启动 chapter08 后，控制台显示的消息消费效果如图 8-20 所示。

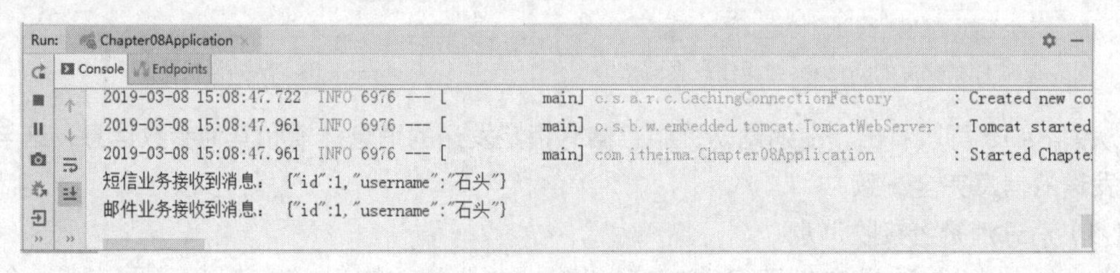

图8-20 消息消费效果

从图 8-20 可以看出，项目启动成功后，消息消费者监听到消息队列中存在的两条消息，并进行了各自的消费。与此同时，通过 RabbitMQ 可视化管理页面的 Queues 面板查看队列消息情况，会发现两个队列中存储的消息已经被消费。至此，一条完整的消息发送、消息中间件存储、消息消费的 Publish/Subscribe 工作模式的业务案例已经实现。

文件 8-5 中，使用的是开发中常用的@RabbitListener 注解监听指定名称队列的消息情况，这种方式会在监听到指定队列存在消息后立即进行消费处理。除此之外，还可以使用 RabbitTemplate 模板类的 receiveAndConvert(String queueName)方法手动消费指定队列中的消息。

2. 基于配置类的方式

基于配置类的方式主要讲的是使用 Spring Boot 框架提供的@Configuration 注解配置类定制消息发送组件，并进行消息发送。下面我们来对这种基于配置类的方式进行讲解和演示。

打开 RabbitMQ 消息配置类 RabbitMQConfig，在该配置类中使用基于配置类的方式定制消息发送相关组件，修改后的内容如文件 8-6 所示。

文件 8-6　RabbitMQConfig.java

```
1  import org.springframework.amqp.core.*;
2  import org.springframework.amqp.support.converter.Jackson2JsonMessageConverter;
3  import org.springframework.amqp.support.converter.MessageConverter;
4  import org.springframework.context.annotation.Bean;
5  import org.springframework.context.annotation.Configuration;
6  @Configuration
7  public class RabbitMQConfig {
8      // 自定义消息转换器
9      @Bean
10     public MessageConverter messageConverter(){
11         return new Jackson2JsonMessageConverter();
12     }
13     // 1.定义 fanout 类型的交换器
14     @Bean
15     public Exchange fanout_exchange(){
16         return ExchangeBuilder.fanoutExchange("fanout_exchange").build();
17     }
18     // 2.定义两个不同名称的消息队列
19     @Bean
20     public Queue fanout_queue_email(){
21         return new Queue("fanout_queue_email");
22     }
23     @Bean
24     public Queue fanout_queue_sms(){
25         return new Queue("fanout_queue_sms");
26     }
27     // 3.将两个不同名称的消息队列与交换器进行绑定
28     @Bean
29     public Binding bindingEmail(){
30         return
31     BindingBuilder.bind(fanout_queue_email()).to(fanout_exchange()).with("").noargs();
32     }
33     @Bean
34     public Binding bindingSms(){
35         return
36       BindingBuilder.bind(fanout_queue_sms()).to(fanout_exchange()).with("").noargs();
37     }
38 }
```

文件 8-6 中，使用@Bean 注解定制了 3 种类型的 Bean 组件，这 3 种组件分别表示交换器、消息队列和消息队列与交换器的绑定。这种基于配置类方式定制的消息组件内容和基于 API 方式定制的消息组件内容完全一样，只不过是实现方式不同而已。

按照消息服务整合实现步骤，完成消息组件的定制后，还需要编写消息发送者和消息消费者，而在基于 API 的方式中已经实现了消息发送者和消息消费者，并且基于配置类方式定制的消息组件名称和之前测试用的消息发送和消息消费组件名称都是一致的，所以这里可以直接重复使用。

重新运行消息发送者测试方法 psubPublisher()，消息消费者可以自动监听并消费消息队列中存在的消息，效果与基于 API 的方式测试效果一样。

3. 基于注解的方式

基于注解的方式指的是使用 Spring 框架的@RabbitListener 注解定制消息发送组件并发送消息。下面我们来对这种基于注解的方式进行讲解和演示。

打开进行消息接收和处理的业务类 RabbitMQService，将针对邮件业务和短信业务处理的消息消费者方法进行注释，使用@RabbitListener 注解及其相关属性定制消息发送组件，修改后的内容如文件 8-7 所示。

文件 8-7 RabbitMQService.java

```
1  import com.itheima.domain.User;
2  import org.springframework.amqp.rabbit.annotation.Exchange;
3  import org.springframework.amqp.rabbit.annotation.Queue;
4  import org.springframework.amqp.rabbit.annotation.QueueBinding;
5  import org.springframework.amqp.rabbit.annotation.RabbitListener;
6  import org.springframework.stereotype.Service;
7  @Service
8  public class RabbitMQService {
9      /**
10      *  **使用基于注解的方式实现消息服务
11      * 1.1 Publish/Subscribe 工作模式接收、处理邮件业务
12      */
13     @RabbitListener(bindings =@QueueBinding(value =
14                                @Queue("fanout_queue_email"), exchange =
15                                @Exchange(value = "fanout_exchange",type = "fanout")))
16     public void psubConsumerEmailAno(User user) {
17         System.out.println("邮件业务接收到消息： "+user);
18     }
19     /**
20      * 1.2 Publish/Subscribe 工作模式接收、处理短信业务
21      */
22     @RabbitListener(bindings =@QueueBinding(value =
23                                @Queue("fanout_queue_sms"),exchange =
24                                @Exchange(value = "fanout_exchange",type = "fanout")))
25     public void psubConsumerSmsAno(User user) {
26         System.out.println("短信业务接收到消息： "+user);
27     }
28 }
```

在文件 8-7 中，使用@RabbitListener 注解及其相关属性定制了两个消息组件的消费者，这两个消费者都接收实体类 User 并消费。在@RabbitListener 注解中，bindings 属性用于创建并绑定交换器和消息队列组件，需要注意的是，为了能使两个消息组件的消费者接受到实体类 User，需要我们在定制交换器时将交换器类型 type 设置为 fanout。另外，bindings 属性的@QueueBinding 注解除了有 value、type 属性外，还有 key 属性用于定制路由键 routingKey（当

前发布订阅模式不需要）。

重启测试方法 psubPublisher()，消息消费者可以自动监听并消费消息队列中存在的消息了，效果也与基于 API 的方式测试效果一样。

至此，在 Spring Boot 中完成了使用基于 API、基于配置类和基于注解这 3 种方式来实现 Publish/Subscribe 工作模式的整合讲解。在这 3 种实现消息服务的方式中，基于 API 的方式相对简单、直观，但容易与业务代码产生耦合；基于配置类的方式相对隔离、容易统一管理、符合 Spring Boot 框架思想；基于注解的方式清晰明了、方便各自管理，但是也容易与业务代码产生耦合。在实际开发中，使用基于配置类的方式和基于注解的方式定制组件实现消息服务较为常见，使用基于 API 的方式偶尔使用，具体还需要根据实际情况进行选择。

8.4.2 Routing（路由模式）

下面我们以不同级别日志信息采集处理这一场景为例，使用基于注解的方式来实现 Routing 路由模式的整合讲解。

1. 使用基于注解的方式定制消息组件和消息消费者

打开进行消息接收和处理的业务类 RabbitMQService，在该类中使用@RabbitListener 注解及其相关属性定制 Routing 路由模式的消息组件，并模拟编写消息消费者接收的方法，示例代码如下。

```
/**
 *  2.1 路由模式消息接收、处理 error 级别日志信息
 */
@RabbitListener(bindings =@QueueBinding(value =
                              @Queue("routing_queue_error"),exchange =
                              @Exchange(value = "routing_exchange",type = "direct"),
                              key = "error_routing_key"))
public void routingConsumerError(String message) {
    System.out.println("接收到 error 级别日志消息：  "+message);
}
/**
 *  2.2 路由模式消息接收、处理 info、error、warning 级别日志信息
 */
@RabbitListener(bindings =@QueueBinding(value =
                             @Queue("routing_queue_all"),exchange =
                             @Exchange(value = "routing_exchange",type = "direct"),
                  key = {"error_routing_key","info_routing_key","warning_routing_key"}))
public void routingConsumerAll(String message) {
    System.out.println("接收到 info、error、warning 等级别日志消息：  "+message);
}
```

上述代码中，在消息业务处理类 RabbitMQService 中新增了两个用来处理 Routing 路由模式的消息消费者方法，在两个消费者方法上使用@RabbitListener 注解及其相关属性定制了路由模式下的消息服务组件。从示例代码可以看出，与发布订阅模式下的注解相比，Routing 路由模式下的交换器类型 type 属性为 direct，而且还必须指定 key 属性（每个消息队列可以映射多个路由键，而在 Spring Boot 1.X 版本中，@QueueBinding 中的 key 属性只接收 Spring 类型而不接收 Spring[]类型）。

2. 消息发送者发送消息

打开项目测试类 Chapter08ApplicationTests，在该测试类中使用 RabbitTemplate 模板类实现 Routing 路由模式下的消息发送，示例代码如下。

```
// 2.Routing 工作模式消息发送端
@Test
public void routingPublisher() {
    rabbitTemplate.convertAndSend("routing_exchange","error_routing_key",
                                  "routing send  error message");
}
```

上述代码中，通过调用 RabbitTemplate 的 converAndSend(String exchange, String routingKey, Object object)方法发送消息。在 Routing 工作模式下发送消息时，必须指定路由键参数，该参数要与消息队列映射的路由键保持一致，否则发送的消息将会丢失。本次示例中使用的是 error_routing_key 路由键，根据定制规则，编写的两个消息消费者方法应该都可以正常接收并消费该发送端发送的消息。

直接执行上述消息发送的测试方法 routingPublisher()，控制台效果如图 8-21 所示。

如图 8-21 所示，控制台打印出消息消费者获取的信息，可以看出两个消息消费者都对 error_routing_key 路由键的 error 级别日志信息进行了消费。

修改 routingPublisher()方法中的消息发送参数，调整发送 info 级别的日志信息（注意同时修改 info_routing_key 路由键），再次启动 routingPublisher()方法，控制台效果如图 8-22 所示。

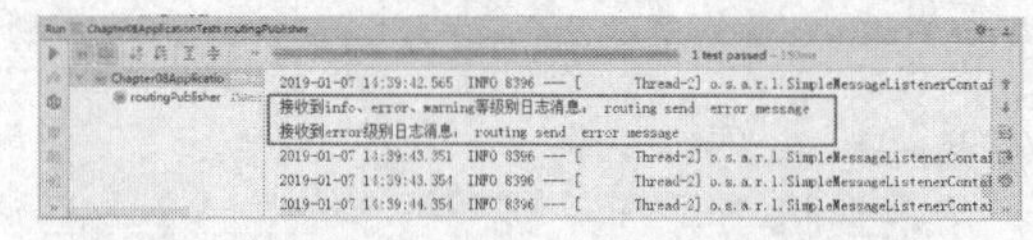

图8-21　routingPublisher()方法执行结果1

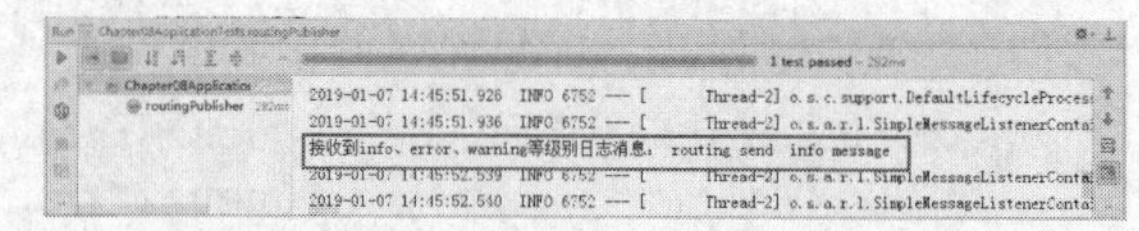

图8-22　routingPublisher()方法执行结果2

如图 8-22 所示，控制台打印出使用 info_routing_key 路由键发送 info 级别的日志信息，说明只有配置映射 info_routing_key 路由键的消息消费者的方法消费了消息。

通过 RabbitMQ 可视化管理页面查看自动定制的 Routing 路由模式的消息组件，如图 8-23 所示。

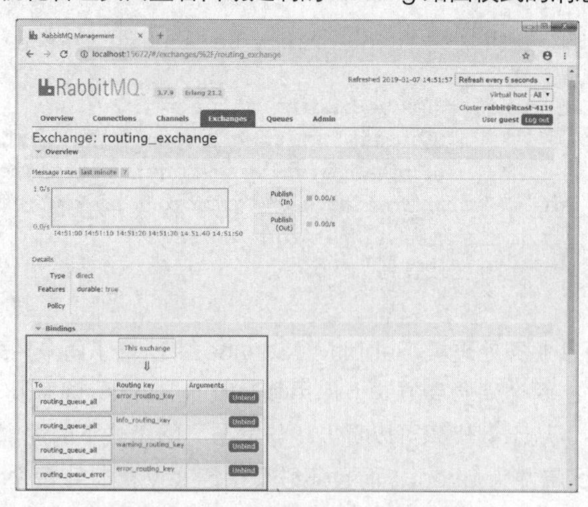

图8-23　Routing路由模式定制组件效果

从图 8-23 可以看出，使用基于注解的方式同样自动生成了 Routing 路由模式下的消息组件，并进行了自动绑定。

8.4.3 Topics（通配符模式）

下面我们以不同用户对邮件和短信的订阅需求这一场景为例，使用基于注解的方式来实现 Topics 通配符模式的整合讲解。

1. 使用基于注解的方式定制消息组件和消息消费者

打开进行消息接收和处理的业务类 RabbitMQService，在该类中使用@RabbitListener 注解及其相关属性定制 Topics 通配符模式的消息组件，并模拟编写消息消费者接收的方法，示例代码如下。

```
/**
 *  3.1 通配符模式消息接收、进行邮件业务订阅处理
*/
@RabbitListener(bindings =@QueueBinding(value =
                            @Queue("topic_queue_email"),exchange =
                            @Exchange(value = "topic_exchange",type = "topic"),
                            key = "info.#.email.#"))
public void topicConsumerEmail(String message) {
    System.out.println("接收到邮件订阅需求处理消息： "+message);
}
/**
 *  3.2 通配符模式消息接收、进行短信业务订阅处理
*/
@RabbitListener(bindings =@QueueBinding(value =
                            @Queue("topic_queue_sms"),exchange =
                            @Exchange(value = "topic_exchange",type = "topic"),
                            key = "info.#.sms.#"))
public void topicConsumerSms(String message) {
    System.out.println("接收到短信订阅需求处理消息： "+message);
}
```

上述代码中，在消息业务处理类 RabbitMQService 中新增了两个处理 Topics 通配符模式的消息消费者方法，在两个消费者方法上使用@RabbitListener 注解及其相关属性定制了通配符模式下的消息组件。从上述示例可以看出，Topics 通配符模式下注解使用方式与 Routing 路由模式的使用基本一样，主要是将交换器类型 type 修改为了 topic，还分别使用通配符的样式指定路由键 routingKey。

2. 消息发送者发送消息

在项目测试类 Chapter08ApplicationTests 中使用 RabbitTemplate 模板类实现 Routing 路由模式下的消息发送，示例代码如下。

```
//  3.Topcis 工作模式消息发送端
@Test
public void topicPublisher() {
    // (1)只发送邮件订阅用户消息
    rabbitTemplate.convertAndSend("topic_exchange","info.email",
                                  "topics send  email message");
```

```
    // (2)只发送短信订阅用户消息
//  rabbitTemplate.convertAndSend("topic_exchange","info.sms",
//                              "topics send  sms message");
    // (3)发送同时订阅邮件和短信的用户消息
//  rabbitTemplate.convertAndSend("topic_exchange","info.email.sms",
//                              "topics send  email and sms message");
}
```

针对不同的用户订阅需求，使用 RabbitTemplate 模板工具类的 convertAndSend（String exchange，String routingKey，Object object）方法发送不同的消息，发送消息时，必须根据具体需求和已经定制的路由键通配符设置具体的路由键。

执行测试方法 topicPublisher()，先进行步骤（1）中邮件订阅用户的消息发送，控制台效果如图 8-24 所示。

从图 8-24 可以看出，消息发送端的测试方法启动完成时在控制台打印出了邮件订阅用户消息消费者获取的消息，这与测试需求相符。

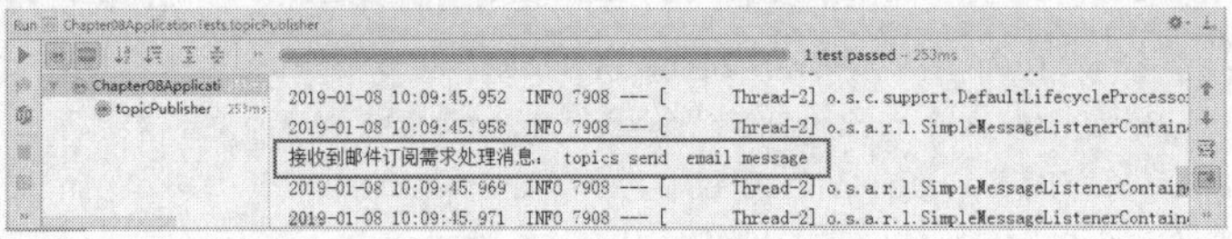

图8-24　topicPublisher()方法执行步骤（1）效果

将测试方法 topicPublisher()中的步骤（1）调用方法进行注释，打开步骤（2）中只进行短信订阅用户的消息发送方法，并再次启动该测试方法，控制台效果如图 8-25 所示。

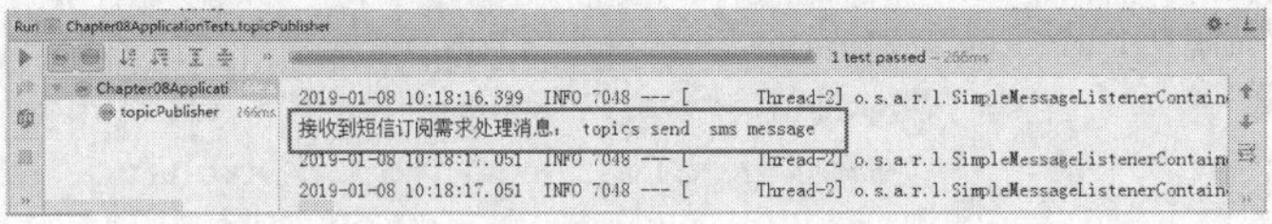

图8-25　topicPublisher()方法执行步骤（2）效果

从图 8-25 中可以看出，消息发送端的测试方法在启动完成时，会在控制台打印消费者获取短信订阅用户方法的消息，这与测试需求相符。

为了查看 topicPublisher()中步骤（3）的效果，我们需要把步骤（2）的代码注释，步骤（3）的代码主要进行邮件和短信订阅用户的消息发送方法，项目重新启动后的效果如图 8-26 所示。

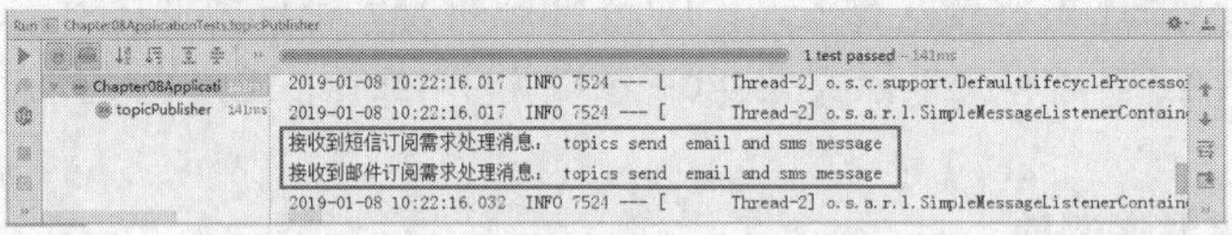

图8-26　topicPublisher()方法执行步骤（3）效果

从图 8-26 可以看出，消息发送端的测试方法启动完成时在控制台同时打印出了邮件和短信订阅用户消息消费者获取的消息，这与测试需求相符。

与此同时，还可以通过 RabbitMQ 可视化管理页面查看自动定制的 Topics 通配符模式的消息组件，如图 8-27 所示。

从图 8-27 可以看出，使用基于注解的方式自动生成了 Topics 通配符模式下的消息组件，并进行了自动绑定。

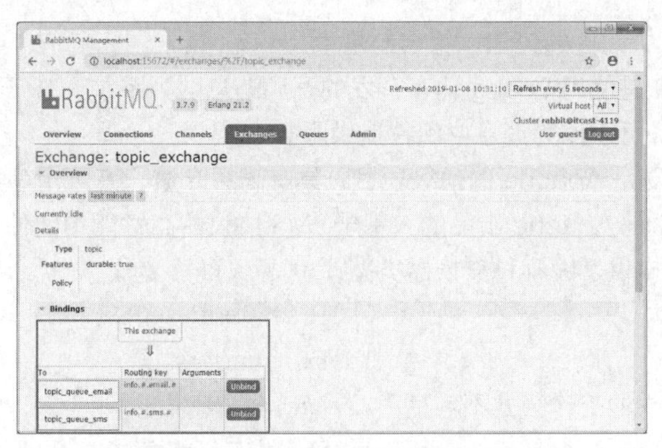

图8-27　Topics通配符模式定制组件效果

8.5 本章小结

本章主要针对 Spring Boot 与 RabbitMQ 消息中间件的整合进行了讲解，包括 RabbitMQ 消息中间件的基本概念与用法、Spring Boot 对 RabbitMQ 工作模式的整合使用。希望通过本章的学习，大家能够掌握 Spring Boot 与 RabbitMQ 整合实现消息服务。

8.6 习题

一、填空题

1. 目前开源的消息中间件常用的有________、RabbitMQ、Kafka、RocketMQ 等。

2. RabbitMQ 是基于________协议的轻量级、可靠、可伸缩和可移植的消息代理。

3. 在 Work queues 工作模式中，连接消息队列的多个消息消费者通过________的方式消费消息。

4. 在 Publish/Subscribe 工作模式中，必须先配置一个________类型的交换器。

5. RabbitMQ 服务默认提供了两个端口号：________和________。

二、判断题

1. ActiveMQ 性能相对较好，在如今的高并发、大数据处理的场景下非常适用。(　　)

2. ActiveMQ 是 Apache 公司出品的、采用 Java 语言编写的基于 JMS 规范的面向消息的中间件。(　　)

3. RabbitMQ 中的 Work queues 工作模式不需要设置交换器。(　　)

4. 在 Publish/Subscribe 工作模式中，每个消息消费者都会接收消息。(　　)

5. Spring Boot 中加入 RabbitMQ 依赖后，无须任何配置就可以使用 RabbitMQ 消息中间件。(　　)

三、选择题

1. 开发中，使用到消息服务的需求场景主要包括 (　　)。(多选)

A. 异步处理　　B. 应用解耦

C. 流量削锋　　D. 分布式事务管理

2. 以下关于消息中间件的说法，错误的是（　　）。
   A. RabbitMQ 是使用 Erlang 语言开发的开源消息队列系统，基于 AMQP 协议
   B. Redis 服务可以作为消息中间件提供服务
   C. RocketMQ 是 Apache 的顶级项目，具有高吞吐量、高可用等特点
   D. ActiveMQ 是 Apache 出品的、基于 JMS 协议的高性能中间件
3. RabbitMQ 中提供了哪几种交换器类型？（　　）（多选）
   A. direct　　　　B. fanout
   C. topic　　　　D. headers
4. RabbitMQ 提供的工作模式不包括（　　）。
   A. 单点模式　　　　B. 发布订阅模式
   C. 路由模式　　　　D. Headers 模式
5. 以下关于基于注解方式定制 RabbitMQ 消息组件中的相关注解及说法，错误的是（　　）。
   A. 需要使用@EnableRabbit 开启基于注解的支持
   B. @RabbitListener 标记在消息消费者方法上，会立即监听并消费消息队列中的消息
   C. @RabbitListener 注解的 queues 属性可以定制消息队列
   D. @QueueBinding 注解包括有 value、type、key 等属性

9 Chapter

第9章 Spring Boot任务管理

Spring Boot

学习目标

- 熟悉 Spring Boot 整合异步任务的实现
- 熟悉 Spring Boot 整合定时任务的实现
- 熟悉 Spring Boot 整合邮件任务的实现

开发 Web 应用时，多数应用都具备任务调度功能。常见的任务包括异步任务、定时任务和发邮件任务。我们以数据库报表为例看看任务调度如何帮助改善系统设计。报表可能是错综复杂的，用户可能需要很长时间找到需要的报表数据，此时，我们可以在这个报表应用中添加异步任务减少用户等待时间，从而提高用户体验；除此之外，还可以在报表应用中添加定时任务和邮件任务，以便用户可以安排在任何他们需要的时间定时生成报表，并在 Email 中发送。本章将介绍如何使用 Spring Boot 开发这些常见的任务。

9.1 异步任务

Web 应用开发中，大多数情况都是通过同步方式完成数据交互处理，但是，当处理与第三方系统的交互时，容易造成响应迟缓的情况，之前大部分都是使用多线程完成此类任务，除此之外，还可以使用异步调用的方式完美解决这个问题。根据异步处理方式的不同，可以将异步任务的调用分为无返回值异步任务调用和有返回值异步任务调用，接下来我们在 Spring Boot 项目中分别针对这两种方式讲解。

9.1.1 无返回值异步任务调用

在实际开发中，项目可能会向新注册用户发送短信验证码，这时，可以考虑使用异步任务调用的方式实现，一方面是因为用户对这个时效性要求不是特别高，另一方面在特定时间范围内没有收到验证码，用户可以点击再次发送验证码。下面我们使用 Spring Boot 框架演示这种场景需求，进一步说明无返回值的异步任务调用。

1. Spring Boot 项目创建

使用 Spring Initializr 方式创建一个名为 chapter09 的 Spring Boot 项目，在 Dependencies 依赖中选择 Web 模块中的 Web 依赖。

需要说明的是，Spring 框架提供了对异步任务的支持，Spring Boot 框架继承了这一异步任务功能。在 Spring Boot 中整合异步任务时，只需在项目中引入 Web 模块中的 Web 依赖就可以使用这种异步任务功能。

2. 编写异步调用方法

在 chapter09 项目中创建名为 com.itheima.service 的包，并在该包下创建一个业务实现类 MyAsyncService，在该类中编写模拟用户短信验证码发送的方法，内容如文件 9-1 所示。

文件 9-1　MyAsyncService.java

```
1  import org.springframework.scheduling.annotation.Async;
2  import org.springframework.stereotype.Service;
3  @Service
4  public class MyAsyncService{
5      @Async
6      public void sendSMS() throws Exception {
7          System.out.println("调用短信验证码业务方法…");
8          Long startTime = System.currentTimeMillis();
9          Thread.sleep(5000);
10         Long endTime = System.currentTimeMillis();
```

```
11          System.out.println("短信业务执行完成耗时: " + (endTime - startTime));
12      }
13 }
```

文件 9-1 中，使用@Async 注解将 sendSMS()标注为异步方法，该方法用于模拟发送短信验证码。

3. 开启基于注解的异步任务支持

上一步编写的用户短信验证码发送业务方法中，使用@Async 注解标记了异步方法，如果在 Spring Boot 中希望异步方法生效，还需要使用@EnableAsync 注解开启基于注解的异步任务支持。@EnableAsync 注解通常会添加在项目启动类上，内容如文件 9-2 所示。

文件 9-2 Chapter09Application.java

```
1  import org.springframework.boot.SpringApplication;
2  import org.springframework.boot.autoconfigure.SpringBootApplication;
3  import org.springframework.scheduling.annotation.EnableAsync;
4  @EnableAsync        // 开启基于注解的异步任务支持
5  @SpringBootApplication
6  public class Chapter09Application {
7      public static void main(String[] args) {
8          SpringApplication.run(Chapter09Application.class, args);
9      }
10 }
```

4. 编写控制层业务调用方法

在 chapter09 项目中创建名为 com.itheima.controller 的包，并在该包下创建类 MyAsyncController 用于调用异步方法。在该类中模拟编写用户短信验证码发送的处理方法，内容如文件 9-3 所示。

文件 9-3 MyAsyncController.java

```
1  import com.itheima.service.MyAsyncService;
2  import org.springframework.beans.factory.annotation.Autowired;
3  import org.springframework.web.bind.annotation.GetMapping;
4  import org.springframework.web.bind.annotation.RestController;
5  @RestController
6  public class MyAsyncController {
7      @Autowired
8      private MyAsyncService myService;
9      @GetMapping("/sendSMS")
10     public String sendSMS() throws Exception {
11         Long startTime = System.currentTimeMillis();
12         myService.sendSMS();
13         Long endTime = System.currentTimeMillis();
14         System.out.println("主流程耗时: "+(endTime-startTime));
15         return "success";
16     }
17 }
```

文件 9-3 中，sendSMS()方法模拟发送短信，专门用于处理请求路径为 “/sendSMS” 的请求。

5. 异步任务效果测试

启动 chapter09 项目，项目启动成功后，在浏览器上访问“http://localhost:8080/sendSMS”测试异步任务请求，此时会发现浏览器上会快速响应“success”信息，同时，控制台会输出如图 9-1 所示的信息。

```
Run  Chapter09Application
主流程耗时： 2
调用短信验证码业务方法...
短信业务执行完成耗时：5006
```

图9-1　无返回值异步任务调用效果

从演示结果可以看出，执行 sendSMS() 方法并调用异步方法处理短信业务时，在很短的时间内（2 毫秒）完成了主流程的执行，并向页面响应主流程结果，而在主流程打印输出方法之前调用的异步方法经过一段时间后才执行完毕。因此，从执行结果可以发现，案例中无返回值的异步任务调用成功。

需要说明的是，上述案例中的异步方法是没有返回值的，这样主流程在执行异步方法时不会阻塞，而是继续向下执行主流程程序，直接向页面响应结果，而调用的异步方法会作为一个子线程单独执行，直到异步方法执行完成。

9.1.2　有返回值异步任务调用

在实际开发中，项目中可能会涉及有返回值的异步任务调用。例如，一个程序中需要调用两个业务方法对相关业务数据统计分析，并将统计结果汇总。下面我们使用 Spring Boot 框架演示这种场景需求，进一步说明有返回值的异步任务调用。

1. 编写异步调用方法

在之前创建的 MyAsyncService 异步任务业务处理类中，添加两个模拟有返回值的异步任务业务处理方法，示例代码如下。

```
@Async
public Future<Integer> processA() throws Exception {
    System.out.println("开始分析并统计业务 A 数据…");
    Long startTime = System.currentTimeMillis();
    Thread.sleep(4000);
    // 模拟定义一个假的统计结果
    int count=123456;
    Long endTime = System.currentTimeMillis();
    System.out.println("业务 A 数据统计耗时：" + (endTime - startTime));
    return new AsyncResult<Integer>(count);
}
@Async
public Future<Integer> processB() throws Exception {
    System.out.println("开始分析并统计业务 B 数据…");
    Long startTime = System.currentTimeMillis();
    Thread.sleep(5000);
    // 模拟定义一个假的统计结果
    int count=654321;
    Long endTime = System.currentTimeMillis();
    System.out.println("业务 B 数据统计耗时：" + (endTime - startTime));
    return new AsyncResult<Integer>(count);
}
```

上述代码中，在 MyAsyncService 异步任务业务处理类中添加了两个分别处理业务 A 数据统计的方法 processA()和处理业务 B 数据统计的方法 processB()，在方法上都使用了@Async 注解标记为异步方法。另外，上述两个异步方法都会有一定的处理时间，并且需要返回统计结果，示例中使用了 new AsyncResult<Integer>(count)封装返回的异步结果数据，并将返回值设为 Future<Integer>类型。

2. 编写控制层业务调用方法

在之前创建的异步任务业务处理类 MyAsyncController 中，编写业务数据分析统计的请求处理方法，示例代码如下。

```
@GetMapping("/statistics")
public String statistics() throws Exception {
    Long startTime = System.currentTimeMillis();
    Future<Integer> futureA = myService.processA();
    Future<Integer> futureB = myService.processB();
    int total = futureA.get() + futureB.get();
    System.out.println("异步任务数据统计汇总结果： "+total);
    Long endTime = System.currentTimeMillis();
    System.out.println("主流程耗时： "+(endTime-startTime));
    return "success";
}
```

上述代码中，statistics()方法处理映射路径为“/statistics”的业务数据统计的请求，通过调用异步方法 processA()和 processB()输出主流程的耗时时长。

3. 异步任务效果测试

启动 chapter09 项目，项目启动成功后，在浏览器上访问“http://localhost:8080/statistics”测试异步任务请求，会发现浏览器上响应“success”信息需要一段时间，此时查看控制台输出效果，如图 9-2 所示。

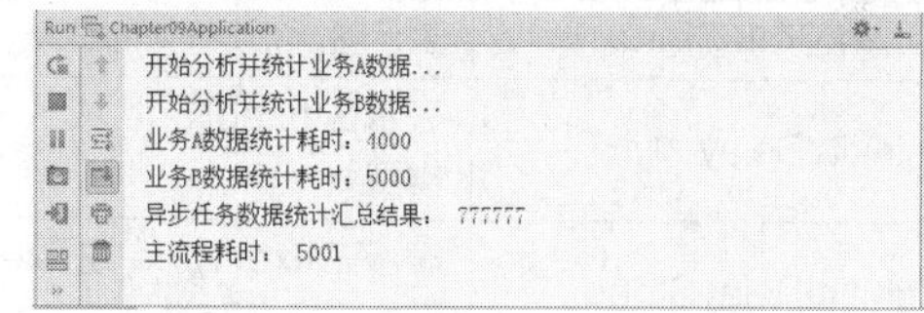

图9-2 有返回值异步任务调用效果

从演示结果可以看出，执行 statistics()方法并调用异步方法处理业务数据统计时，需要耗费一定的时间（5001 毫秒）完成主流程的执行，并向页面响应结果，而在主流程打印输出结果之前一直等待着业务 A 和业务 B 两个异步方法的异步调用处理和结果汇总。因此，从执行结果可以发现，案例中有返回值的异步任务调用成功。

需要说明的是，上述的异步方法是有返回值的，当返回值较多时主流程在执行异步方法是会有短暂阻塞，需要等待并获取异步方法的返回结果，而调用的两个异步方法会作为两个子线程并行执行，直到异步方法执行完成并返回结果，这样主流程会在最后一个异步方法返回结果后跳出阻塞状态。

9.2 定时任务

在实际开发中，可能会有这样一个需求，需要在每天的某个固定时间或者每隔一段时间让程序去执行某一个任务。例如，服务器数据定时在晚上零点备份。通常我们可以使用 Spring 框架提供的 Scheduling Tasks 实现这一定时任务的处理。

9.2.1 定时任务介绍

Spring 框架的定时任务调度功能支持配置和注解两种方式，Spring Boot 不仅继承了 Spring 框架定时任务调度功能，而且可以更好地支持注解方式的定时任务。下面介绍几种定时任务调度的相关注解，具体如下：

1. @EnableScheduling

@EnableScheduling 注解是 Spring 框架提供的，用于开启基于注解方式的定时任务支持，该注解主要用在项目启动类上。

2. @Scheduled

@Scheduled 注解同样是 Spring 框架提供的，配置定时任务的执行规则，该注解主要用在定时业务方法上。@Scheduled 注解提供有多个属性，精细化配置定时任务执行规则，这些属性及说明如表 9-1 所示。

表 9-1 @Scheduled 注解属性及说明

属性	说明
cron	类似于 cron 的表达式，可以定制定时任务触发的秒、分钟、小时、月中的日、月、周中的日
zone	指定 cron 表达式将被解析的时区。默认情况下，该属性是空字符串（即使用服务器的本地时区）
fixedDelay	表示在上一次任务执行结束后在指定时间后继续执行下一次任务（属性值为 long 类型）
fixedDelayString	表示在上一次任务执行结束后在指定时间后继续执行下一次任务（属性值为 long 类型的字符串形式）
fixedRate	表示每隔指定时间执行一次任务（属性值为 long 类型）
fixedRateString	表示每隔指定时间执行一次任务（属性值为 long 类型的字符串形式）
initialDelay	表示在 fixedRate 或 fixedDelay 任务第一次执行之前要延迟的毫秒数（属性值为 long 类型）
initialDelayString	表示在 fixedRate 或 fixedDelay 任务第一次执行之前要延迟的毫秒数（属性值为 long 类型的字符串形式）

下面我们分别针对表 9-1 所述的@Scheduled 注解属性进行讲解并举例说明。

（1）cron 属性

cron 属性是@Scheduled 定时任务注解中最常用也是最复杂的一个属性，其属性值由类似于 cron 表达式的 6 位数组成，可以详细地指定定时任务执行的秒、分、小时、日、月、星期。下面我们通过一个具体的示例说明，示例代码如下。

```
@Scheduled(cron = "0 * * * * MON-FRI")
```

上述代码中，cron=“0 * * * * MON-FRI”表示周一到周五每一分钟执行一次定时任务。第一位表示秒，第二位表示分，第三位表示小时，第四位表示月份中的日，第五位表示月份中的月，第六位星期，*代表的是任意时刻，MON-FRI 代表的是周一到周五。

除此之外，cron 属性值的每一位还支持非常丰富的字段值，具体说明如表 9-2 所示。

表 9-2 cron 属性字段值介绍

字段	可取值	允许的特殊字符
秒	0~59	, - * /
分	0~59	, - * /
小时	0~23	, - * /
日	1~31	, - * / ? L
月	1~12、月份对应英文前3个字母（大小写均可）	, - * /
星期	0~7（0和7表示SUN）、星期对应英文前3个字母（大小写均可）	, - * / ? L

上表9-2中列举了@Schedule注解中cron属性6位字段的可取值，这些字段值除了基本的数字之外还有一些特殊字符。其中，上述特殊字符的具体说明及示例如表9-3所示。

表 9-3 cron 属性字段值特殊字符介绍

特殊字符	说明	示例
,	表示枚举	@Scheduled(cron = "1,3,5 * * * * *")表示任意时间的1、3、5秒钟都会执行
-	表示区间	@Scheduled（cron=“0 0-5 14 * * ?”）表示每天下午2:00~ 2:05期间，每1分钟触发一次
*	表示任意可取值	@Scheduled（cron=“0 0 12 * * ?”）表示每天中午12:00触发一次
/	表示步长	@Scheduled(cron = "0/5 * * * * *")表示从任意时间的整秒开始，每隔5秒都会执行
?	日/星期冲突匹配符	@Scheduled(cron = "0 * * 26 * ?")表示每月的26日每一分钟都执行
L	最后	@Scheduled(cron = "0 0 * L * ?")表示每月最后一日每一小时都执行

需要注意的是，注解@Scheduled的cron属性与cron的表达式并不完全一致，@Scheduled的cron属性只提供6位字段赋值。cron表达式支持的特殊字符在@Scheduled的cron属性中是不支持的，例如，字符C、W、#可以作为cron表达式的字符，但是无法作为@Scheduled的cron属性值。

（2）zone属性

zone属性主要与cron属性配合使用，指定解析cron属性值的时区。通常情况下，不需要指定zone属性，cron属性值会自动以服务器所在区域作为本地时区进行表达式解析。例如，中国地区服务器的时区通常默认为Asia/Shanghai。

（3）fixedDelay和fixedDelayString属性

fixedDelay和fixedDelayString属性的作用类似，用于在上一次任务执行完毕后，一旦到达指定时间就继续执行下一次任务。两者的区别在于属性值的类型不同，fixedDelay属性值为long类型，而fixedDelayString属性值是数值字符串。下面我们通过一个具体示例说明，示例代码如下。

```
@Scheduled(fixedDelay = 5000)
@Scheduled(fixedDelayString = "5000")
```

上述代码中，fixedDelay = 5000和fixedDelayString = "5000"都表示在程序启动后会立即执行一次定时任务，然后在任务执行结束后，相隔5秒（5000毫秒）重复执行定时任务。

（4）fixedRate和fixedRateString属性

fixedRate和fixedRateString属性的作用类似，指定每相隔一段时间重复执行一次定时任务。它们的主要区别是属性值的类型不同，其中fixedRate属性值为long类型，fixedRateString属性值为数值字符串。下面我们通过一个具体的示例说明，示例代码如下。

```
@Scheduled(fixedRate = 5000)
@Scheduled(fixedRateString = "5000")
```

上述代码中，fixedRate = 5000 和 fixedRateString = "5000"都表示在程序启动后会立即执行一次定时任务，然后相隔 5 秒（5000 毫秒）重复执行定时任务。

需要说明的是，fixedRate/fixedRateString 属性与 fixedDelay/fixedDelayString 属性的作用有些类似，都是相隔一段时间再重复执行定时任务。它们主要区别是：fixedDelay/fixedDelayString 属性的下一次执行时间必须是在上一次任务执行完成后开始计时；fixedRate/fixedRateString 属性的下一次执行时间是在上一次任务执行开始时计时，如果遇到配置相隔时间小于定时任务执行时间，那么下一次任务会在上一次任务执行完成后立即重复执行。

（5）initialDelay 和 initialDelayString 属性

initialDelay 和 initialDelayString 属性的作用类似，主要是与 fixedRate/fixedRateString 或者 fixedDelay/fixedDelayString 属性配合使用，指定定时任务第一次执行的延迟时间，然后再按照各自相隔时间重复执行任务。下面我们通过一个具体的示例说明，示例代码如下。

```
@Scheduled(initialDelay=1000, fixedDelay=5000)
@Scheduled(initialDelay=1000, fixedRate=5000)
```

上述代码在程序启动后，会延迟 1 秒（1000 毫秒）后再执行第一次定时任务，然后相隔 5 秒（5000 毫秒）重复执行定时任务。

9.2.2 定时任务实现

下面我们使用 Spring Boot 框架实现一个简单的定时任务。

1. 编写定时任务业务处理方法

在项目的 com.itheima.service 的包下新建一个定时任务管理的业务处理类 ScheduledTaskService，并在该类中编写对应的定时任务处理方法，内容如文件 9-4 所示。

文件 9-4 ScheduledTaskService.java

```
1  import org.springframework.scheduling.annotation.Scheduled;
2  import org.springframework.stereotype.Service;
3  import java.text.SimpleDateFormat;
4  import java.util.Date;
5  @Service
6  public class ScheduledTaskService {
7      private static final SimpleDateFormat dateFormat =
8              new SimpleDateFormat("yyyy-MM-dd HH:mm:ss");
9      private Integer count1 = 1;
10     private Integer count2 = 1;
11     private Integer count3 = 1;
12     @Scheduled(fixedRate = 60000)
13     public void scheduledTaskImmediately() {
14         System.out.println(String.format("fixedRate 第%s 次执行,当前时间为:%s",
15                             count1++, dateFormat.format(new Date())));
16     }
17     @Scheduled(fixedDelay = 60000)
18     public void scheduledTaskAfterSleep() throws InterruptedException {
```

```
19          System.out.println(String.format("fixedDelay第%s次执行，当前时间为：%s",
20                              count2++, dateFormat.format(new Date())));
21          Thread.sleep(10000);
22      }
23      @Scheduled(cron = "0 * * * * *")
24      public void scheduledTaskCron(){
25          System.out.println(String.format("cron第%s次执行，当前时间为：%s",
26                              count3++, dateFormat.format(new Date())));
27      }
28  }
```

文件9-4中，使用@Scheduled注解声明了3个定时任务方法，这3个方法定制的执行规则基本相同，都是每隔1分钟重复执行一次定时任务。在使用fixedDelay属性的方法scheduled TaskAfterSleep()中，使用Thread.sleep(10000)模拟该定时任务处理耗时为10秒。需要说明的是，Spring Boot使用定时任务相关注解时，必须先引入Spring框架依赖。由于这里之前创建的项目引入了Web依赖，Web依赖包含了Spring框架依赖，因此这里可以直接使用相关注解。

2. 开启基于注解的定时任务支持

为了使Spring Boot中基于注解方式的定时任务生效，还需要在项目启动类上使用@EnableScheduling注解开启基于注解的定时任务支持，内容如文件9-5所示。

文件9-5　Chapter09Application.java

```
1  import org.springframework.boot.SpringApplication;
2  import org.springframework.boot.autoconfigure.SpringBootApplication;
3  import org.springframework.scheduling.annotation.EnableAsync;
4  import org.springframework.scheduling.annotation.EnableScheduling;
5  @EnableScheduling      // 开启基于注解的定时任务支持
6  @EnableAsync           // 开启基于注解的异步任务支持
7  @SpringBootApplication
8  public class Chapter09Application {
9      public static void main(String[] args) {
10         SpringApplication.run(Chapter09Application.class, args);
11     }
12 }
```

3. 定时任务效果测试

启动chapter09项目，项目启动过程中仔细查看控制台输出效果，如图9-3所示。

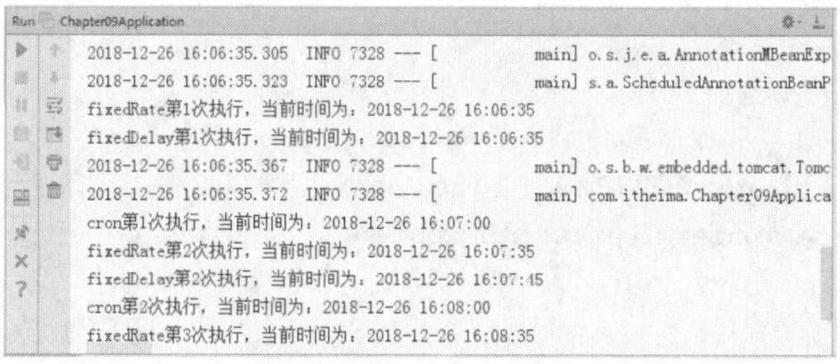

```
Run  Chapter09Application
2018-12-26 16:06:35.305  INFO 7328 --- [           main] o.s.j.e.a.AnnotationMBeanExp
2018-12-26 16:06:35.323  INFO 7328 --- [           main] s.a.ScheduledAnnotationBeanP
fixedRate第1次执行，当前时间为：2018-12-26 16:06:35
fixedDelay第1次执行，当前时间为：2018-12-26 16:06:35
2018-12-26 16:06:35.367  INFO 7328 --- [           main] o.s.b.w.embedded.tomcat.Tomc
2018-12-26 16:06:35.372  INFO 7328 --- [           main] com.itheima.Chapter09Applica
cron第1次执行，当前时间为：2018-12-26 16:07:00
fixedRate第2次执行，当前时间为：2018-12-26 16:07:35
fixedDelay第2次执行，当前时间为：2018-12-26 16:07:45
cron第2次执行，当前时间为：2018-12-26 16:08:00
fixedRate第3次执行，当前时间为：2018-12-26 16:08:35
```

图9-3　定时任务调用效果

从演示结果可以看出，项目启动成功后，配置@Scheduled注解的fixedRate和fixedDelay属性的定时方法会立即执行一次，配置cron属性的定时方法会在整数分钟时间点首次执行；接着，配置 fixedRate 和 cron 属性的方法会每隔 1 分钟重复执行一次定时任务，而配置 fixedDelay 属性的方法是在上一次方法执行完成后再相隔 1 分钟重复执行一次定时任务。

9.3 邮件任务

在实际开发中，邮件发送服务应该是网站的必备功能之一，例如用户注册验证、忘记密码、给用户发送营销信息等。在早期开发过程中，开发人员通常会使用 JavaMail 相关 API 实现邮件发送功能，后来 Spring 推出 JavaMailSender 简化了邮件发送的过程和实现，Spring Boot 框架对 Spring 提出的邮件发送服务也进行了整合支持。下面我们就针对 Spring Boot 框架整合支持的邮件任务进行讲解。

9.3.1 发送纯文本邮件

邮件发送任务中，最简单的莫过于纯文本邮件的发送。在定制纯文本邮件时，只需要指定收件人邮箱账号、邮件标题和邮件内容即可。下面我们先使用 Spring Boot 框架实现纯文本邮件的发送任务。

1. 添加邮件服务依赖启动器

打开项目 chapter09 的 pom.xml 文件，在该依赖文件中添加 Spring Boot 整合支持的邮件服务依赖启动器 spring-boot-starter-mail，示例代码如下。

```
<dependency>
    <groupId>org.springframework.boot</groupId>
    <artifactId>spring-boot-starter-mail</artifactId>
</dependency>
```

当添加上述依赖后，Spring Boot 自动配置的邮件服务会生效，在邮件发送任务时，可以直接使用 Spring 框架提供的 JavaMailSender 接口或者它的实现类 JavaMailSenderImpl。

2. 添加邮件服务配置

在项目中添加邮件服务依赖启动器后，还需要在配置文件中添加邮件服务相关的配置，确保邮件服务正常发送。打开项目的 application.properties 全局配置文件，在该文件中添加发件人邮箱服务配置和邮件服务超时的相关配置，内容如文件 9-6 所示。

文件 9-6 application.properties

```
1  # 发件人邮箱服务器相关配置
2  spring.mail.host=smtp.qq.com
3  spring.mail.port=587
4  # 配置个人 QQ 账户和密码（密码是加密后的授权码）
5  spring.mail.username=2127269781@qq.com
6  spring.mail.password=ijdjokspcbnzfbfa
7  spring.mail.default-encoding=UTF-8
8  # 邮件服务超时时间配置
9  spring.mail.properties.mail.smtp.connectiontimeout=5000
10 spring.mail.properties.mail.smtp.timeout=3000
11 spring.mail.properties.mail.smtp.writetimeout=5000
```

文件 9-6 中，主要添加了发件人邮箱服务配置和邮件服务超时配置两部分内容。其中，发件人邮箱服务配置中，必须明确发件人邮箱对应的服务器主机（host）、端口号（port）以及用于发件人认证的用户名（username）和密码（password）。本示例中配置的发件人邮箱是QQ邮箱，如果读者配置的是其他邮箱（例如163、搜狐等），必须更改对应的主机、端口号以及用户名和密码；另外，配置的QQ邮箱密码不是原始密码，而是通过手机短信验证后的授权码。

邮件服务超时配置可以灵活更改超时时间，如果没有配置邮件服务超时的话，Spring Boot内部默认超时是无限制的，这可能会造成线程被无响应的邮件服务器长时间阻塞。

3. 定制邮件发送服务

先以发送纯文本邮件为例，在之前创建的com.itheima.service的包中，新建一个邮件发送任务管理的业务处理类SendEmailService，并在该类中编写一个发送纯文本邮件的业务方法，内容如文件9-7所示。

文件9-7 SendEmailService.java

```
1  import org.springframework.beans.factory.annotation.Autowired;
2  import org.springframework.beans.factory.annotation.Value;
3  import org.springframework.mail.MailException;
4  import org.springframework.mail.SimpleMailMessage;
5  import org.springframework.mail.javamail.JavaMailSenderImpl;
6  import org.springframework.stereotype.Service;
7  @Service
8  public class SendEmailService {
9      @Autowired
10     private JavaMailSenderImpl mailSender;
11     @Value("${spring.mail.username}")
12     private String from;
13     public void sendSimpleEmail(String to,String subject,String text){
14         // 定制纯文本邮件信息SimpleMailMessage
15         SimpleMailMessage message = new SimpleMailMessage();
16         message.setFrom(from);
17         message.setTo(to);
18         message.setSubject(subject);
19         message.setText(text);
20         try {
21             // 发送邮件
22             mailSender.send(message);
23             System.out.println("纯文本邮件发送成功");
24         } catch (MailException e) {
25             System.out.println("纯文本邮件发送失败"+e.getMessage());
26             e.printStackTrace();
27         }
28     }
29 }
```

文件9-7中，编写了一个发送纯文本邮件的sendSimpleEmail()方法，在方法中通过SimpleMailMessage类定制了邮件信息的发件人地址（From）、收件人地址（To）、邮件标题（Subject）和邮件内容（Text），最后使用JavaMailSenderImpl的send()方法实现纯文本邮件发送。

4. 纯文本邮件发送效果测试

在项目测试类Chapter09ApplicationTests中调用SendEmailService类中编写的纯文本邮

件发送方法实现邮件发送效果测试，内容如文件 9-8 所示。

文件 9-8 Chapter09ApplicationTests.java

```
1  import com.itheima.service.SendEmailService;
2  import org.junit.Test;
3  import org.junit.runner.RunWith;
4  import org.springframework.beans.factory.annotation.Autowired;
5  import org.springframework.boot.test.context.SpringBootTest;
6  import org.springframework.test.context.junit4.SpringRunner;
7  @RunWith(SpringRunner.class)
8  @SpringBootTest
9  public class Chapter09ApplicationTests {
10     @Autowired
11     private SendEmailService sendEmailService;
12     @Test
13     public void sendSimpleMailTest() {
14         String to="2127269781@qq.com";
15         String subject="【纯文本邮件】标题";
16         String text="Spring Boot 纯文本邮件发送内容测试……";
17         // 发送纯文本邮件
18         sendEmailService.sendSimpleEmail(to,subject,text);
19     }
20 }
```

文件 9-8 中，先定制了纯文本邮件发送方法所需要的参数（示例中定制了给自己邮箱发送邮件），然后调用业务方法实现了纯文本邮件发送。

直接启动单元测试方法 sendSimpleMailTest()，控制台效果如图 9-4 所示。

从图 9-4 可以看出，控制台打印了“纯文本邮件发送成功”的提示信息。打开收件人邮箱查看刚发送的邮件，效果如图 9-5 所示。

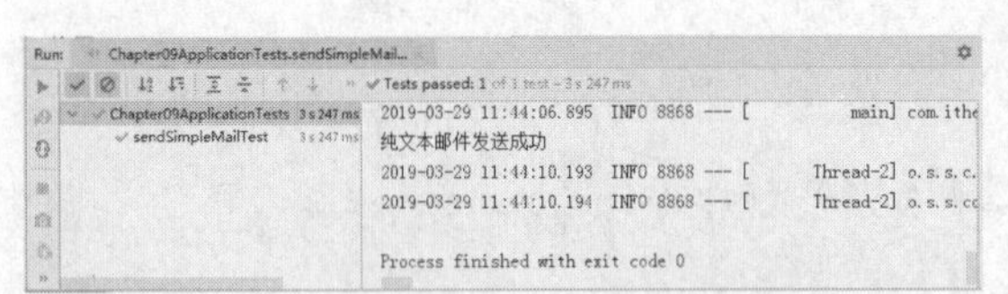

图9-4 sendSimpleMailTest()方法执行结果

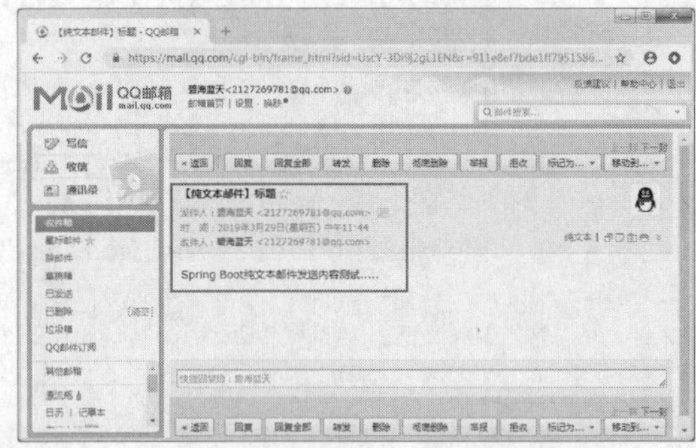

图9-5 纯文本邮件发送效果

从图 9-5 可以看出，指定的收件人邮箱正确接收到了定制的纯文本邮件，说明成功实现了纯文本邮件业务。

9.3.2 发送带附件和图片的邮件

发送纯文本邮件任务的实现相对来说非常简单，但多数时候，我们可能需要在发送邮件的内容中嵌入静态资源（例如一张图片），而不是简单的文本内容，甚至是在发送邮件的时候需要携带附件。针对上述这种需求，需要编写不同的业务处理方式。下面我们使用 Spring Boot 框架实现邮件中包含静态资源和附件的复杂邮件的发送任务。

1．定制邮件发送服务

由于在前一个案例中实现发送纯文本邮件功能时，已经在项目中添加了邮件服务依赖和相关配置，因此后续操作时可以直接使用。打开之前创建的邮件发送任务的业务处理类 SendEmailService，在该类中编写一个发送带附件和图片邮件的业务方法，示例代码如下。

```
/**
 * 发送复杂邮件（包括静态资源和附件）
 * @param to           收件人地址
 * @param subject      邮件标题
 * @param text         邮件内容
 * @param filePath     附件地址
 * @param rscId        静态资源唯一标识
 * @param rscPath      静态资源地址
 */
public void sendComplexEmail(String to,String subject,String text,
                            String filePath,String rscId,String rscPath){
    // 定制复杂邮件信息 MimeMessage
    MimeMessage message = mailSender.createMimeMessage();
    try {
        // 使用 MimeMessageHelper 帮助类，并设置 multipart 多部件使用为 true
        MimeMessageHelper helper = new MimeMessageHelper(message, true);
        helper.setFrom(from);
        helper.setTo(to);
        helper.setSubject(subject);
        helper.setText(text, true);
        // 设置邮件静态资源
        FileSystemResource res = new FileSystemResource(new File(rscPath));
        helper.addInline(rscId, res);
        // 设置邮件附件
        FileSystemResource file = new FileSystemResource(new File(filePath));
        String fileName = filePath.substring(filePath.lastIndexOf(File.separator));
        helper.addAttachment(fileName, file);
        // 发送邮件
        mailSender.send(message);
        System.out.println("复杂邮件发送成功");
    } catch (MessagingException e) {
        System.out.println("复杂邮件发送失败"+e.getMessage());
        e.printStackTrace();
    }
}
```

上述代码中，sendComplexEmail()方法需要接收的参数除了基本的发送信息外，还包括静态资源唯一标识、静态资源路径和附件路径，具体信息在注释中都有说明。另外，在定制复杂邮件信息时使用了 MimeMessageHelper 类对邮件信息封装处理，包括设置内嵌静态资源和邮件附件。其中，设置邮件内嵌静态资源的方法为 addInline(String contentId, Resource resource)，设置邮件附件的方法为 addAttachment(String attachmentFilename, InputStreamSource inputStreamSource)。

2. 复杂邮件发送效果测试

在项目测试类 Chapter09ApplicationTests 中添加一个方法，调用带附件和图片的复杂邮件发送的方法，实现邮件发送效果测试，示例代码如下。

```
@Test
public void sendComplexEmailTest() {
    String to="2127269781@qq.com";
    String subject="【复杂邮件】标题";
    // 定义邮件内容
    StringBuilder text = new StringBuilder();
    text.append("<html><head></head>");
    text.append("<body><h1>祝大家元旦快乐！</h1>");
    // cid为固定写法，rscId自定义的资源唯一标识
    String rscId = "img001";
    text.append("<img src='cid:" +rscId+"'/></body>");
    text.append("</html>");
    // 指定静态资源文件和附件路径
    String rscPath="F:\\email\\newyear.jpg";
    String filePath="F:\\email\\元旦放假注意事项.txt";
    // 发送复杂邮件
    sendEmailService.sendComplexEmail(to,subject,text.toString(),
                                       filePath,rscId,rscPath);
}
```

上述代码中，根据前面定义的复杂邮件发送业务方法定制了各种参数。其中，在定义邮件内容时使用了 Html 标签编辑邮件内容，并内嵌了一个标识为 rscId 的图片，还为邮件指定了携带的附件路径。在邮件发送之前，务必要保证指定路径下存放有对应的静态资源和附件文件。

需要说明的是，编写内嵌静态资源文件时，cid 为嵌入式静态资源文件关键字的固定写法，如果改变将无法识别；rscId 则属于自定义的静态资源唯一标识，一个邮件内容中可能会包括多个静态资源，该属性用于区别唯一性。

启动单元测试方法 sendComplexEmailTest()进行效果测试，控制台会出现“复杂邮件发送成功“的提示消息。与此同时，打开设置的收件人邮箱核对发送的邮件，效果如图 9-6 所示。

图9-6　复杂邮件发送效果

从图 9-6 可以看出，指定的收件人邮箱正确接收到了定制的复杂邮件，该复杂邮件包括一张内嵌在邮件内容中的静态资源图片以及一个附件文件，说明成功实现了带附件和图片的邮件发送功能。

9.3.3 发送模板邮件

前面两个案例中，我们分别针对纯文本邮件和带附件及图片的复杂邮件的使用进行了讲解和实现，这已经可以完成开发中通用邮件的发送任务了。但是仔细思考可以发现，前面两种邮件的实现必须每次都手动定制邮件内容，这在一些特定邮件发送任务中是相当麻烦的，例如用户注册验证邮件等，这些邮件的主体内容基本一样，主要是一些动态的用户名、验证码、激活码等有所不同，所以，针对类似这种需求，完全可以定制一些通用邮件模板进行邮件发送。下面我们使用 Spring Boot 框架实现这种模板邮件的发送任务。

1. 添加 Thymeleaf 模板引擎依赖启动器

既然提到了使用定制邮件模板的方式实现通用邮件的发送，少不了需要前端模板页面的支持，这里选择 Thymeleaf 模板引擎定制模板邮件内容。打开项目 chapter09 的 pom.xml 文件，在该依赖文件中添加 Spring Boot 整合支持的 Thymeleaf 模板引擎依赖启动器 spring-boot-starter-thymeleaf，示例代码如下。

```
<dependency>
    <groupId>org.springframework.boot</groupId>
    <artifactId>spring-boot-starter-thymeleaf</artifactId>
</dependency>
```

2. 定制模板邮件

在项目的模板页面文件夹 templates 中添加发送用户注册验证码的模板页面，内容如文件 9-9 所示。

文件 9-9 emailTemplate_vercode.html

```
1  <!DOCTYPE html>
2  <html lang="zh" xmlns:th="http://www.thymeleaf.org">
3  <head>
4      <meta charset="UTF-8"/>
5      <title>用户验证码</title>
6  </head>
7  <body>
8      <div><span th:text="${username}">XXX</span> 先生/女士,您好：</div>
9      <P style="text-indent: 2em">您的新用户验证码为<span th:text="${code}"
10                         style="color: cornflowerblue">123456</span>，请妥善保管。</P>
11 </body>
12 </html>
```

文件 9-9 中，模拟向注册用户发送一个动态验证码。模板邮件页面包含两个变量 username 和 code，它们将与 controller 后台交互时被动态填充。

3. 定制邮件发送服务

打开邮件发送任务的业务处理类 SendEmailService，在该类中编写一个发送 Html 模板邮件的业务方法，示例代码如下。

```
public void sendTemplateEmail(String to, String subject, String content) {
    MimeMessage message = mailSender.createMimeMessage();
    try {
        // 使用 MimeMessageHelper 帮助类，并设置 multipart 多部件使用为 true
        MimeMessageHelper helper = new MimeMessageHelper(message, true);
        helper.setFrom(from);
        helper.setTo(to);
        helper.setSubject(subject);
        helper.setText(content, true);
        // 发送邮件
        mailSender.send(message);
        System.out.println("模板邮件发送成功");
    } catch (MessagingException e) {
        System.out.println("模板邮件发送失败"+e.getMessage());
        e.printStackTrace();
    }
}
```

上述代码中，sendTemplateEmail()方法主要用于处理 Html 内容（包括 Thymeleaf 邮件模板）的邮件发送，在定制 Html 模板邮件信息时，使用了 MimeMessageHelper 类对邮件信息进行封装处理。

4. 模板邮件发送效果测试

在项目测试类 Chapter09ApplicationTests 中添加一个方法 sendTemplateEmailTest( )，在该方法中调用已编写的 emailTemplate_vercode 模板邮件，发送该方法并测试邮件发送效果，示例代码如下。

```
@Autowired
private TemplateEngine templateEngine;
@Test
public void sendTemplateEmailTest() {
    String to="2127269781@qq.com";
    String subject="【模板邮件】标题";
    // 使用模板邮件定制邮件正文内容
    Context context = new Context();
    context.setVariable("username", "石头");
    context.setVariable("code", "456123");
    // 使用 TemplateEngine 设置要处理的模板页面
    String emailContent = templateEngine.process("emailTemplate_vercode", context);
    // 发送模板邮件
    sendEmailService.sendTemplateEmail(to,subject,emailContent);
}
```

上述代码中，先使用@Autowired 注解引入了 Thymeleaf 提供的模板引擎解析器 TemplateEngine，然后定制了模板邮件发送所需的参数。其中，在定制模板邮件内容时，先使用 Context 对象对模板邮件中涉及的变量 username 和 code 进行动态赋值；然后使用模板引擎解析器的 process(String template, IContext context)方法解析模板，该方法的第 1 个参数指的是要解析的 Thymeleaf 模板页面，第 2 个参数用于设置页面中的动态数据。

启动单元测试方法 sendTemplateEmailTest()进行效果测试，控制台会出现“模板邮件发送成功”的提示消息。与此同时，打开设置的收件人邮箱核对发送的邮件，效果如图 9-7 所示。

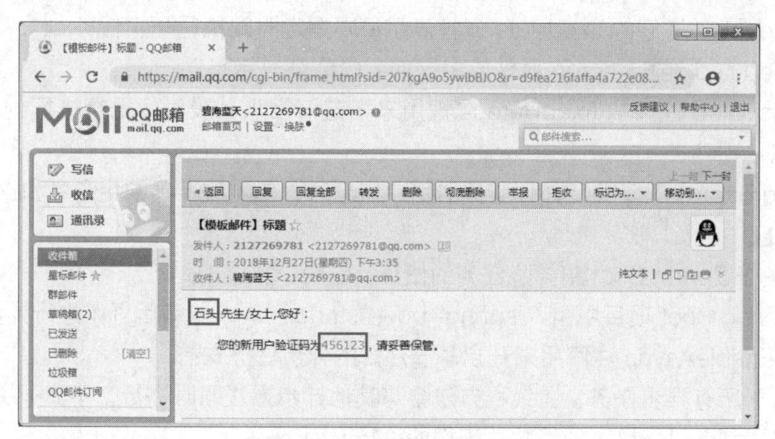

图9-7　模板邮件发送效果

从图 9-7 可以看出，指定的收件人邮箱正确接收到了定制的模板邮件，并且该模板邮件中涉及的两个变量 username 和 code 都被动态赋值，这说明了前面编写的模板邮件业务实现成功。另外，在前面几个案例邮件发送方法业务处理中，都只是演示了一个收件人的情况，如果要演示一次指定多个收件人时，将收件人地址转为字符串类型的数组即可，例如 String[] tos=new String[]{"itshitou@sohu.com","2127269781@qq.com"};。

至此，关于 Spring Boot 对邮件发送任务的支持已经讲解完毕了。需要注意的是，在邮件发送过程中可能会出现各种问题，例如，邮件发送过于频繁或者是多次大批量地发送邮件，邮件可能会被邮件服务器拦截并识别为垃圾邮件，甚至是被拉入黑名单。

9.4 本章小结

本章主要针对实际开发中可能涉及的项目辅助性质的功能任务进行了介绍，并结合 Spring Boot 框架进行了整合使用。其中，这些常用任务包括有异步任务、定时任务以及邮件任务，读者在学习过程中务必仔细查看并亲自实现案例代码。

9.5 习题

一、填空题

1. Spring Boot 中使用________注解来开启基于注解的异步任务支持。
2. Spring 框架提供了一个________注解来定义异步方法。
3. Spring Boot 中处理有返回值的异步方法时，可以定义返回值为________类型。
4. @Scheduled 注解的________属性表示在上一次任务执行结束后在指定时间后继续执行下一次任务。
5. Spring Boot 需要在项目启动类上使用________注解来开启基于注解的定时任务支持。

二、判断题

1. @EnableScheduling 注解是 Spring Boot 提供的，用于开启基于注解方式的定时任务支

持。(　　)

2. @Scheduled 注解的 fixedRate 属性表示每隔指定时间执行一次任务。(　　)

3. @Scheduled 注解的 cron 属性值中星期字段值 0 表示星期一。(　　)

4. @Scheduled 注解的 fixedRate 属性用来指定每相隔一段时间重复执行一次定时任务，单位是毫秒。(　　)

5. Spring Boot 中配置 QQ 邮件服务器用户信息时，要配置准确的用户名和密码。(　　)

三、选择题

1. 以下关于 Spring Boot 中异步任务的使用及说明，错误的是(　　)。

A. Spring Boot 项目中引入 spring-boot-starter-web 依赖后可以进行异步任务管理

B. @EnableAsync 注解用来开启基于注解的异步任务支持

C. 对于所有异步任务，主线程方法会与其他异步方法同时进行，不受干扰

D. 异步任务可以极大地缩减总流程的执行时间

2. 以下关于@Scheduled 的相关属性，说法正确的是(　　)。

A. cron 属性表示 cron 的表达式，可以定制定时任务的秒、分钟、小时、日、月、星期、年

B. zone 指定 cron 表达式将被解析的时区，默认为 Asia/Shanghai

C. fixedRate 表示在上一次任务执行结束后在指定时间后继续执行下一次任务

D. initialDelayString 表示在 fixedRate 或 fixedDelay 任务第一次执行之前要延迟的毫秒数

3. 以下关于定时任务注解中表示每月的 26 日每一分钟都执行，写法正确的是(　　)。

A. @Scheduled(cron = "0 * * 26 * ?")　　B. @Scheduled(cron = "0 0 0 26 * ?")

C. @Scheduled(cron = "0 * * 26 * *")　　D. @Scheduled(cron = "* * * 26 * ?")

4. 以下关于 Spring Boot 中发送复杂邮件的相关说法，正确的是(　　)。(多选)

A. 发送复杂邮件，需要创建 MimeMessage 对象

B. 发送复杂邮件，需要使用 MimeMessageHelper 并设置 multipart 多部件使用为 true

C. 通过 FileResource 对象可以构建发送的附件或内置资源文件

D. 添加邮件内置静态资源文件需要使用 MimeMessageHelper 的 addAttachment()方法

5. 以下关于 Spring Boot 中借助 Thymeleaf 发送模板邮件的相关说法，正确的是(　　)。(多选)

A. 需要使用 MimeMessageHelper 帮助类，并设置 multipart 多部件使用为 true

B. 需要使用 Context 对象定制邮件动态内容

C. 需要使用解析器 TemplateEngine 的 process(String template, IContext context)方法进行模板解析

D. 可以通过数组的形式一次向多个用户发送邮件

10 Chapter

第 10 章 Spring Boot 综合项目实战——个人博客系统

Spring Boot

学习目标

- 了解博客系统的系统功能和文件组织结构
- 熟悉博客系统数据库相关表及字段的设计
- 熟悉系统环境搭建的步骤及相关配置
- 掌握前后台管理模块功能的实现
- 掌握用户登录、定时邮件发送功能的实现通过前面章节的学习，读者应该已经掌握了 Spring Boot 框架的基本知识，并学会了与其他常用技术的整合使用，通过这些已学的相关知识，读者可以在实际工作中进行基本的项目开发。在本教材的最后一章中，我们将会使用前面已学的 Spring Boot 框架，并结合相关技术开发一个简易的个人博客系统，让读者能更加熟练地掌握 Spring Boot 框架及相关技术的使用。

10.1 系统概述

10.1.1 系统功能介绍

一个完善的博客系统通常会包含非常多的功能和业务，例如文章管理、评论管理、系统设置等，前台的文章展示、详情查看、用户评论、分类管理等。由于篇幅限制，本教材开发的个人博客系统只会实现部分核心功能，其他功能读者可以自行参考相关资料进行扩展。

本博客系统分为前台管理和后台管理两部分，前台管理的核心功能包括文章分页展示、文章详情查看、文章评论管理；后台管理的核心功能包括系统数据展示、文章发布、文章修改、文章删除；同时，对系统前后台用户登录管理进行统一的实现。其中，前端将使用 Spring Boot 支持的模板引擎 Thymeleaf+jQuery 完成页面信息展示，后端使用 Spring MVC+Spring Boot+MyBatis 框架进行整合开发，同时会整合前面学习的 Redis 进行缓存管理、Spring Security 进行安全管理。下面我们通过一张图来展示本项目的系统功能，如图 10-1 所示。

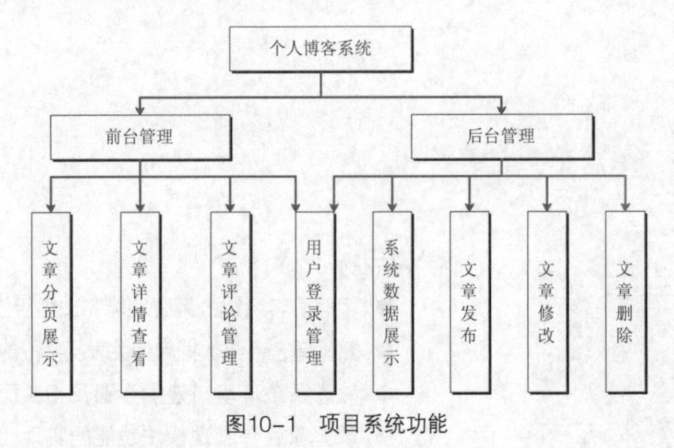

图10-1　项目系统功能

10.1.2 项目效果预览

为了让读者对本章要讲解的个人博客系统有整体、直观的认识，下面我们结合图 10-1 所示的系统功能来展示本项目的主要页面预览效果。

1. 首页预览

本项目首页的访问地址及预览效果如图 10-2 所示。

从图 10-2 可以看出，访问“http://localhost/”路径则进入了项目首页。在项目首页中，分页展示了对应的博客信息，同时右侧还展示了阅读排行榜的信息。

2. 文章详情页预览

本项目的文章详情页访问地址和预览效果如图 10-3 所示。

图10-2　首页的访问地址及预览效果

图10-3　文章详情页访问地址和预览效果

从图 10-3 可以看出，访问“http://localhost/article/1”路径则进入了文章详情页。在文章详情页中，上面部分展示出对应的文章详情，下面部分附带展示出每一篇文章对应的评论信息。

3. 文章评论页预览

本项目的文章评论页访问地址和预览效果如图 10-4 所示。

如图 10-4 所示，在文章详情展示时会附带分页查询并展示文章对应的评论信息。只有在用户登录后，才会出现一个评论发布框用于发布评论；如果用户未登录，则不会显示文章评论发布框。

4. 后台首页预览

本项目的系统后台首页访问地址和预览效果如图 10-5 所示。

如图 10-5 所示，访问“http://localhost/admin”路径则进入了系统后台首页。在系统后台首页中，左侧面板页面展示了对文章可以进行的操作分类，包括有发布文章、文章管理、评论管理等；右侧面板分块展示了最新的文章信息和最新的评论信息，同时对发布的文章和评论信息做了数据统计显示。

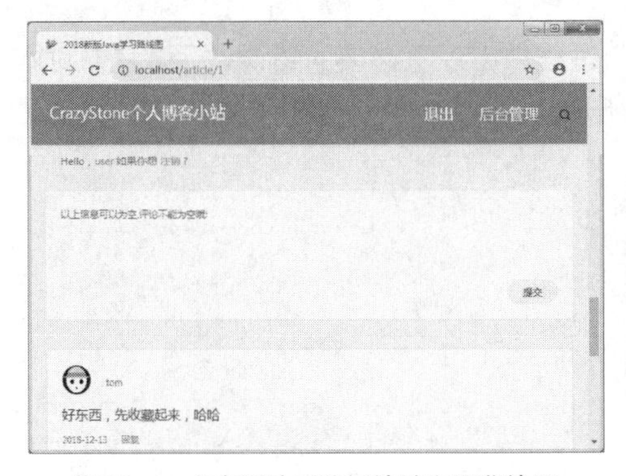

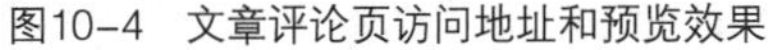

图10-4　文章评论页访问地址和预览效果

图10-5　系统后台首页访问地址和预览效果

5. 后台文件编辑页面预览

本项目的系统后台文章编辑页面预览效果如图 10-6 所示。

图 10-6 对应了博客系统的文章编辑页面，通过不同需求的请求跳转，该页面既可以作为文章发布页面，也可以作为文章编辑页面。另外，图 10-6 所示的文章编辑页面后续将使用 Markdown 编

辑器控制，文章编辑过程中可以预览。

6. 后台文章管理列表页面预览

本项目的后台文章管理列表页面预览效果如图 10-7 所示。

从图 10-7 可以看出，系统后台文章管理列表页中，分页展示出了对应的文章信息，同时提供了对应文章的编辑、删除和预览链接（后续将只实现编辑和删除功能）。

上面我们通过图 10-2 至图 10-7 展示了本博客系统主要页面的预览效果，并对页面的主要内容进行了说明，后续小节中我们将以实现这些主要页面的预览效果为目标进行需求分析和业务实现。

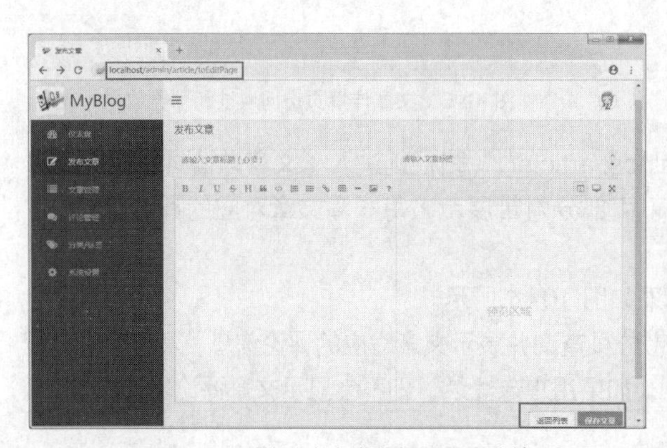

图10-6　系统后台文章编辑页面预览效果

图10-7　后台文章管理列表页面预览效果

10.2 项目设计

10.2.1 系统开发及运行环境

为了让读者更方便地学习本项目的开发，避免学习过程中出现不必要的错误，下面我们对本系统开发所需的环境及相关软件进行介绍，具体如下所示。

（1）操作系统：Windows

（2）Java 开发包：JDK 8

（3）项目管理工具：Maven 3.6.0

（4）项目开发工具：IntelliJ IDEA

（5）数据库：MySQL

（6）缓存管理工具：Redis 3.2.100

（7）浏览器：谷歌浏览器

上面介绍了本教材中个人博客系统所需的环境及相关软件，读者在学习时可以自行在网上下载，教材中也会提供对应的配套资源。

10.2.2 文件组织结构

为了让读者更方便、快速地了解本项目的文件结构，在正式讲解项目实现之前，我们先熟悉一下本项目中所涉及的包、配置文件以及页面文件等在项目中的组织结构，如图 10-8 所示。

图 10-8 所示的项目文件组织结构，按照功能划分，大致可以分为 3 类，分别是后端业务文件、前端页面展示文件和配置文件，具体介绍如下。

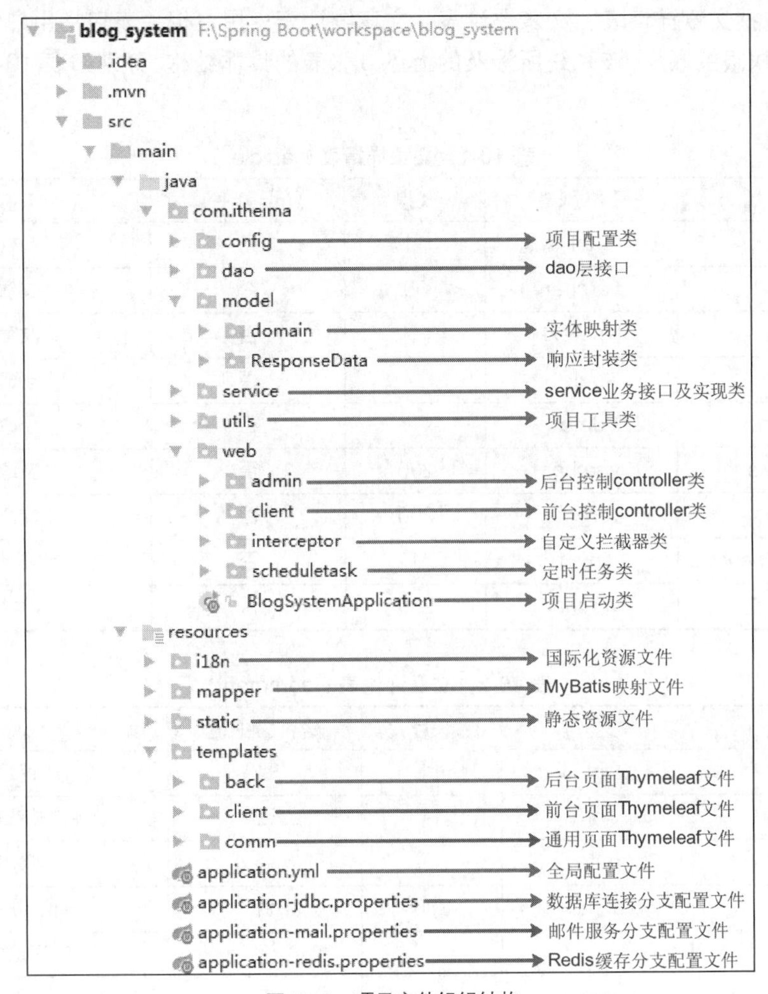

图10-8 项目文件组织结构

（1）后端业务文件：后端业务采用的是经典的三层架构思想，即将项目划分为控制层 Controller、业务逻辑层 Service、数据访问层 Dao 进行开发，同时，项目还封装了一些自定义配置类、工具类。

（2）前端页面文件： 统一集中在项目的 classpath 类目录下（即 resources 资源目录下）。本项目前端页面使用的是 Thymeleaf 模板引擎。在 resources 资源目录下的 static 和 templates 文件夹下分别存放了静态资源文件和 Thymeleaf 模板文件。

（3）配置文件：存放在 resource 目录中的文件都是项目配置文件。根据业务需要，还在 resources 目录下的 mapper 文件夹下编写了 MyBaits 对应的 XML 映射文件，在 i18n 文件夹下编写了国际化资源文件。

10.2.3 数据库设计

本系统实现的主要功能是与文章管理相关的业务，同时还会涉及安全管理的用户登录和访问控制，因此本系统业务所需的数据表主要包括两部分：文章相关表和用户相关表。其中，文章相关表包括文章详情表、文章评论表、文章统计表；用户相关表包括用户信息表、用户权限表、用户权限关联表。该系统所涉及的上述 6 张表的具体结构，分别如表 10-1 至表 10-6 所示。

表 10-1　文章详情表 t_article

字段名	类型	长度	是否为主键	说明
id	int	11	是	文章 id
title	varchar	50	否	文章标题
content	longtext		否	文章内容
created	date		否	创建时间
modified	date		否	修改时间
categories	varchar	200	否	文章分类
tags	varchar	200	否	文章标签
allow_comment	tinyint	1	否	是否允许评论（默认 1）
thumbnail	varchar	200	否	文章缩略图

表 10-2　文章评论表 t_comment

字段名	类型	长度	是否为主键	说明
id	int	11	是	评论 id
article_id	int	11	否	评论关联的文章 id
created	date		否	创建时间
ip	varchar	200	否	评论用户所在 ip
content	text		否	评论内容
status	varchar	200	否	评论状态（默认 approved）
author	varchar	200	否	评论作者名

表 10-3　文章统计表 t_statistic

字段名	类型	长度	是否为主键	说明
id	int	11	是	文章统计 id
article_id	int	11	否	文章 id
hits	int	11	否	文章点击量
comments_num	int	11	否	文章评论量

表 10-4 用户信息表 t_user

字段名	类型	长度	是否为主键	说明
id	int	11	是	用户 id
username	varchar	200	否	用户名
password	varchar	200	否	用户密码（加密后的密码）
email	varchar	200	否	用户邮箱
created	date		否	创建时间
valid	tinyint	1	否	是否为有效用户（默认 1）

表 10-5 用户权限表 t_authority

字段名	类型	长度	是否为主键	说明
id	int	11	是	权限 id
authority	varchar	200	否	权限以 ROLE_ 开头

表 10-6 用户权限关联表 t_user_authority

字段名	类型	长度	是否为主键	说明
id	int	11	是	关联表主键 id
article_id	int	11	否	文章 id
authority_id	int	11	否	权限 id

表 10-1 ~ 表 10-6 展示了个人博客系统相关表的结构设计，在实际开发中，读者可以根据需要自行扩展。需要注意的是，用户相关的表涉及项目整合 Spring Security 进行安全管理控制，所以用户表中必须添加 boolean 类型的 valid 字段（对应表中的 tinyint 类型）；同时，为用户表中的 password 字段赋值时，必须为加密后的密码值（教材中使用的是 Bcrypt 加密方式），为权限表中的 authority 字段赋值时，必须以“ROLE_”开头。

10.3 系统环境搭建

前面两节对本博客系统的整个功能、项目效果预览、组织结构、运行环境以及数据库结构进行了介绍，相信读者对该项目已经有了总体的认识。为了项目的顺利开发，本节将进行一些准备工作，包括数据库资源文件的准备以及项目环境的准备。

10.3.1 准备数据库资源

这里提前准备了本博客系统相关表的建表语句，同时还提供了一些基本的初始化数据。读者可以通过 MySQL 客户端连接工具（如 SQLyog、Navicat 等）登录数据库，先创建一个名称为 blog_system 的数据库，并选择该数据库，然后将本书资源中所提供的 blog_system.sql 文件导入到 blog_system 数据库中。

blog_system
表
t_article
t_authority
t_comment
t_statistic
t_user
t_user_authority
视图
函数
事件
查询
报表
备份

图10-9 blog_system数据库导入完成的效果图

blog_system 数据库数据导入完成之后，效果如图 10-9 所示。

需要说明的是，在教材提供的 blog_system.sql 文件中，包含一些基本的初始化数据，可以完成项目所需的基本业务功能。由于教材篇幅有限，没有提供对应的用户注册功能（读者可以自行实现），所以在用户表中提供了用户名为 admin、李四、东方不败、Tom，密码均为 123456（数据库中的密码是通过 Bcrypt 对 123456 原始密码加密后的数据）的用户，供读者测试使用。

10.3.2 准备项目环境

完成项目所需数据库资源的准备工作后，下面我们就来对项目基本架构进行搭建，引入所需要的依赖文件、页面资源文件，并编写基本的配置文件和工具类等。

1. 创建项目，引入依赖文件

使用 Spring Initializr 方式创建一个名称为 blog_system 的 Spring Boot 项目，在创建项目时如果不清楚需要哪些功能模块，可以先只选择 Web 模块。项目创建完成后，打开项目的 pom.xml 文件，根据项目开发需求，加入所需要的依赖文件，其中本项目所需依赖文件示例代码如下。

```
<dependencies>
    <!-- 阿里巴巴的 Druid 数据源依赖启动器 -->
    <dependency>
        <groupId>com.alibaba</groupId>
        <artifactId>druid-spring-boot-starter</artifactId>
        <version>1.1.10</version>
    </dependency>
    <!-- MyBatis 依赖启动器 -->
    <dependency>
        <groupId>org.mybatis.spring.boot</groupId>
        <artifactId>mybatis-spring-boot-starter</artifactId>
        <version>2.0.0</version>
    </dependency>
    <!-- MySQL 数据库连接驱动 -->
    <dependency>
        <groupId>mysql</groupId>
        <artifactId>mysql-connector-java</artifactId>
        <scope>runtime</scope>
    </dependency>
    <!-- Redis 服务启动器 -->
    <dependency>
        <groupId>org.springframework.boot</groupId>
        <artifactId>spring-boot-starter-data-redis</artifactId>
    </dependency>
    <!-- Mail 邮件服务启动器 -->
    <dependency>
        <groupId>org.springframework.boot</groupId>
        <artifactId>spring-boot-starter-mail</artifactId>
    </dependency>
    <!-- thymeleaf 模板整合 security 控制页面安全访问依赖 -->
    <dependency>
        <groupId>org.thymeleaf.extras</groupId>
        <artifactId>thymeleaf-extras-springsecurity5</artifactId>
    </dependency>
```

```
<!-- Spring Security 依赖启动器 -->
<dependency>
    <groupId>org.springframework.boot</groupId>
    <artifactId>spring-boot-starter-security</artifactId>
</dependency>
<!-- Thymeleaf 模板引擎启动器 -->
<dependency>
    <groupId>org.springframework.boot</groupId>
    <artifactId>spring-boot-starter-thymeleaf</artifactId>
</dependency>
<!-- Web 服务启动器 -->
<dependency>
    <groupId>org.springframework.boot</groupId>
    <artifactId>spring-boot-starter-web</artifactId>
</dependency>
<!-- MyBatis 分页插件 -->
<dependency>
    <groupId>com.github.pagehelper</groupId>
    <artifactId>pagehelper-spring-boot-starter</artifactId>
    <version>1.2.8</version>
</dependency>
<!-- String 工具类包 -->
<dependency>
    <groupId>org.apache.commons</groupId>
    <artifactId>commons-lang3</artifactId>
    <version>3.5</version>
</dependency>
<!-- Markdown 处理 html -->
<dependency>
    <groupId>com.atlassian.commonmark</groupId>
    <artifactId>commonmark</artifactId>
    <version>0.11.0</version>
</dependency>
<!-- Markdown 处理表格 -->
<dependency>
    <groupId>com.atlassian.commonmark</groupId>
    <artifactId>commonmark-ext-gfm-tables</artifactId>
    <version>0.11.0</version>
</dependency>
<!-- 过滤 emoji 表情字符 -->
<dependency>
    <groupId>com.vdurmont</groupId>
    <artifactId>emoji-java</artifactId>
    <version>4.0.0</version>
</dependency>
<!-- devtools 热部署工具 -->
<dependency>
    <groupId>org.springframework.boot</groupId>
    <artifactId>spring-boot-devtools</artifactId>
    <scope>runtime</scope>
```

```
    </dependency>
    <!-- Spring Boot 测试服务启动器 -->
    <dependency>
        <groupId>org.springframework.boot</groupId>
        <artifactId>spring-boot-starter-test</artifactId>
        <scope>test</scope>
    </dependency>
</dependencies>
```

上面展示的本教材博客系统所需依赖文件中，包括一些核心功能依赖以及一些辅助依赖。其中，核心功能依赖包括有 Druid 数据库连接池依赖、MySQL 数据库驱动依赖、MyBatis 框架依赖、Redis 缓存依赖、Mail 邮件服务依赖、Thymeleaf 与 Security 相关依赖、Web 依赖；其他的依赖则属于辅助类型的依赖文件，多数是用来进行文本处理的。

2. 编写配置文件

为了演示 Spring Boot 项目配置文件类型的支持，这里混合使用 Properties 类型和 YAML 格式的配置文件进行项目配置。blog_system 项目创建成功后，会在项目类路径 resources 下自动生成一个名为 application.properties 的空配置文件。

首先，将 application.properties 全局配置文件更名为 application.yml，同时在该配置文件中编写一些项目核心配置，例如端口号、MyBatis 配置、分页配置、常量配置等，内容如文件 10-1 所示。

文件 10-1 application.yml

```
1  server:
2    port: 80
3  spring:
4    profiles:
5      # 外置 JDBC、Redis 和 Mail 配置文件
6      active: jdbc,redis,mail
7    # 关闭 Thymeleaf 页面缓存
8    thymeleaf:
9      cache: false
10   # 配置国际化资源文件
11   messages:
12     basename: i18n.logo
13 # MyBatis 配置
14 mybatis:
15   configuration:
16     #开启驼峰命名匹配映射
17     map-underscore-to-camel-case: true
18   #配置 MyBatis 的 XML 映射文件路径
19   mapper-locations: classpath:mapper/*.xml
20   #配置 XML 映射文件中指定的实体类别名路径
21   type-aliases-package: com.itheima.model.domain
22 # Pagehelper 分页设置
23 pagehelper:
24   helper-dialect: mysql
25   reasonable: true
```

```
26   support-methods-arguments: true
27   params: count=countSql
28 # 浏览器 Cookie 相关设置
29 COOKIE:
30   # 设置 Cookie 默认时长为 30 分钟
31   VALIDITY: 1800
```

上述代码中，多数配置内容在教材前面章节中都已经介绍过，读者通过示例及注释查看即可。另外新增的配置包括 Pagehelper 分页配置和 active 标签外部分支文件配置。其中，Pagehelper 分页配置读者作为了解即可；“spring.profiles.active=jdbc,redis,mail”配置使用了 Profile 多环境文件配置，使用 active 激活了外部的 application-jdbc.properties、application-redis.properties 和 application-mail.properties 分支配置文件（后缀名也可以是 yml）。另外，在 MyBatis 的相关配置中，一定要注意项目编写的 XML 映射文件和映射实体类所在的位置必须与配置文件保持一致。

下面我们对 application.yml 全局配置文件中引出的其他 3 个配置文件 jdbc、mail 和 redis 分别进行编写，内容分别如文件 10-2、文件 10-3 和文件 10-4 所示。

文件 10-2　application-jdbc.properties

```
1  # 添加并配置第三方数据库连接池 Druid
2  spring.datasource.type = com.alibaba.druid.pool.DruidDataSource
3  spring.datasource.initialSize=20
4  spring.datasource.minIdle=10
5  spring.datasource.maxActive=100
6  # MySQL 数据库连接配置
7  spring.datasource.url=jdbc:mysql://localhost:3306/blog_system?
8  serverTimezone=UTC&useSSL=false
9  spring.datasource.username=root
10 spring.datasource.password=root
```

文件 10-3　application-mail.properties

```
1  # QQ 邮箱邮件发送服务配置
2  spring.mail.host=smtp.qq.com
3  spring.mail.port=587
4  # 配置个人 QQ 账户和密码（密码是加密后的授权码）
5  spring.mail.username=2127269781@qq.com
6  spring.mail.password=ijdjokspcbnzfbfa
```

文件 10-4　application-redis.properties

```
1  # Redis 服务器地址，另外注意要开启 Redis 服务
2  spring.redis.host=127.0.0.1
3  # Redis 服务器连接端口
4  spring.redis.port=6379
5  # Redis 服务器连接密码（默认为空）
6  spring.redis.password=
7  # 连接池最大连接数（使用负值表示没有限制）
8  spring.redis.jedis.pool.max-active=8
9  # 连接池最大阻塞等待时间（使用负值表示没有限制）
10 spring.redis.jedis.pool.max-wait=-1
```

```
11 # 连接池中的最大空闲连接
12 spring.redis.jedis.pool.max-idle=8
```

上述代码中，分别对应于数据源相关的 JDBC 配置、邮件发送相关的 Mail 配置和缓存管理相关的 Redis 配置。具体的配置内容可以参考配置中的注释说明，也可以回看之前章节的具体讲解。

3. 前端资源引入

由于个人博客系统项目前端页面涉及的资源文件较多，前端页面效果部分也不是本章博客系统开发的重点内容，同时鉴于篇幅有限，所以这里直接参考 10.2.2 小节所示的文件组织结构引入教材提供的前端资源文件，项目前端资源文件组织结构如图 10-10 所示。

在图 10-10 中，static 文件夹下存放的是项目所需的静态资源文件，其中，article_img 子文件夹中是博客文章发表的缩略图 img，其他子文件夹下分别对应有前端、后台涉及的静态资源文件，包括有 js、css、img 等；templates 文件夹下存放的是页面展示所需的 Thymeleaf 模板页面，其中 back、client 和 comm 子文件夹分别对应后台、前台和公用页面；i18n 文件夹中对应的是默认、中文、英文情况下的国际化资源文件；resources 目录下其他几个 application-*文件是引入的项目配置文件。

4. 后端基础代码引入

在正式的后端业务开发之前，为了简化后续业务开发，这里提前引入一些非核心功能部分的基础代码，这些代码包括基本的配置类、数据模型类以及工具类等。同样参考 10.2.2 小节所示的文件组织结构引入教材提供的后端基本文件，项目后端基本文件组织结构如图 10-11 所示。

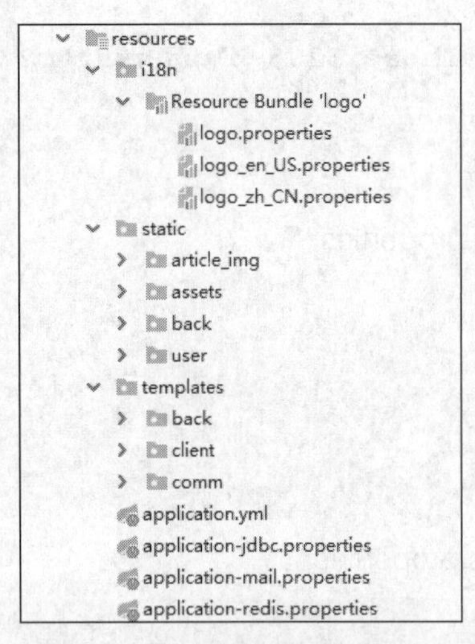

图10-10 项目前端资源文件组织结构

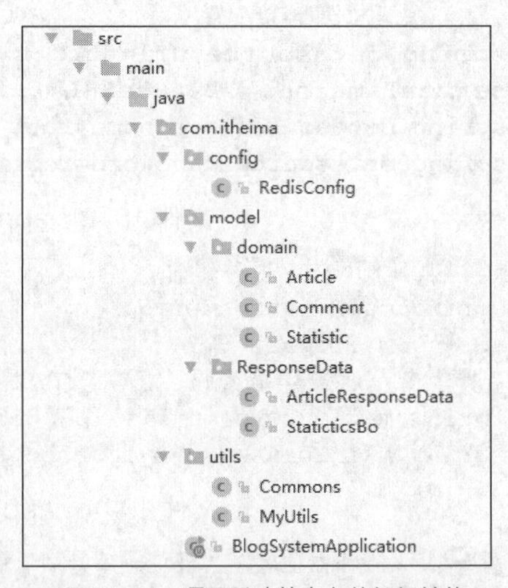

图10-11 项目后端基本文件组织结构

关于图 10-11 中 config 目录、model 目录、utils 目录文件的具体介绍如下：

（1）config 目录下配置的 RedisConfig 配置类主要用于对 Redis 进行自定义配置，具体内容和第 6 章介绍 Redis 时的配置完全一样。

（2）model 目录下分别对应 domain 和 ResponseData 两个子目录，domain 子目录下对应于数据库表的映射实体类，ResponseData 子目录下对应前端请求的响应封装数据（包括响应状态码、数据、消息等），它们的代码都非常简单，具体可以查看源文件代码注释说明。

（3）utils目录下的Commons工具类用于转换和展示前端页面数据，MyUtils工具类用于处理Markdown文件。

至此，关于blog_system个人博客系统的项目基本环境已经搭建完成，本章后续将分别对10.1.1所示的系统功能进行实现和讲解。需要说明的是，由于在搭建系统环境时，预先引入了Spring Security依赖，项目自动实现了安全访问控制，因此，访问的项目页面暂时无法正常显示。

10.4 前台管理模块

从本节开始我们正式进入个人博客系统业务功能的开发。在10.1.1小节所示的系统功能结构中已经介绍了，前台管理模块包括的主要功能有：文章分页展示、文章详情查看、文章评论管理以及用户登录控制（后续小节统一讲解），下面我们分别对这些功能进行实现和讲解。

10.4.1 文章分页展示

一个业务的实现要充分借助于现有需求，通过对需求的分析，得到要实现的结果，然后结合已选技术架构进行实现。下面我们借助10.1.2小节中图10-2所示的页面效果和需求说明，实现文章分页展示功能。

1. 数据访问层实现

实现文章分类展示效果需要同时实现文章查询以及文章统计数据查询，这里先编写文章类Article和统计类Statistic对应的数据访问方法。

（1）创建Dao层接口文件

在blog_system项目中创建名为com.itheima.dao的包，并在该包下使用MyBatis框架分别创建文章类Article和统计类Statistic对应的Mapper接口文件，内容分别如文件10-5和文件10-6所示。

文件10-5 ArticleMapper

```
1  import com.itheima.model.domain.Article;
2  import org.apache.ibatis.annotations.*;
3  import java.util.List;
4  @Mapper
5  public interface ArticleMapper {
6      // 根据id查询文章信息
7      @Select("SELECT * FROM t_article WHERE id=#{id}")
8      public Article selectArticleWithId(Integer id);
9      // 发表文章，同时使用@Options注解获取自动生成的主键id
10     @Insert("INSERT INTO t_article (title,created,modified,tags,categories," +
11             " allow_comment, thumbnail, content)" +
12             " VALUES (#{title},#{created}, #{modified}, #{tags}, #{categories}," +
13             " #{allowComment}, #{thumbnail}, #{content})")
14     @Options(useGeneratedKeys=true, keyProperty="id", keyColumn="id")
15     public Integer publishArticle(Article article);
16     // 文章发分页查询
```

```
17      @Select("SELECT * FROM t_article ORDER BY id DESC")
18      public List<Article> selectArticleWithPage();
19      // 通过 id 删除文章
20      @Delete("DELETE FROM t_article WHERE id=#{id}")
21      public void deleteArticleWithId(int id);
22      // 站点服务统计，统计文章数量
23      @Select("SELECT COUNT(1) FROM t_article")
24      public Integer countArticle();
25       // 通过 id 更新文章
26      public Integer updateArticleWithId(Article article);
27  }
```

文件 10-6　StatisticMapper

```
1  import com.itheima.model.domain.Article;
2  import com.itheima.model.domain.Statistic;
3  import org.apache.ibatis.annotations.*;
4  import java.util.List;
5  @Mapper
6  public interface StatisticMapper {
7      // 新增文章对应的统计信息
8      @Insert("INSERT INTO t_statistic(article_id,hits,comments_num) values
9      (#{id},0,0)")
10     public void addStatistic(Article article);
11     // 根据文章 id 查询点击量和评论量相关信息
12     @Select("SELECT * FROM t_statistic WHERE article_id=#{articleId}")
13     public Statistic selectStatisticWithArticleId(Integer articleId);
14     // 通过文章 id 更新点击量
14     @Update("UPDATE t_statistic SET hits=#{hits} " +
16             "WHERE article_id=#{articleId}")
17     public void updateArticleHitsWithId(Statistic statistic);
18     // 通过文章 id 更新评论量
19     @Update("UPDATE t_statistic SET comments_num=#{commentsNum} " +
20             "WHERE article_id=#{articleId}")
21     public void updateArticleCommentsWithId(Statistic statistic);
22     // 根据文章 id 删除统计数据
23     @Delete("DELETE FROM t_statistic WHERE article_id=#{aid}")
24     public void deleteStatisticWithId(int aid);
25     // 统计文章热度信息
26     @Select("SELECT * FROM t_statistic WHERE hits !='0' " +
27             "ORDER BY hits DESC, comments_num DESC")
28     public List<Statistic> getStatistic();
29     // 统计博客文章总访问量
30     @Select("SELECT SUM(hits) FROM t_statistic")
31     public long getTotalVisit();
32     // 统计博客文章总评论量
33     @Select("SELECT SUM(comments_num) FROM t_statistic")
34     public long getTotalComment();
35 }
```

文件 10-5 中使用注解的方式实现了文章的增删改查操作，其中，使用@Insert 注解插入文章时，结合@Options 注解将插入的文章主键 id 返回。

文件 10-6 中同样使用注解的方式实现了文章的统计操作，包括统计信息的增删改查操作，文章排行榜统计、博客总访问量和评论量的统计。

（2）创建 MyBatis 对应的 XML 映射文件

文件 10-5 中，updateArticleWithId()方法用于根据 id 修改对应文章内容。如果使用注解方式动态拼接 SQL 语句是十分不便的，这里，我们使用 XML 文件配置 SQL 语句。

在 blog_system 项目中的 resources 目录下创建名为 mapper 的包，并在该包中创建 Article 文章类操作对应的 XML 映射文件，内容如文件 10-7 所示。

文件 10-7　ArticleMapper.xml

```
1  <?xml version="1.0" encoding="UTF-8"?>
2  <!DOCTYPE mapper PUBLIC "-//mybatis.org//DTD Mapper 3.0//EN"
3          "http://mybatis.org/dtd/mybatis-3-mapper.dtd">
4  <mapper namespace="com.itheima.dao.ArticleMapper">
5    <update id="updateArticleWithId" parameterType="Article">
6      update t_article
7      <set>
8        <if test="title != null">
9          title = #{title},
10       </if>
11       <if test="created != null">
12         created = #{created},
13       </if>
14       <if test="modified != null">
15         modified = #{modified},
16       </if>
17       <if test="tags != null">
18         tags = #{tags},
19       </if>
20       <if test="categories != null">
21         categories = #{categories},
22       </if>
23       <if test="hits != null">
24         hits = #{hits},
25       </if>
26       <if test="commentsNum != null">
27         comments_num = #{commentsNum},
28       </if>
29       <if test="allowComment != null">
30         allow_comment = #{allowComment},
31       </if>
32       <if test="thumbnail != null">
33         thumbnail = #{thumbnail},
34       </if>
35       <if test="content != null">
```

```
36          content = #{content},
37        </if>
38      </set>
39      where id = #{id}
40    </update>
41  </mapper>
```

文件 10-7 中，先使用 namespace 属性声明了文章类接口 ArticleMapper 对应的位置，然后根据需要编写了针对文章修改方法 updateArticleWithId()的 SQL 语句。

2. 业务处理层实现

（1）创建 Service 层接口文件

在 blog_system 项目中创建名为 com.itheima.service 的包，在该包下创建用于文章操作的接口类，并编写文章相关的分页查询以及文章热度统计的方法，内容如文件 10-8 所示。

文件 10-8 IArticleService.java

```
1  import com.github.pagehelper.PageInfo;
2  import com.itheima.model.domain.Article;
3  import java.util.List;
4  public interface IArticleService {
5      // 分页查询文章列表
6      public PageInfo<Article> selectArticleWithPage(Integer page, Integer count);
7      // 统计热度排名前十的文章信息
8      public List<Article> getHeatArticles();
9  }
```

（2）创建 Service 层接口实现类文件

在 com.itheima.service 包下创建一个 impl 包，在该包下创建 IArticleService 接口文件对应的实现类 ArticleServiceImpl，并实现接口中的方法，内容如文件 10-9 所示。

文件 10-9 ArticleServiceImpl.java

```
1  import com.github.pagehelper.PageHelper;
2  ...
3  @Service
4  @Transactional
5  public class ArticleServiceImpl implements IArticleService {
6      @Autowired
7      private ArticleMapper articleMapper;
8      @Autowired
9      private StatisticMapper statisticMapper;
10     // 分页查询文章列表
11     @Override
12     public PageInfo<Article> selectArticleWithPage(Integer page, Integer count) {
13         PageHelper.startPage(page, count);
14         List<Article> articleList = articleMapper.selectArticleWithPage();
15         // 封装文章统计数据
16         for (int i = 0; i < articleList.size(); i++) {
```

```
17            Article article = articleList.get(i);
18            Statistic statistic =
19                     statisticMapper.selectStatisticWithArticleId(article.getId());
20            article.setHits(statistic.getHits());
21            article.setCommentsNum(statistic.getCommentsNum());
22         }
23         PageInfo<Article> pageInfo=new PageInfo<>(articleList);
24         return pageInfo;
25      }
26      // 统计热度排名前十的文章信息
27      @Override
28      public List<Article> getHeatArticles( ) {
29         List<Statistic> list = statisticMapper.getStatistic();
30         List<Article> articlelist=new ArrayList<>();
31         for (int i = 0; i < list.size(); i++) {
32            Article article =
33                     articleMapper.selectArticleWithId(list.get(i).getArticleId());
34            article.setHits(list.get(i).getHits());
35            article.setCommentsNum(list.get(i).getCommentsNum());
36            articlelist.add(article);
37            if(i>=9){
38               break;
39            }
40         }
41         return articlelist;
42      }
43 }
```

文件 10-9 中，selectArticleWithPage(Integer page, Integer count)方法用于分页查询出对应的文章信息，getHeatArticles( )方法用于统计热度排名前十的文章信息。

3. 请求处理层实现

（1）实现 Controller 控制层处理类

在 blog_system 项目中创建名为 com.itheima.web.client 的包用于客户端文章统一管理。在 client 包下创建博客首页处理类 IndexController，并编写文章分页查询和热度统计的方法，内容如文件 10-10 所示。

文件 10-10 IndexController.java

```
1  import com.github.pagehelper.PageInfo;
2  ...
3  @Controller
4  public class IndexController {
5     private static final Logger logger =
6                      LoggerFactory.getLogger(IndexController. class);
7     @Autowired
8     private IArticleService articleServiceImpl;
9     // 博客首页，会自动跳转到文章页
10    @GetMapping(value = "/")
11    private String index(HttpServletRequest request) {
12       return this.index(request, 1, 5);
```

```
13     }
14     // 文章页
15     @GetMapping(value = "/page/{p}")
16     public String index(HttpServletRequest request, @PathVariable("p") int page,
17                      @RequestParam(value = "count", defaultValue = "5") int count) {
18         PageInfo<Article> articles =
19                          articleServiceImpl.selectArticleWithPage(page, count);
20         // 获取文章热度统计信息
21         List<Article> articleList = articleServiceImpl.getHeatArticles();
22         request.setAttribute("articles", articles);
23         request.setAttribute("articleList", articleList);
24         logger.info("分页获取文章信息: 页码 "+page+",条数 "+count);
25         return "client/index";
26     }
27 }
```

文件 10-10 中，两个 index()方法分别用于处理博客首页和文章首页的访问请求。其中，在处理文章首页请求的 index()方法中，查询出的文章信息 articles 和热度文章 articleList 都存储在 Request 域，便于后台通过 request 将数据发送给前端页面。

（2）实现自定义拦截器 Interceptor

在本博客系统前端页面进行数据展示的过程中，会涉及很多的数据、日期和图片等的转换，而前端使用的是 Thymeleaf 模板引擎，为了方便页面数据转换，在项目业务功能实现之前特意编写并提供了页面数据转换工具类 Commons（com.itheima.utils 包下，具体代码实现读者可以自行查看）。因此，还必须将该工具类也传递到前端页面中，这里选择使用自定义拦截器 Interceptor 的方式，将 Commons 工具类实例存储在 Request 域中返回页面使用。

在 web 目录下新创建一个 interceptor 包，并在该包中通过实现 HandlerInterceptor 接口自定义一个拦截器类，内容如文件 10-11 所示。

文件 10-11　BaseInterceptor.java

```
1  import com.itheima.utils.Commons;
2  import org.springframework.beans.factory.annotation.Autowired;
3  import org.springframework.context.annotation.Configuration;
4  import org.springframework.web.servlet.HandlerInterceptor;
5  import org.springframework.web.servlet.ModelAndView;
6  import javax.servlet.http.HttpServletRequest;
7  import javax.servlet.http.HttpServletResponse;
8  /**
9   * 自定义的 Interceptor 拦截器类，用于封装请求后的数据类到 request 域中，供 html 页面使用
10  * 自定义 MVC 的 Interceptor 拦截器类有以下两点注意
11  *  1.使用@Configuration 注解声明
12  *  2.自定义注册类将自定义的 Interceptor 拦截器类进行注册使用
13  */
14 @Configuration
15 public class BaseInterceptor implements HandlerInterceptor {
16     @Autowired
17     private Commons commons;
18     @Override
```

```
19      public boolean preHandle(HttpServletRequest request, HttpServletResponse response,
20                               Object handler) throws Exception {
21          return true;
22      }
23      @Override
24      public void postHandle(HttpServletRequest request, HttpServletResponse response,
25              Object handler, ModelAndView modelAndView) throws Exception {
26          // 用户将封装的 Commons 工具返回页面
27          request.setAttribute("commons",commons);
28      }
29      @Override
30      public void afterCompletion(HttpServletRequest request,
31          HttpServletResponse response, Object handler, Exception ex) throws Exception {
32      }
33  }
```

文件 10-11 中，自定义拦截器 BaseInterceptor 实现了 HandlerInterceptor 接口的核心方法，并在 postHandle()方法中将 Commons 工具类的实例存储在 Request 域传递到前端页面。

实现了自定义的拦截器 Interceptor 后，还需要通过 Spring 框架提供的 WebMvcConfigurer 接口类进行注册。在 interceptor 包下编写一个 WebMvcConfigurer 接口实现类注册自定义拦截器，内容如文件 10-12 所示。

文件 10-12　WebMvcConfig.java

```
1   import org.springframework.beans.factory.annotation.Autowired;
2   import org.springframework.context.annotation.Configuration;
3   import org.springframework.web.servlet.config.annotation.InterceptorRegistry;
4   import org.springframework.web.servlet.config.annotation.WebMvcConfigurer;
5   /**
6    * 通过实现 WebMvcConfigurer 接口，可以添加额外的 MVC 配置(拦截器、格式化器、视图控制器
7      和其他特性)
8    */
9   @Configuration
10  public class WebMvcConfig implements WebMvcConfigurer {
11      @Autowired
12      private BaseInterceptor baseInterceptor;
13      @Override
14      // 重写 addInterceptors()方法，注册自定义拦截器
15      public void addInterceptors(InterceptorRegistry registry) {
16          registry.addInterceptor(baseInterceptor);
17      }
18  }
```

文件 10-12 中，WebMvcConfig 类实现了 WebMvcConfigurer 接口，并重写了 addInterceptors()方法注册自定义拦截器。

4. 实现前端页面功能

根据上一步指定的跳转页面，打开项目类目录下 client 目录中的项目首页 index.html，进行具体的数据获取和展示，其核心代码如文件 10-13 所示。

文件 10-13 index.html

```
1  <!DOCTYPE html>
2  <html lang="en" xmlns:th="http://www.thymeleaf.org">
3  <!-- 载入文章头页面，client 文件夹下的 header 模板页面，模板名称 th:fragment 为 header -->
4  <div th:replace="/client/header::header(null,null)" />
5  <body>
6  <div class="am-g am-g-fixed blog-fixed index-page">
7     <div class="am-u-md-8 am-u-sm-12">
8        <!-- 文章遍历并分页展示 -->
9        <div th:each="article: ${articles.list}">
10          <article class="am-g blog-entry-article">
11             <div class="am-u-lg-6 am-u-md-12 am-u-sm-12 blog-entry-img">
12                <img width="100%" class="am-u-sm-12"
13                   th:src="@{${commons.show_thumb(article)}}"/>
14             </div>
15             <div class="am-u-lg-6 am-u-md-12 am-u-sm-12 blog-entry-text">
16                <!-- 文章分类 -->
17                <span class="blog-color"style="font-size: 15px;">
18                   <a>默认分类</a></span>
19                <span>   </span>
20                <!-- 发布时间 -->
21                <span style="font-size: 15px;"
22                    th:text="'发布于 '+
23                          ${commons.dateFormat(article. created)}" />
24                <h2>
25                   <div><a style="color: #0f9ae0;font-size: 20px;"
26             th:href="${commons.permalink(article.id)}"
27             th:text="${article. title}" />
28                   </div>
29                </h2>
30                <!-- 文章摘要 -->
31              <div style="font-size: 16px;"
32                  th:utext="${commons.intro(article, 75)}" />
33             </div>
34          </article>
35       </div>
36       <!-- 文章分页信息 -->
37       <div class="am-pagination">
38         <div th:replace="/comm/paging::pageNav(${articles},
39                                '上一页','下一页', 'page')" />
40       </div>
41    </div>
42    <!-- 博主信息描述 -->
43    ...
44    <!-- 阅读排行榜 -->
45    <div class="am-u-md-4 am-u-sm-12 blog-sidebar">
46       <div class="blog-sidebar-widget blog-bor">
47          <h2 class="blog-text-center blog-title"><span>阅读排行榜</span></h2>
48          <div style="text-align: left">
```

```
49                <th:block th:each="article :${articleList}">
50                    <a style="font-size: 15px;" th:href="@{'/article/'+${article.id}}"
51        th:text="${articleStat.index+1}+'、'+${article.title}+'('+${article.hits}+')'">
52                    </a>
53                    <hr style="margin-top: 0.6rem;margin-bottom: 0.4rem" />
54                </th:block>
55            </div>
56        </div>
57    </div>
58 </div>
59 </body>
60 <!-- 载入文章尾页面，client 文件夹下的 footer 模板页面，模板名称 th:fragment 为 footer -->
61 <div th:replace="/client/footer::footer" />
62 </html>
```

文件 10-13 中，第 8 ~ 35 行代码用于显示文章分页列表，第 36 ~ 40 行代码用于控制分页，第 45 ~ 57 行代码用于显示阅读排行榜。其中，第 38 行和第 61 行代码使用 th:replace 属性引入了外部模板文件。第 49 ~ 54 行代码使用 th:*属性遍历显示 Request 域中的文章信息。

需要说明的是，由于博客系统页面代码比较多，这里我们只重点介绍 Spring Boot 整合 Thymeleaf 展示的页面数据，其他页面代码大家可以查看项目源码。

5. 效果展示

启动项目，访问项目首页，效果如图 10-12 所示。

从图 10-12 可以看出，项目初次启动访问首页会自动拦截跳转到 Security 提供的登录页面，这是由于在项目 pom.xml 中预先添加了 Security 相关的依赖文件，所以会默认启动 Security 的安全功能。

关于项目中 Spring Security 安全管理的具体实现，后续会详细讲解，这里先专注博客首页的效果展示。参考之前学习的 Spring Security，在登录页面输入 Security 提供的默认用户名 user，并输入项目启动时控制台打印的随机密码登录，会自动跳转到博客首页面，如图 10-13 所示。

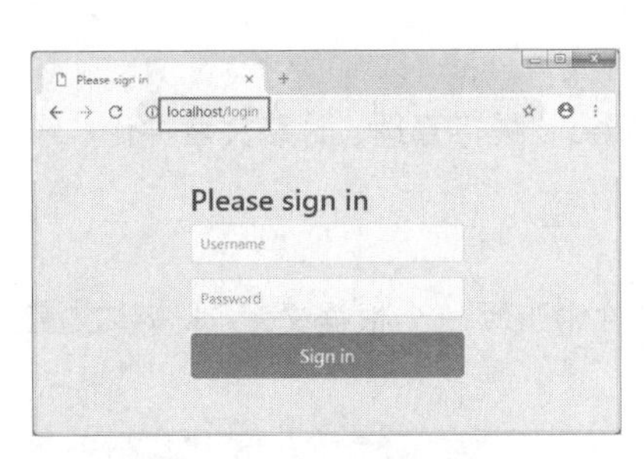

图10-12　项目初次访问效果

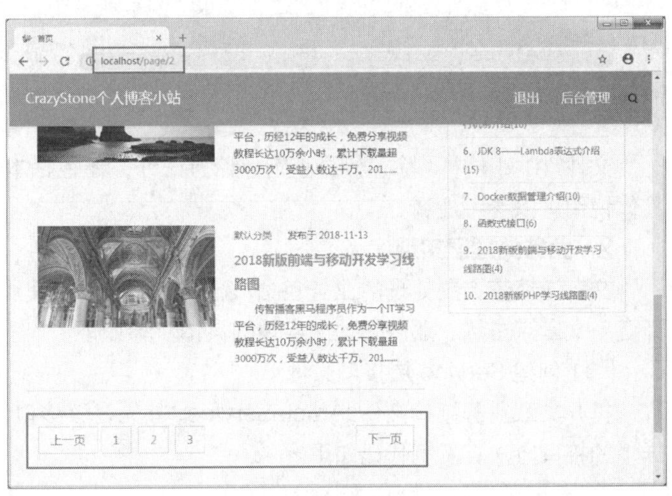

图10-13　博客首页面

10.4.2 文章详情查看

下面我们借助10.1.2小节中图10-3所示的文章详情页面效果和需求说明，实现文章详情查看功能。

1. 数据访问层实现

进行文章详情查询功能实现时，还包括对文章对应的评论信息进行查询，因此，虽然前面已经编写了文章类Article和文章统计类Statistic对应的接口文件，还要补充编写评论类Comment对应的接口文件。

在com.itheima.dao包下创建评论类Comment对应的Mapper接口文件，内容如文件10-14所示。

文件10-14 CommentMapper.java

```
1  import com.itheima.model.domain.Comment;
2  import org.apache.ibatis.annotations.*;
3  import java.util.List;
4  @Mapper
5  public interface CommentMapper {
6      // 分页展示某个文章的评论
7      @Select("SELECT * FROM t_comment WHERE article_id=#{aid} ORDER BY id DESC")
8      public List<Comment> selectCommentWithPage(Integer aid);
9      // 后台查询最新几条评论
10     @Select("SELECT * FROM t_comment ORDER BY id DESC")
11     public List<Comment> selectNewComment();
12     // 发表评论
13     @Insert("INSERT INTO t_comment (article_id,created,author,ip,content)" +
14             " VALUES (#{articleId}, #{created},#{author},#{ip},#{content})")
15     public void pushComment(Comment comment);
16     // 站点服务统计，统计评论数量
17     @Select("SELECT COUNT(1) FROM t_comment")
18     public Integer countComment();
19     // 通过文章id删除评论信息
20     @Delete("DELETE FROM t_comment WHERE article_id=#{aid}")
21     public void deleteCommentWithId(Integer aid);
22 }
```

文件10-14中，除了分页查询评论方法外，还包括本项目后续需要的其他数据操作方法，具体说明可以参考注释。

2. 业务处理层实现

文章详情查询要处理的业务包括：查询文章详情并使用Redis缓存管理、封装文章评论、统计更新文章点击量。业务处理层实现的具体步骤如下。

（1）创建Service层接口文件

打开文章业务接口文件IArticleService，首先在该接口文件中编写一个根据文章id查询文章详情的接口方法，示例代码如下。

```
// 根据文章id查询单个文章详情
public Article selectArticleWithId(Integer id);
```

然后，在 com.itheima.service 包下分别创建评论业务处理和博客站点业务处理的 Service 接口文件，内容分别如文件 10-15 和文件 10-16 所示。

文件 10-15 ICommentService.java

```
1  import com.github.pagehelper.PageInfo;
2  import com.itheima.model.domain.Comment;
3  /**
4   * 文章评论业务处理接口
5   */
6  public interface ICommentService {
7      // 获取文章下的评论
8      public PageInfo<Comment> getComments(Integer aid, int page, int count);
9  }
```

文件 10-16 ISiteService.java

```
1  import com.itheima.model.ResponseData.StaticticsBo;
2  import com.itheima.model.domain.Article;
3  import com.itheima.model.domain.Comment;
4  import java.util.List;
5  /**
6   * 博客站点统计服务
7   */
8  public interface ISiteService {
9      // 最新收到的评论
10     public List<Comment> recentComments(int count);
11     // 最新发表的文章
12     public List<Article> recentArticles(int count);
13     // 获取后台统计数据
14     public StaticticsBo getStatistics();
15     // 更新某个文章的统计数据
16     public void updateStatistics(Article article);
17 }
```

文件 10-15 的 ICommentService 接口文件中编写了分页查询文章对应评论的方法;文件 10-16 的 ISiteService 接口文件中编写了本项目中后续都将会使用到的文章数据统计方法（包括查询最新评论、查询最新文章、获取后台文章统计数据、更新文章统计数据）。

（2）创建 Service 层接口实现类文件

在文章业务层接口实现类 ArticleServiceImpl 中实现新增的查询文章详情方法，并在文章详情查询的业务实现中嵌入 Redis 缓存管理，示例代码如下。

```
@Autowired
private RedisTemplate redisTemplate;
// 根据 id 查询单个文章详情，并使用 Redis 缓存管理
public Article selectArticleWithId(Integer id){
    Article article = null;
    Object o = redisTemplate.opsForValue().get("article_" + id);
    if(o!=null){
        article=(Article)o;
    }else{
```

```
        article = articleMapper.selectArticleWithId(id);
        if(article!=null){
            redisTemplate.opsForValue().set("article_" + id,article);
        }
    }
    return article;
}
```

上述代码中,先使用@Autowired注解注入定制的RedisTemplate类(在项目com.itheima. config包下定制的配置类),然后在文章查询过程中先从Redis缓存中进行查询,如果为空再进行数据库查询,并将结果进行缓存处理。其中,此处缓存管理的文章详情数据的key为"article_" + id的形式。

在com.itheima.service.impl包下针对新编写的ICommentService和ISiteService接口文件编写各自的实现类,内容分别如文件10-17和文件10-18所示。

文件10-17　CommentServiceImpl.java

```
1  import com.github.pagehelper.PageHelper;
2  import com.github.pagehelper.PageInfo;
3  import com.itheima.dao.CommentMapper;
4  import com.itheima.model.domain.Comment;
5  import com.itheima.service.ICommentService;
6  import org.springframework.beans.factory.annotation.Autowired;
7  import org.springframework.stereotype.Service;
8  import org.springframework.transaction.annotation.Transactional;
9  import java.util.List;
10 @Service
11 @Transactional
12 public class CommentServiceImpl implements ICommentService {
13     @Autowired
14     private CommentMapper commentMapper;
15     // 根据文章id分页查询评论
16     @Override
17     public PageInfo<Comment> getComments(Integer aid, int page, int count) {
18         PageHelper.startPage(page,count);
19         List<Comment> commentList = commentMapper.selectCommentWithPage(aid);
20         PageInfo<Comment> commentInfo = new PageInfo<>(commentList);
21         return commentInfo;
22     }
23 }
```

文件10-18　SiteServiceImpl.java

```
1  import com.github.pagehelper.PageHelper;
2  ...
3  @Service
4  @Transactional
5  public class SiteServiceImpl implements ISiteService {
6      @Autowired
7      private CommentMapper commentMapper;
8      @Autowired
9      private ArticleMapper articleMapper;
```

```
10     @Autowired
11     private StatisticMapper statisticMapper;
12     @Override
13     public void updateStatistics(Article article) {
14         Statistic statistic =
15                  statisticMapper.selectStatisticWithArticleId(article.getId());
16         statistic.setHits(statistic.getHits()+1);
17         statisticMapper.updateArticleHitsWithId(statistic);
18     }
19     @Override
20     public List<Comment> recentComments(int limit) {
21         PageHelper.startPage(1, limit>10 || limit<1 ? 10:limit);
22         List<Comment> byPage = commentMapper.selectNewComment();
23         return byPage;
24     }
25     @Override
26     public List<Article> recentArticles(int limit) {
27         PageHelper.startPage(1, limit>10 || limit<1 ? 10:limit);
28         List<Article> list = articleMapper.selectArticleWithPage();
29         // 封装文章统计数据
30         for (int i = 0; i < list.size(); i++) {
31             Article article = list.get(i);
32             Statistic statistic =
33                      statisticMapper.selectStatisticWithArticleId(article.getId());
34             article.setHits(statistic.getHits());
35             article.setCommentsNum(statistic.getCommentsNum());
36         }
37         return list;
38     }
39     @Override
40     public StaticticsBo getStatistics() {
41         StaticticsBo staticticsBo = new StaticticsBo();
42         Integer articles = articleMapper.countArticle();
43         Integer comments = commentMapper.countComment();
44         staticticsBo.setArticles(articles);
45         staticticsBo.setComments(comments);
46         return staticticsBo;
47     }
48 }
```

文件 10-17 和文件 10-18 中，分别实现了 ICommentService 和 ISiteService 接口中的方法，调用对应 Mapper 接口文件中的方法进行具体的业务实现，实现代码也非常简单。

3. 请求处理层实现

打开用户首页请求处理类 IndexController，在类中新增用于查询文章详情的处理方法，示例代码如下。

```
@Autowired
private ICommentService commentServiceImpl;
@Autowired
private ISiteService siteServiceImpl;
```

```java
// 文章详情查询
@GetMapping(value = "/article/{id}")
public String getArticleById(@PathVariable("id") Integer id,
                              HttpServletRequest request){
    Article article = articleServiceImpl.selectArticleWithId(id);
    if(article!=null){
        // 查询封装评论相关数据
        getArticleComments(request, article);
        // 更新文章点击量
        siteServiceImpl.updateStatistics(article);
        request.setAttribute("article",article);
        return "client/articleDetails";
    }else {
        logger.warn("查询文章详情结果为空，查询文章 ID: "+id);
        // 未找到对应文章页面，跳转到提示页
        return "comm/error_404";
    }
}
// 查询文章的评论信息，并补充到文章详情里面
private void getArticleComments(HttpServletRequest request, Article article) {
    if (article.getAllowComment()) {
        // cp 表示评论页码，commentPage
        String cp = request.getParameter("cp");
        cp = StringUtils.isBlank(cp) ? "1" : cp;
        request.setAttribute("cp", cp);
        PageInfo<Comment> comments =
            commentServiceImpl.getComments(article.getId(),Integer.parseInt(cp),3);
        request.setAttribute("cp", cp);
        request.setAttribute("comments", comments);
    }
}
```

上述代码中，定义了查询文章详情的请求路径为“/article/{id}”，先查询出对应的文章信息，然后对文章的评论信息进行查询封装，同时更新了文章的点击量统计信息。在完成文章数据的查询后，如果文章不为空，跳转到 client 文件夹下的 articleDetails.html 文件；如果文件为空，跳转到自定义的 comm 文件夹下的 error_404.html 错误页面。

需要说明的是，文章详情的请求路径一定要与前端页面上请求的路径保持一致。在此项目中，查询文章详情的位置包括有：项目首页文章名查看、项目首页阅读排行榜查看、后台首页最新文章查看、后台首页评论详情查看，因此在这些请求页面上一定要配置对应的请求路径，方可请求成功。

4. 实现前端页面功能

打开项目类目录下 client 目录中的文章详情页面 articleDetails.html，进行具体的文章详情获取和展示，其核心代码如文件 10-19 所示。

文件 10-19　articleDetails.html

```html
1  <!DOCTYPE html>
2  <html lang="en" xmlns:th="http://www.thymeleaf.org">
3  ...
4  <div th:replace="client/header::header(${article.title},null)"></div>
```

```
5  <body>
6  <article class="main-content post-page">
7      <div class="post-header">
8          <h1 class="post-title" itemprop="name headline" th:text="${article.
9          title}"></h1>
10         <div class="post-data">
11             <time th:datetime="${commons.dateFormat(article.created)}"
12                   itemprop="datePublished"
13                   th:text="'发布于 '+ ${commons.dateFormat(article.created)}"> </time>
14         </div>
15     </div>
16     <br />
17     <div id="post-content" class="post-content content"
18          th:utext="${commons.article(article.content)}"></div>
19 </article>
20 <div th:replace="client/comments::comments"></div>
21 <div th:replace="client/footer::footer"></div>
22 <!-- 使用 layer.js 实现图片缩放功能 -->
23 <script type="text/JavaScript">
24     $('.post-content img').on('click', function(){
25         var imgurl=$(this).attr('src');
26         var w=this.width*2;
27         var h=this.height*2+50;
28         layer.open({
29             type: 1,
30             title: false,            //不显示标题栏
31             area: [w+"px", h+"px"],
32             shadeClose: true,        //点击遮罩关闭
33             content: '\<\div style="padding:20px;">' +
34                     '\<\img style="width:'+(w-50)+'px;" src='+imgurl+'\>\<\/div>'
35         });
36     });
37 </script>
38 </body>
39 </html>
```

文件 10-19 中，主要通过 th:*属性获取并展示了后台查询的文章及评论详情数据，同时在页面底部的第 23～37 行<script>标签中实现了一个图片缩放功能。

5. Redis 服务启动与配置

在前面文章详情查询的业务实现中，使用了 Redis 进行文章缓存管理，为了正常演示项目使用效果，还需要对 Redis 服务进行相关的配置。

在 10.3.2 小节项目环境准备时，我们已经预先引入了自定义的 Redis 配置类，该配置类主要用于数据缓存时的 JSON 格式转换；同时还引入了 Redis 服务连接需要的配置文件 application-redis.properties，所以这两步可以直接跳过。最后需要做的就是启动 Redis 服务，进行项目演示使用。为了方便读者的学习，application-redis.properties 配置文件中配置了本

地 127.0.0.1 服务地址，这里可以直接参考第 6 章缓存管理，启动本地 Windows 环境下的 Redis 服务。

6．效果展示

启动项目，登录进入博客首页。如果想查看博客文章详情，可以单击列表中的标题，也可以选择阅读排行榜中的文章，文章详情页效果如图 10-3 所示。

当然，也可以通过 Redis 客户端可视化管理工具查看缓存的文章详情，效果如图 10-14 所示。

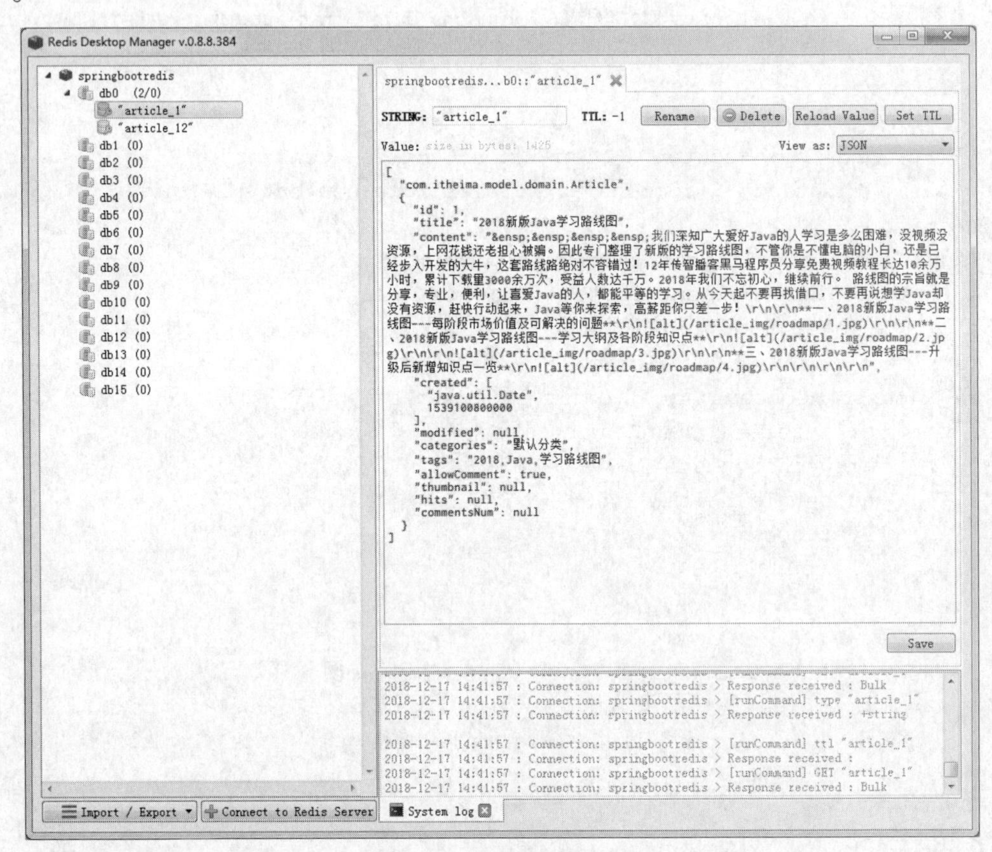

图10-14　缓存的文章详情

10.4.3　文章评论管理

一个完善的博客系统，前端页面可以展示、发布评论，评论用户可以互相回复、后台可以管理评论内容。由于篇幅有限，本项目的文章评论会实现前端评论展示、发布评论等功能。

下面我们借助 10.1.2 小节中图 10-4 所示的文章评论效果和需求说明，实现文章评论发布功能。

1．业务处理层实现

实现查看文章详情时，评论类 Comments 操作数据库的 Mapper 接口文件已经编写好了，这里直接从 Service 业务层处理评论管理的相关业务。

（1）编写 Service 层接口方法

在评论业务接口文件 ICommentService 中编写一个发布文章评论的方法，示例代码如下。

```
// 用户发表评论
public void pushComment(Comment comment);
```

（2）编写 Service 层接口实现类方法

在评论业务层接口实现类 CommentServiceImpl 中实现新增的评论发布方法，示例代码如下。

```
@Autowired
private StatisticMapper statisticMapper;
// 用户发表评论
@Override
public void pushComment(Comment comment){
    commentMapper.pushComment(comment);
    // 更新文章评论数据量
    Statistic statistic =
              statisticMapper.selectStatisticWithArticleId(comment.getArticleId());
    statistic.setCommentsNum(statistic.getCommentsNum()+1);
    statisticMapper.updateArticleCommentsWithId(statistic);
}
```

上述代码中，在 CommentServiceImpl 的评论发布方法中，先进行了评论数据发布操作，然后调用统计类接口文件 statisticMapper 的相关方法对文章评论信息数量进行了统计更新。

2. 请求处理层实现

在 com.itheima.web.client 包下创建一个用户评论管理的控制类 CommentController，并编写相应的请求控制方法，内容如文件 10-20 所示。

文件 10-20　CommentController.java

```
1  import com.itheima.model.ResponseData.ArticleResponseData;
2  ...
3  @Controller
4  @RequestMapping("/comments")
5  public class CommentController {
6     private static final Logger logger=
7             LoggerFactory.getLogger(CommentController. class);
8     @Autowired
9     private ICommentService commentServcieImpl;
10    // 发表评论操作
11    @PostMapping(value = "/publish")
12    @ResponseBody
13    public ArticleResponseData publishComment(HttpServletRequest request,
14                         @RequestParam Integer aid, @RequestParam String text) {
15        // 去除 JS 脚本
16        text = MyUtils.cleanXSS(text);
17        text = EmojiParser.parseToAliases(text);
18        // 获取当前登录用户
19        User user=
20          (User) SecurityContextHolder.getContext().
21                getAuthentication(). getPrincipal();
22        // 封装评论信息
```

```
23         Comment comments = new Comment();
24         comments.setArticleId(aid);
25         comments.setIp(request.getRemoteAddr());
26         comments.setCreated(new Date());
27         comments.setAuthor(user.getUsername());
28         comments.setContent(text);
29         try {
30             commentServcieImpl.pushComment(comments);
31             logger.info("发布评论成功，对应文章 ID: "+aid);
32             return ArticleResponseData.ok();
33         } catch (Exception e) {
34             logger.error("发布评论失败，对应文章ID: "+aid +";错误描述: "+e.getMessage());
35             return ArticleResponseData.fail();
36         }
37     }
38 }
```

文件 10-20 中，publishComment()方法用于实现发布评论，处理路径为“/comments/publish”的请求。如果用户发布评论，首先会获取并封装用户的评论信息，然后将评论信息插入数据库，最后根据数据库操作结果提示用户是否成功发布评论。

3. 实现前端页面功能

打开 client 文件夹中的 comments.html 文件，实现前端页面评论展示的实现，文章评论页面 comments.html 的核心代码如文件 10-21 所示。

文件 10-21　comments.html

```
1  <!DOCTYPE html>
2  <html lang="en" xmlns:th="http://www.thymeleaf.org" th:fragment="comments"
3       xmlns:sec="http://www.thymeleaf.org/thymeleaf-extras-springsecurity5">
4  <body>
5  ...
6          <span class="response">
7              <form name="logoutform"
8                     th:action="@{/logout}" method="post"> </form>
8              <th:block sec:authorize="isAuthenticated()">
9                  Hello, <a data-no-instant="" sec:authentication="name"></a>
10                 如果你想
11                 <a href="javascript:document.logoutform.submit();"> 注销</a> ?
12             </th:block>
13             <th:block sec:authorize="isAnonymous()">
14         用户想要评论，请先
15         <a th:href="@{/login}" title="登录" data-no-instant=""> 登录</a>!
16             </th:block>
17         </span>
18         <div sec:authorize="isAuthenticated()">
19             <form id="comment-form" class="comment-form" role="form"
20                                  onsubmit="return TaleComment.subComment();">
21                 <input type="hidden" name="aid" id="aid" th:value="${article.id}"/>
```

```
22        <input type="hidden"
23        th:name="${_csrf.parameterName}" th:value="${_csrf. token}"/>
24            <textarea name="text" id="textarea" class="form-control"
25             placeholder="以上信息可以为空,评论不能为空哦!"
26             required="required" minlength="5" maxlength="2000"></textarea>
27              <button type="submit" class="submit" id="misubmit">
28            提交</button>
29               </form>
30           </div>
31       </div>
32       <!-- 分页显示其他评论内容 -->
33       <div th:if="${comments}">
34           <ol class="comment-list">
35               <th:block th:each="comment :${comments.list}">
36                   <li th:id="'li-comment-'+${comment.id}"
37                               class="comment-body comment-parent comment-odd">
38                       <div th:id="'comment-'+${comment.id}">
39                           <div class="comment-view" onclick="">
40                               <div class="comment-header">
41                                   <!-- 设置人物头像和名称 -->
42                  <img class="avatar"
43                   th:src="@{/assets/img/avatars.jpg}" height="50"/>
44       <a class="comment-author" rel="external nofollow"
45                   th:text="${comment.author}" />
46                               </div>
47                               <!-- 评论内容 -->
48                               <div class="comment-content">
49                                   <span class="comment-author-at"></span>
50                               <p th:utext="${commons.article(comment.content)}"></p>
51                               </div>
52                               <!-- 评论日期 -->
53                               <div class="comment-meta">
54                                   <time class="comment-time"
55                         th:text="${commons.dateFormat(comment.created)}"> </time>
56                               ...
57                               </div>
58                           </div>
59                       </div>
60                   </li>
61               </th:block>
62           </ol>
63           <!-- 进行评论分页 -->
64           ...
65 </body>
66 <div th:replace="comm/tale_comment::tale_comment"></div>
67 </html>
```

文件 10-21 中，主要是使用 sec:*和 th:*属性进行评论框管理控制以及评论列表获取展示。

在评论发布框控制中，只有登录用户才可以查看到评论框并发布评论。在评论发布的<form>表单中第 22～23 行，特别添加了一个用于 CSRF 防御时进行 CSRF Token 认证的隐藏域“<input type="hidden" th:name="￥{_csrf.parameterName}" th:value="￥{_csrf.token}"/>”。

在 comments.html 页面底部使用 th:replace 属性，在评论发布<form>表单中调用 comm/tale_comment 页面中的 TaleComment.subComment()方法进行评论发布请求。打开 common 文件夹下的 tale_comment.html 进行查看，内容如文件 10-22 所示。

文件 10-22　tale_comment.html

```
1  <!DOCTYPE html>
2  <html lang="en" xmlns:th="http://www.thymeleaf.org" th:fragment="tale_comment" >
3  <body>
4  <script type="text/javascript">
5      (function () {
6          window.TaleComment = {
7              subComment: function () {
8                      $.ajax({
9                      type: 'post',
10                     url: '/comments/publish',
11                     data: $('#comment-form').serialize(),
12                     async: false,
13                     dataType: 'json',
14                     success: function (result) {
15                         if (result && result.success) {
16                             window.alert("评论提交成功!");
17                             window.location.reload();
18                         } else {
19                             window.alert("发送失败")
20                             if (result.msg) {
21                                 alert(result.msg);
22                             }
23                         }
24                     }
25                 });
26                 return false;
27             }
28         };
29     })();
30 </script>
31 </body>
32 </html>
```

文件 10-22 中，使用 Ajax 发送 POST 请求，并将请求返回的结果封装在 result，根据 result 结果在页面显示不同的提示消息。

4. 效果展示

启动项目进行测试，项目启动成功后，先登录并进入到某个文章详情页面；然后，在文章底部的评论框中发布评论进行效果测试，结果如图 10-15 所示。

图10-15 文章评论信息展示

从图 10-15 可以看出，文章评论列表中展示出了新添加的测试评论数据，包括用户名、评论内容以及评论日期，说明文章评论管理成功实现。

10.5 后台管理模块

本博客项目的后台管理模块包括数据展示、文章发布、文章修改、文章删除、用户登录控制，下面我们分别实现这些功能。

10.5.1 数据展示

下面根据图 10-5 所示的系统后台首页效果和需求说明，实现系统后台首页数据的展示。

1. 请求处理层实现

后台首页展示的内容包括最新的文章信息、评论信息以及统计的文章和评论的数据量，这些数据的业务处理已经在 SiteServiceImpl 中实现了，这里直接在 Controller 中处理前端页面的请求。

创建 com.itheima.web.admin 包，在该包下创建一个后台管理的控制类 AdminController，用于处理前端页面请求，如文件 10-23 所示。

文件 10-23 AdminController.java

```
1  import com.itheima.model.ResponseData.StaticticsBo;
2  ...
3  /**
4   * 后台管理模块
5   */
6  @Controller
7  @RequestMapping("/admin")
```

```
8  public class AdminController {
9      private static final Logger logger=
10                 LoggerFactory.getLogger(AdminController. class);
11     @Autowired
12     private ISiteService siteServiceImpl;
13     // 管理中心起始页
14     @GetMapping(value = {"", "/index"})
15     public String index(HttpServletRequest request) {
16         // 获取最新的 5 篇博客、评论以及统计数据
17         List<Article> articles = siteServiceImpl.recentArticles(5);
18         List<Comment> comments = siteServiceImpl.recentComments(5);
19         StaticticsBo staticticsBo = siteServiceImpl.getStatistics();
20         // 向 Request 域中存储数据
21         request.setAttribute("comments", comments);
22         request.setAttribute("articles", articles);
23         request.setAttribute("statistics", staticticsBo);
24         return "back/index";
25     }
26 }
```

文件 10-23 中，后台首页展示的方法 index()针对“/admin”和“/admin/index”的 GET 请求进行首页数据展示。

2. 实现后台前端页面功能

项目 back 文件夹中的 index.html 是后台系统的首页，其核心代码如文件 10-24 所示。

文件 10-24　index.html

```
1  <!DOCTYPE html>
2  <html lang="en" xmlns:th="http://www.thymeleaf.org"
3                                 th:with="title='管理中心',active= 'home'">
4  <header th:replace="back/header::headerFragment(${title},${active})"></header>
5  <body class="fixed-left">
6  ...
7      <div class="col-sm-6 col-lg-3">
8          <div class="mini-stat clearfix bx-shadow bg-info">
9  <span class="mini-stat-icon"><i class="fa fa-quote-right"
10                     aria-hidden="true"></i></span>
11             <div class="mini-stat-info text-right">
12             发表了<span class="counter" th:text="${statistics.articles}"></span>篇文章
13             </div>
14         </div>
15     </div>
16     <div class="col-sm-6 col-lg-3">
17         <div class="mini-stat clearfix bg-purple bx-shadow">
18             <span class="mini-stat-icon"><i class="fa fa-comments-o"
19                                         aria-hidden="true"></i></span>
20             <div class="mini-stat-info text-right">
21         收到了<span class="counter" th:text="${statistics.comments}"> </span>条留言
```

```
22              </div>
23          </div>
24          <div class="panel panel-default">
25              <div class="panel-heading">
26                  <h4 class="panel-title">最新文章</h4>
27              </div>
28              <div class="panel-body">
29                  <ul class="list-group">
30                      <li class="list-group-item" th:each="article : ${articles}">
31                      <span class="badge badge-primary"
31                              th:text="${article.commentsNum}">
32                      </span>
33                      <a target="_blank" th:text="${article.title}"
34           th:href="${commons.site_url('/article/')}+${article. id}"></a>
35                      </li>
36                  </ul>
37              </div>
38          </div>
39          <div class="panel panel-default">
40              <div class="panel-heading">
41                  <h4 class="panel-title">最新留言</h4>
42              </div>
43              <div class="panel-body">
44                  <div th:if="${comments.size()}==0">
45                      <div class="alert alert-warning">
46                          还没有收到留言。
47                      </div>
48                  </div>
49          <ul class="list-group" th:unless="${comments}==null and
49                               ${comments. size()}==0">
50                      <li class="list-group-item" th:each="comment : ${comments}">
51                          <th:block th:text="${comment.author}"/>于
52                           <th:block
52                           th:text="${commons.dateFormat(comment. created)}"/>:
53                            <a target="_blank"
54          th:href="${commons.site_url('/article/')}+
52                              ${comment.articleId}+ '#comments'"
55                            th:utext="${commons.article(comment.content)}"></a>
56                      </li>
57                  </ul>
58              </div>
59          </div>
60  <div th:replace="back/footer :: footer"></div>
61  </body>
62  </html>
```

文件 10-24 中，核心内容是使用 th:*相关属性获取后台封装在 Request 域中的最新文章信息、最新评论信息和相关统计数据，并展示在页面上。

3. 效果展示

启动项目后，先登录进入前端首页。单击前端首页左上角的【后台管理】进入后台首页，效果如图 10-5 所示。

另外，在博客系统后台首页的右上角还有一个人物图像，鼠标单击该人物图像会出现【查看网站】和【用户注销】两个功能链接，读者可以自行测试查看具体效果。

10.5.2 文章发布

在图 10-5 所示的系统后台首页中，通过单击左侧的【发布文章】面板链接可以跳转到文章编辑页面，在文章编辑页面完成文章编辑后可以跳转到“文章管理”面板页面，分页展示出所有文章信息。下面我们根据上述分析并结合图 10-6 所示的文章发布页面的效果，实现博客系统的文章发布功能。

1. 业务处理层实现

（1）编写 Service 层接口方法

在文章业务接口 IArticleService 中新增一个发布文章的方法，示例代码如下。

```
// 发布文章
public void publish(Article article);
```

（2）编写 Service 层接口实现类方法

在文章业务层接口实现类 ArticleServiceImpl 中实现 publish()方法，示例代码如下。

```
// 发布文章
@Override
public void publish(Article article) {
    // 去除表情
    article.setContent(EmojiParser.parseToAliases(article.getContent()));
    article.setCreated(new Date());
    article.setHits(0);
    article.setCommentsNum(0);
    // 插入文章，同时插入文章统计数据
    articleMapper.publishArticle(article);
    statisticMapper.addStatistic(article);
}
```

上述代码中，先对发布的内容进行表情过滤操作，然后调用接口文件 articleMapper 和 statisticMapper 分别插入文章数据并统计文章数据。

2. 请求处理层实现

在后台管理控制类 AdminController 中添加页面跳转请求的方法，包括跳转到文章发布页面的请求方法、发布文章请求的方法以及成功发布文章后跳转到文章管理列表的请求方法，示例代码如下：

```
@Autowired
private IArticleService articleServiceImpl;
// 向文章发表页面跳转
@GetMapping(value = "/article/toEditPage")
```

```
    public String newArticle( ) {
        return "back/article_edit";
    }
    // 发表文章
    @PostMapping(value = "/article/publish")
    @ResponseBody
    public ArticleResponseData publishArticle(Article article) {
        if (StringUtils.isBlank(article.getCategories())) {
            article.setCategories("默认分类");
        }
        try {
            articleServiceImpl.publish(article);
            logger.info("文章发布成功");
            return ArticleResponseData.ok();
        } catch (Exception e) {
            logger.error("文章发布失败，错误信息: "+e.getMessage());
            return ArticleResponseData.fail();
        }
    }
    // 跳转到后台文章列表页面
    @GetMapping(value = "/article")
    public String index(@RequestParam(value = "page", defaultValue = "1") int page,
                        @RequestParam(value = "count", defaultValue = "10") int count,
                        HttpServletRequest request) {
        PageInfo<Article> pageInfo = articleServiceImpl.selectArticleWithPage
                                    (page, count);
        request.setAttribute("articles", pageInfo);
        return "back/article_list";
    }
```

上述代码中的方法都用于处理请求，其中，newArticle()方法用于处理路径为“admin/article/toEditPage”的请求，并跳转到文章发布页面；publishArticle()方法用于处理路径为“/admin/article/publish”的请求，处理文章发布的功能；index()方法用于处理路径为“/admin/article”的请求，处理文章发布成功后，跳转到文章管理列表页面的功能。

3. 实现前端页面功能

根据上一步的提示及相关说明，打开 back 文件夹中的 article_edit.html 文件，该文件用于实现文章编辑和发布，其核心代码如文件 10-25 所示。

文件 10-25　article_edit.html

```
1   <!DOCTYPE html>
2   ...
3   <body class="fixed-left">
4   ..
5       <div class="row">
6           <div class="col-sm-12">
7               <h4 class="page-title">
8                   <th:block th:if="${null != contents}">
```

```
9                    编辑文章
10                </th:block>
11                <th:block th:unless="${null != contents}">
12                    发布文章
13                </th:block>
14            </h4>
15        </div>
16        <div class="col-md-12">
17            <form id="articleForm">
18                <input type="hidden" name="id"
19        th:value="${contents!=null and contents.id!=null}
20                     ?${contents.id}: ''" id="id"/>
21                <input type="hidden" name="allowComment"
22                      th:value="${contents!=null
23                          and contents.allowComment !=null}
24                      ?${contents.allowComment}: true"
25                       id="allow_comment"/>
26                <input type="hidden" name="content" id="content-editor"/>
27                <input type="hidden"
28          th:name="${_csrf.parameterName}" th:value="${_csrf.token}"/>
29                <div class="form-group col-md-6"
30                   style="padding: 0 10px 0 0;">
31                    <th:block th:if="${null != contents}">
32                        <input type="text"
33                        class="form-control" name="title"
34              required="required" aria-required="true"
35                        th:value="${contents.title}"/>
36                    </th:block>
37                    <th:block th:unless="${null != contents}">
38             <input type="text" class="form-control"
39              placeholder="请输入文章标题（必须）"
40              name="title"  required="required"
41              aria-required="true"/>
42                    </th:block>
43                </div>
44                <div class="form-group col-md-6"
45                      style="padding: 0 10px 0 0;">
46                    <th:block th:if="${null != contents}">
47                        <input name="tags" id="tags"
48                          type="text" class="form-control"
49                          th:value="${contents.tags}" />
50                    </th:block>
51                    <th:block th:unless="${null != contents}">
52                        <input name="tags" id="tags"
53                         type="text" class="form-control"
54                         placeholder="请输入文章标签" />
55                    </th:block>
```

```
56                  </div>
57                  <div class="clearfix"></div>
58                  <div id="md-container" class="form-group">
59                      <textarea id="md-editor" th:utext="${contents!=null and
60                          contents.content !=null}
61                          ?${contents.content}: ''"></textarea>
62                  </div>
63                  <div class="text-right">
64                      <a class="btn btn-default waves-effect waves-light"
65                        th:href="@{/admin/article}">返回列表</a>
66                  <button type="button"
67                   class="btn btn-primary waves-effect waves-light"
68                      onclick="subArticle('publish');">保存文章</button>
69                  </div>
70              </form>
71          </div>
72  </body>
73  </html>
```

文件 10-25 是编辑文章的页面，当单击【保存文章】按钮时会触发执行 subArticle()方法，该方法用于提交文章内容，具体代码如下：

```
function subArticle(status) {
    var title = $('#articleForm input[name=title]').val();
    var content =  mditor.value;
    if (title == '') {
        tale.alertWarn('请输入文章标题');
        return;
    }
    if (title .length>25) {
        tale.alertWarn('文章标题不能超过 25 个字符！');
        return;
    }
    if (content == '') {
        tale.alertWarn('请输入文章内容');
        return;
    }
    $('#content-editor').val(content);
    $("#articleForm #status").val(status);
    $("#articleForm #categories").val($('#multiple-sel').val());
    var params = $("#articleForm").serialize();
    var url = $('#articleForm #id').val() != ''
                ? '/admin/article/modify' : '/admin/article/publish';
    tale.post({
        url:url,
        data:params,
        success: function (result) {
            if (result && result.success) {
                tale.alertOk({
```

```
                    text:'文章保存成功',
                    then: function () {
                        setTimeout(function () {
                            window.location.href = '/admin/article';
                        }, 500);
                    }
                });
            } else {
                tale.alertError(result.msg || '保存文章失败！');
            }
        }
    });
}
```

上述代码的主要作用是对文章编辑过程中的字段信息进行逻辑判断，然后根据要处理的业务（文章发布还是文章修改）选择性地向后台路径提交请求，最后在文章发布处理成功后执行 window.location.href = '/admin/article'请求获取最新文章并跳转到“文章管理”面板所在的列表页面（AdminController 示例中新增的向文章管理列表跳转的方法中展示了文章管理列表页面地址为 back/article_list）。

4. 效果展示

启动项目进行测试，项目启动成功后，先登录；在项目前端首页单击左上角的【后台管理】链接直接进入博客系统后台首页；单击页面左侧的【发布文章】面板链接进入到文章编辑页面，并进行文章的编辑，执行效果如图 10-16 所示。

从 10-16 可以看出，文章编辑页面可以编辑文章标题、标签和文章内容。如果单击图 10-16 页面下方的【保存文章】按钮，会弹出一个“文章保存成功”的提示消息并跳转到文章列表管理页面，具体如图 10-17 所示。

图 10-17 展示了所有发布的文章内容，我们可以在该页面中编辑、删除和预览文章内容。

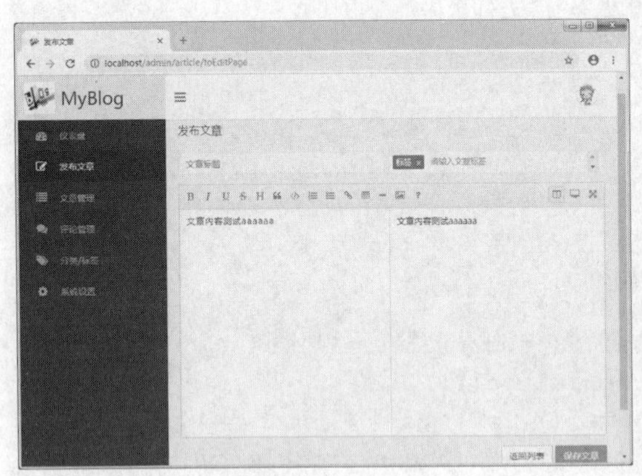

图10-16 文章编辑页面

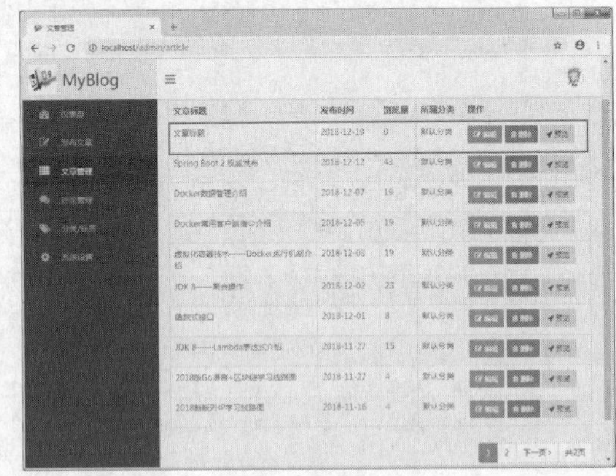

图10-17 文章列表管理页面

10.5.3 文章修改

在图 10-17 所示的文章管理列表页面可以进行其他功能操作，例如编辑、删除和预览。下面我们将先对文章的编辑功能进行具体实现。

1. 业务处理层实现

（1）编写 Service 层接口方法

在文章业务接口 IArticleService 中添加修改文章的方法，示例代码如下。

```
// 根据主键更新文章
public void updateArticleWithId(Article article);
```

（2）编写 Service 层接口实现类方法

在文章业务层接口实现类 ArticleServiceImpl 中实现 updateArticleWithId 方法，示例代码如下。

```
// 更新文章
@Override
public void updateArticleWithId(Article article) {
    article.setModified(new Date());
    articleMapper.updateArticleWithId(article);
    redisTemplate.delete("article_" + article.getId());
}
```

上述代码中，先对文章进行了更新处理，然后又调用 RedisTemplate 删除了指定 id 的文章缓存信息。

2. 请求处理层实现

在后台管理控制类 AdminController 中定义两个方法，分别用于处理跳转到文章修改页面和保存修改文章的操作，具体代码如下所示：

```
// 向文章修改页面跳转
@GetMapping(value = "/article/{id}")
public String editArticle(@PathVariable("id") String
                          id, HttpServletRequest request) {
    Article article = articleServiceImpl.selectArticleWithId(Integer.parseInt(id));
    request.setAttribute("contents", article);
    request.setAttribute("categories", article.getCategories());
    return "back/article_edit";
}
// 修改处理文章
@PostMapping(value = "/article/modify")
@ResponseBody
public ArticleResponseData modifyArticle(Article article) {
    try {
        articleServiceImpl.updateArticleWithId(article);
        logger.info("文章更新成功");
        return ArticleResponseData.ok();
    } catch (Exception e) {
        logger.error("文章更新失败，错误信息："+e.getMessage());
        return ArticleResponseData.fail();
    }
}
```

上述代码中，editArticle()方法用于处理向文章修改页面跳转的逻辑，该方法通过获取指定文章的 id，跳转到对应文章的编辑页面；modifyArticle()方法用于处理文章编辑操作，处理成功后会跳转到文章管理列表页面。

3. 效果展示

在上一节文章发布功能实现时，我们已经展示并介绍了文章编辑页面和请求方法，文章修改与文章发布是进行了相同的页面处理，所以这里不再重复展示页面部分，可以直接启动项目进行效果测试。

项目启动后，使用浏览器访问“http://localhost/admin/article”页面，首先会进入登录页面。登录成功后进入后台文章列表页面，选择其中一篇文章的【编辑】进入编辑页面，这里我们修改文章标题，如图 10-18 所示。

完成文章标题的修改后，单击【保存文章】按钮跳转到文章列表管理页面，如图 10-19 所示。

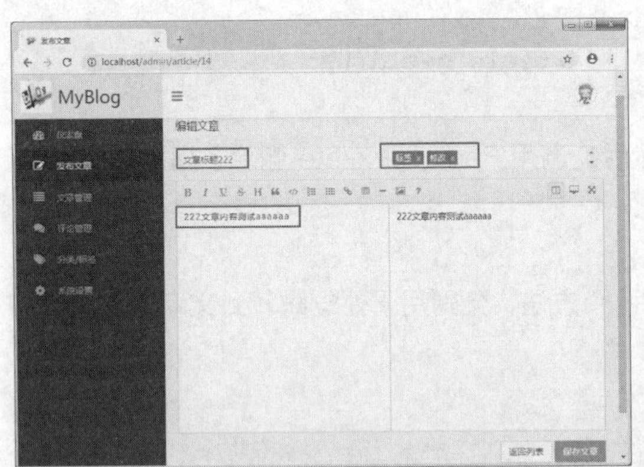

图10-18　文字编辑页面

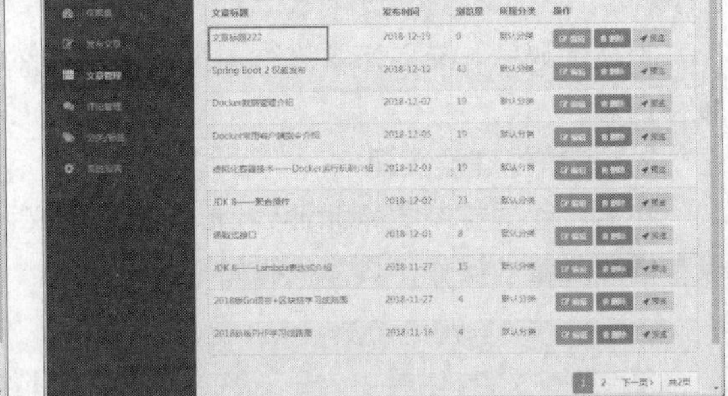

图10-19　修改文章后的文章列表管理页面

从图 10-19 可以看出，文章管理列表显示的是新文章标题，说明成功实现了文章修改功能。此时，查看 Redis 数据库，发现缓存在 Redis 数据库中的原文章数据也被删除了。

10.5.4 文章删除

后台提供了删除文章的功能，下面根据文章删除的需求，实现博客文章的删除功能。

1. 业务处理层实现

（1）编写 Service 层接口方法

在文章业务接口 IArticleService 添加文章删除方法 deleteArticleWithId()，具体代码如下：

```
// 根据主键删除文章
public void deleteArticleWithId(int id);
```

（2）编写 Service 层接口实现类方法

在文章业务层接口实现类 ArticleServiceImpl 中实现 deleteArticleWithId()方法，具体代码如下：

```
@Autowired
private CommentMapper commentMapper;
```

```
// 删除文章
@Override
public void deleteArticleWithId(int id) {
    // 删除文章的同时，删除对应的缓存
    articleMapper.deleteArticleWithId(id);
    redisTemplate.delete("article_" + id);
    // 同时删除对应文章的统计数据
    statisticMapper.deleteStatisticWithId(id);
    // 同时删除对应文章的评论数据
    commentMapper.deleteCommentWithId(id);
}
```

上述代码中，文章的删除操作包括删除 Redis 缓存中的数据、删除文章的统计数据以及删除文章的评论数据。

2. 请求处理层实现

在后台管理控制类 AdminController 中添加处理文章删除的方法，具体代码如下：

```
// 文章删除
@PostMapping(value = "/article/delete")
@ResponseBody
public ArticleResponseData delete(@RequestParam int id) {
    try {
        articleServiceImpl.deleteArticleWithId(id);
        logger.info("文章删除成功");
        return ArticleResponseData.ok();
    } catch (Exception e) {
        logger.error("文章删除失败，错误信息: "+e.getMessage());
        return ArticleResponseData.fail();
    }
}
```

3. 实现前端页面功能

在 article_list.html 文件中处理展示文章列表和删除文章请求的前端页面功能，具体如文件 10-26 所示。

文件 10-26 article_list.html

```
1  <!DOCTYPE html>
2  <head>
3      <meta th:name="_csrf" th:content="${_csrf.token}"/>
4      <!-- 默认的 header name 是 X-CSRF-TOKEN -->
5      <meta th:name="_csrf_header" th:content="${_csrf.headerName}"/>
6  </head>
7  <body class="fixed-left">
8  ...
9      <div class="col-md-12">
10         <table class="table table-striped table-bordered">
11             ...
12             <tbody>
13             <th:block th:each="article : ${articles.list}">
14                 <tr th:id="${article.id}">
```

```
15              <td><a th:href="@{'/admin/article/'
16              +${article.id}}" th:text="${article.title}" /></td>
17                 <td><th:block
18               th:text="${commons.dateFormat(article.created)}"/></td>
19                    <td><th:block th:text="${article.hits}"/></td>
20                    <td><th:block th:text="${article.categories}"/></td>
21                    <td>
22                        <a th:href="@{'/admin/article/'+${article.id}}"
23      class="btn btn-primary btn-sm waves-effect waves-light m-b-5">
24                           <i class="fa fa-edit"></i> <span>编辑</span></a>
25                        <a href="javascript:void(0)"
26                         th:onclick="'delArticle('+${article.id}+');'"
27    class="btn btn-danger btn-sm waves-effect waves-light m-b-5">
28                           <i class="fa fa-trash-o"></i>
29                           <span>删除</span></a>
30             <a class="btn btn-warning btn-sm waves-effect waves-light m-b-5"
31            href="javascript:void(0)">
32            <i class="fa fa-rocket"></i> <span>预览</span></a>
33                    </td>
34                 </tr>
35             </th:block>
36             </tbody>
37          </table>
38          <div th:replace="comm/paging :: pageAdminNav(${articles})"></div>
39 <div th:replace="back/footer :: footer"></div>
40 <script type="text/javascript">
41     function delArticle(id) {
42         // 获取<meta>标签中封装的_csrf 信息
43         var token = $("meta[name='_csrf']").attr("content");
44         var header = $("meta[name='_csrf_header']").attr("content");
45         if(confirm('确定删除该文章吗?')){
46             $.ajax({
47                 type:'post',
48                 url : '/admin/article/delete',
49                 data: {id:id},
50                 dataType: 'json',
51                 beforeSend : function(xhr) {
52                     xhr.setRequestHeader(header, token);
53                 },
54                 success: function (result) {
55                     if (result && result.success) {
56                         window.alert("文章删除成功");
57                         window.location.reload();
58                     } else {
59                         window.alert(result.msg || '文章删除失败')
60                     }
61                 }
62             });
```

```
63          }
64      }
65 </script>
66 </body>
67 </html>
```

文件 10-26 中，前端页面显示的数据主要是通过发送 Ajax 请求获取的，并且在 Ajax 请求中通过携带 CSRF Token 信息验证请求。

4. 效果展示

启动项目，通过浏览器访问“http://localhost/admin/article”，发现需要通过登录才能进入后台。进入后台文章管理页面，删除标题为“文章标题 222”的文章后，会跳转到文章管理列表页面，该页面已经没有刚删除的文章了，如图 10-20 所示。

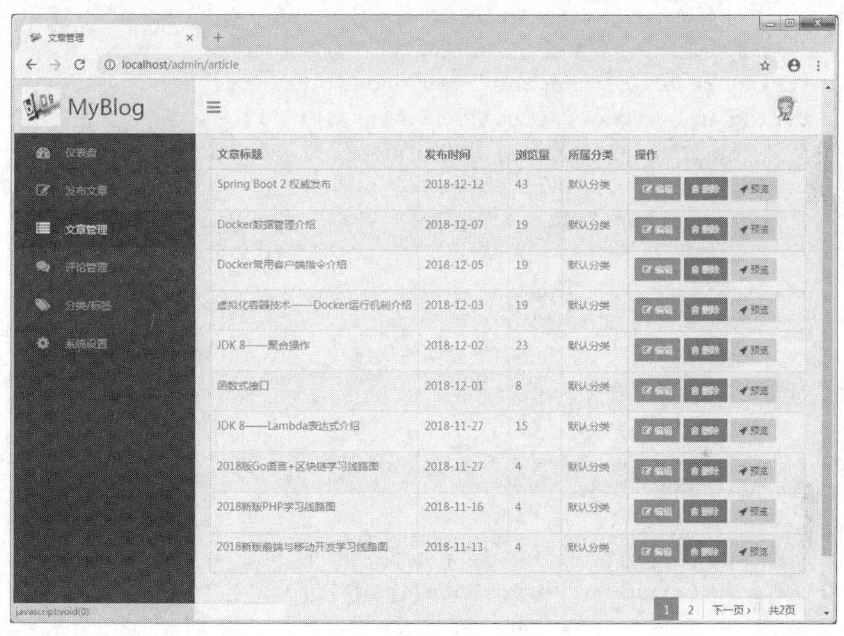

图10-20　删除文章后的文章列表管理页面

需要说明的是，文章成功删除后，之前存储在 Redis 中的文章数据也会被删除。

10.6 用户登录控制

在前面几个功能演示过程中，都需要预先使用 Spring Security 提供的默认登录页面和默认登录用户 user 登录认证后才可以进行页面访问和功能演示。像这种默认安全控制，在实际开发中肯定是不合适的，这就需要参考第 7 章的 Spring Security 讲解的自定义用户认证授权管理。下面我们根据本博客系统项目的功能需求，整合 Spring Security 进行自定义用户登录控制功能的实现。

1. 请求处理层实现

在 com.itheima.web.client 包下创建一个用户登录管理的控制类文件 LoginController，并编写向自定义登录页面跳转的请求控制方法，内容如文件 10-27 所示。

文件 10-27　LoginController.java

```
1  import org.springframework.stereotype.Controller;
2  import org.springframework.web.bind.annotation.GetMapping;
3  import org.springframework.web.bind.annotation.PathVariable;
4  import javax.servlet.http.HttpServletRequest;
5  import java.util.Map;
6  // 用户登录模块
7  @Controller
8  public class LoginController {
9      // 向登录页面跳转，同时封装原始页面地址
10     @GetMapping(value = "/login")
11     public String login(HttpServletRequest request, Map map) {
12         // 分别获取请求头和参数 url 中的原始非拦截的访问路径
13         String referer = request.getHeader("Referer");
14         String url = request.getParameter("url");
15         // 如果参数 url 中已经封装了原始页面路径，直接返回该路径
16         if (url!=null && !url.equals("")){
17             map.put("url",url);
18         // 如果请求头本身包含登录，将重定向 url 为空，让后台通过用户角色进行选择跳转
19         }else if (referer!=null && referer.contains("/login")){
20             map.put("url", "");
21         // 否则的话，就记住请求头中的原始访问路径
22         }else {
23             map.put("url", referer);
24         }
25         return "comm/login";
26     }
27     // 对 Security 拦截的无权限访问异常处理路径映射
28     @GetMapping(value = "/errorPage/{page}/{code}")
29     public String AccessExceptionHandler(@PathVariable("page") String page,
30                                          @PathVariable("code") String code) {
31         return page+"/"+code;
32     }
33 }
```

文件 10-27 中，login(HttpServletRequest request, Map map)方法用于向自定义登录页面“comm/login”跳转。在用户登录请求控制类 LoginController 中，有以下几点需要说明：

（1）用户登录控制类中只有一个向登录页面跳转的请求方法，其他包括登录表单提交、用户退出等请求方法都会在后续的 Spring Security 配置类中统一实现处理。

（2）本项目中向登录页面跳转以及用户退出的请求链接，使用的是 Security 默认的请求路径（登录使用“/login”，退出使用“/logout”）。

（3）在向用户登录页面跳转的请求方法中，获取并封装了请求参数中的 Referer 头信息和 url 参数信息，其根本目的就是判断用户登录前的所在页面地址，在登录后选择性地择优跳转。具体实现逻辑可以参考代码注释。

在用户登录控制类 LoginController 中，使用 AccessExceptionHandler()方法处理 Security 拦截的无权限访问异常。因为在 Security 默认拦截机制下，如果登录用户发送无权限的请求，则会跳转到 Security 默认提供的 403 错误页面，所以这里选择通过 AccessExceptionHandler()方法控制程序跳转到自定义的错误页面。

2. 实现前端页面功能

找到并打开 comm 文件夹下的自定义用户登录页面 login.html 进行自定义用户登录功能的查看和实现，其核心代码如文件 10-28 所示。

文件 10-28　login.html

```
1  <!DOCTYPE html>
2  <html xmlns:th="http://www.thymeleaf.org">
3  <head>
4      <title>登录博客后台</title>
5      ...
6  </head>
7  <body>
8  <div class="log">
9      <div class="am-g">
10       <div class="am-u-lg-3 am-u-md-6 am-u-sm-8 am-u-sm-centered log-content">
11           <h1 class="log-title am-animation-slide-top" style="color: black;"
12                       th:text="#{login.welcomeTitle}">~欢迎登录博客~</h1>
13           <br>
14           <div th:if="${param.error}" style="color: red"
15                   th:text="#{login.error}">用户名或密码错误!</div>
16           <form class="am-form" id="loginForm"
17                   th:action="@{/login}" method="post">
18               <div>
19                   <input type="hidden" name="url" th:value="${url}">
20               </div>
21              <div class="am-input-group am-radius am-animation-slide-left">
22                   <input type="text" class="am-radius"
23                     th:placeholder="#{login.username}" name="username" />
24                   <span class="am-input-group-label log-icon am-radius">
25                       <i class="am-icon-user am-icon-sm am-icon-fw"></i>
26                   </span>
27               </div>
28               <br>
29      <div class="am-input-group am-animation-slide-left log-animation-delay">
30          <input type="password" class="am-form-field am-radius log-input"
31               th:placeholder="#{login.password}" name="password" />
32                   <span class="am-input-group-label log-icon am-radius">
33                       <i class="am-icon-lock am-icon-sm am-icon-fw"></i>
34                   </span>
35               </div>
36               <div style="padding-top: 10px;">
37                   <input type="submit" th:value="#{login.sub}"
```

```
38                class="am-btn am-btn-primary am-btn-block am-btn-lg am-radius
39                         am-animation-slide-bottom log-animation-delay" />
40              </div>
41            </form>
42        </div>
43    </div>
44    ...
45 </div>
46 </body>
47 </html>
```

文件 10-28 中，第 16～41 行代码是用户登录的 form 表单。由于第 17 行代码使用 th:action 和 method 属性指定了请求的路径和方式，因此无须再手动添加 CSRF 防御时进行 CSRF Token 认证的隐藏域。

3. 编写 Security 认证授权配置类

在 com.itheima.web.config 包下创建一个用于整合 Security 进行安全控制的配置类 SecurityConfig，并重写自定义用户认证和授权方法。由于配置文件内容量较大，这里首先重写自定义用户认证方法，内容如文件 10-29 所示。

文件 10-29　SecurityConfig.java

```
1  import org.springframework.beans.factory.annotation.Autowired;
2  import org.springframework.security.config.annotation.authentication.builders.*;
3  import org.springframework.security.config.annotation.web.configuration.*;
4  import org.springframework.security.crypto.bcrypt.BCryptPasswordEncoder;
5  import javax.sql.DataSource;
6  @EnableWebSecurity                    // 开启 MVC security 安全支持
7  public class SecurityConfig extends WebSecurityConfigurerAdapter {
8      @Autowired
9      private DataSource dataSource;
10     // 重写 configure(AuthenticationManagerBuilder auth)方法，进行自定义用户认证
11     @Override
12     protected void configure(AuthenticationManagerBuilder auth) throws Exception {
13         //  密码需要设置编码器
14         BCryptPasswordEncoder encoder = new BCryptPasswordEncoder();
15         //  使用 JDBC 进行身份认证
16         String userSQL ="select username,password,valid from t_user where username = ?";
17         String authoritySQL="select u.username,a.authority from t_user u,t_authority a,"
18                         + "t_user_authority ua where ua.user_id=u.id "
19                         + "and ua.authority_id=a.id and u.username =?";
20         auth.jdbcAuthentication().passwordEncoder(encoder)
21                 .dataSource(dataSource)
22                 .usersByUsernameQuery(userSQL)
23                 .authoritiesByUsernameQuery(authoritySQL);
24     }
25 }
```

文件 10-29 中，使用 JDBC 身份认证的方式实现了自定义用户认证，此时重启项目进行访

问，则只需要输入数据库中已有的用户信息就可以登录认证。

继续在 SecurityConfig 配置类中编写自定义用户授权管理的实现，示例代码如下。

```
@Value("${COOKIE.VALIDITY}")
private Integer COOKIE_VALIDITY;
// 重写configure(HttpSecurity http)方法，进行用户授权管理
@Override
protected void configure(HttpSecurity http) throws Exception {
    // 1.自定义用户访问控制
    http.authorizeRequests()
       .antMatchers("/","/page/**","/article/**","/login").permitAll()
       .antMatchers("/back/**","/assets/**","/user/**","/article_img/**").permitAll()
       .antMatchers("/admin/**").hasRole("admin")
       .anyRequest().authenticated();
    // 2.自定义用户登录控制
    http.formLogin()
       .loginPage("/login")
       .usernameParameter("username").passwordParameter("password")
       .successHandler(new AuthenticationSuccessHandler() {
         @Override
         public void onAuthenticationSuccess(HttpServletRequest httpServletRequest,
         HttpServletResponse httpServletResponse, Authentication authentication)
         throws IOException, ServletException {
               String url = httpServletRequest.getParameter("url");
               // 获取被拦截登录的原始访问路径
               RequestCache requestCache = new HttpSessionRequestCache();
               SavedRequest savedRequest =
               requestCache.getRequest(httpServletRequest,http ServletResponse);
               if(savedRequest !=null){
                 // 如果存在原始拦截路径，登录成功后重定向到原始访问路径
                 httpServletResponse.sendRedirect(savedRequest.getRedirectUrl());
               } else if(url != null && !url.equals("")){
                 // 跳转到之前所在页面
                 URL fullURL = new URL(url);
                 httpServletResponse.sendRedirect(fullURL.getPath());
               }else {
                 // 直接登录的用户，根据用户角色分别重定向到后台首页和前台首页
                 Collection<? extends GrantedAuthority> authorities =
                                                   authentication.getAuthorities();
                 boolean isAdmin = authorities.contains(
                                   new SimpleGrantedAuthority("ROLE_admin"));
                 if(isAdmin){
                   httpServletResponse.sendRedirect("/admin");
                 }else {
                   httpServletResponse.sendRedirect("/");
                 }
              }
```

```
            }
        })
        // 用户登录失败处理
        .failureHandler(new AuthenticationFailureHandler() {
            @Override
            public void onAuthenticationFailure(HttpServletRequest httpServlet
            httpServletRequest, HttpServletResponse httpServletResponse,
            AuthenticationException e) throws IOException, ServletException {
                // 登录失败后，取出原始页面 url 并追加在重定向路径上
                String url = httpServletRequest.getParameter("url");
                httpServletResponse.sendRedirect("/login?error&url="+url);
            }
        });
    // 3.设置用户登录后 Cookie 有效期，默认值
    http.rememberMe().alwaysRemember(true).tokenValiditySeconds(COOKIE_VALIDITY);
    // 4.自定义用户退出控制
    http.logout().logoutUrl("/logout").logoutSuccessUrl("/");
    // 5.针对访问无权限页面出现的 403 页面进行定制处理
    http.exceptionHandling().accessDeniedHandler(new AccessDeniedHandler() {
        @Override
        public void handle(HttpServletRequest httpServletRequest,
                HttpServletResponse httpServletResponse, AccessDeniedException e)
                                throws IOException, ServletException {
            // 如果是权限访问异常，则进行拦截到指定错误页面
            RequestDispatcher dispatcher =
              httpServletRequest.getRequestDispatcher("/errorPage/comm/error_403");
            dispatcher.forward(httpServletRequest, httpServletResponse);
        }
    });
}
```

上述代码中，自定义用户授权管理主要包括以下几个方面。

（1）通过 http.authorizeRequests()开启基于 HttpServletRequest 请求访问的限制。其中，permitAll()方法用于放行请求，hasRole()方法用于将任何以“/admin”开头的请求限制用户具有“admin”角色；.anyRequest().authenticated()用于指定其他未声明的请求访问，必须经过授权认证才可以访问。

（2）通过 http.formLogin()处理用户登录请求。

（3）开启“记住我”功能，并设置 Cookie 的有效期，该 Cookie 存放的是登录用户的信息。

（4）通过 http.logout()指定用户安全退出跳转页面。

（5）针对登录用户无权限的访问，默认情况下,Security 会抛出 AccessDeniedException 异常并跳转到 403 错误页面，导致项目无法正常运行。为了避免出现这种情况，这里使用 accessDeniedHandler()方法定义了出现 403 错误时跳转的自定义页面。

4．效果展示

启动项目，通过浏览器访问博客首页，如图 10-21 所示。

图10-21　自定义用户登录控制后的博客首页

10.7 定时邮件发送

为了更好的统计博客流量，我们在博客系统中加入邮件定时任务，定期以邮件形式，将博客的访问量和评论量数据发送给博主。

1. 邮件发送工具类实现

邮件发送可以根据实现情况，选择发送简单邮件、发送带附件的邮件以及发送模板邮件，这里要实现的功能较为简单，所以只需要创建一个邮件发送工具类，并实现简单邮件发送方法即可。在 com.itheima.utils 包下创建一个用于邮件发送服务的工具类 MailUtils，并编写一个发送简单邮件的方法，内容如文件 10-30 所示。

文件 10-30　MailUtils.java

```
1  import org.springframework.beans.factory.annotation.Autowired;
2  import org.springframework.beans.factory.annotation.Value;
3  import org.springframework.mail.SimpleMailMessage;
4  import org.springframework.mail.javamail.JavaMailSenderImpl;
5  import org.springframework.stereotype.Component;
6  // 邮件发送工具类
7  @Component
8  public class MailUtils {
9      @Autowired
10     private JavaMailSenderImpl mailSender;
11     @Value("${spring.mail.username}")
12     private String mailfrom;
13     // 发送简单邮件
```

```
14     public void sendSimpleEmail(String mailto, String title, String content) {
15         //  定制邮件发送内容
16         SimpleMailMessage message = new SimpleMailMessage();
17         message.setFrom(mailfrom);
18         message.setTo(mailto);
19         message.setSubject(title);
20         message.setText(content);
21         // 发送邮件
22         mailSender.send(message);
23     }
24 }
```

文件 10-30 中，sendSimpleEmail()方法用于发送简单邮件，需要接收发送地址、邮件标题和邮件内容，使用 JavaMailSenderImpl 实例的 send(SimpleMailMessage simpleMessage)方法直接对简单邮件进行发送。

需要说明的是，在邮件发送时，需要对邮件服务器所在主机、端口号、用户认证信息等进行配置，而这个配置程序在之前的系统环境搭建时已经引入了 application-mail.properties 邮件服务配置文件，并对相关邮件属性进行了配置。

2. 邮件定时发送调度实现

编写完邮件发送服务后，为了实现定时调度管理，还需要编写一个定时任务管理类，调用邮件发送任务。在 com.itheima.web 包下新建一个 scheduletask 包，在该包中创建一个定时任务管理类 ScheduleTask，并编写一个方法调用邮件工具类实现定时邮件发送任务，内容如文件 10-31 所示。

文件 10-31 ScheduleTask.java

```
1  import com.itheima.dao.StatisticMapper;
2  import com.itheima.utils.MailUtils;
3  import org.springframework.beans.factory.annotation.Autowired;
4  import org.springframework.beans.factory.annotation.Value;
5  import org.springframework.scheduling.annotation.Scheduled;
6  import org.springframework.stereotype.Component;
7  // 定时任务管理
8  @Component
9  public class ScheduleTask {
10     @Autowired
11     private StatisticMapper statisticMapper;
12     @Autowired
13     private MailUtils mailUtils;
14     @Value("${spring.mail.username}")
15     private String mailto;
16     // 定时邮件发送任务，每月 1 日中午 12 点整发送邮件
17     @Scheduled(cron = "0 0 12 1 * ?")
18     public void sendEmail(){
19         //  定制邮件内容
20         long totalvisit = statisticMapper.getTotalVisit();
21         long totalComment = statisticMapper.getTotalComment();
```

```
22          StringBuffer content = new StringBuffer();
23          content.append("博客系统总访问量为: "+totalvisit+"人次").append("\n");
24          content.append("博客系统总评论量为: "+totalComment+"人次").append("\n");
25          mailUtils.sendSimpleEmail(mailto,
26                  "个人博客系统流量统计情况",content. toString());
27      }
28 }
```

文件 10-31 中，编写了定时调度方法 sendEmail()，并通过“@Scheduled(cron = "0 0 12 1 * ?")”注解指定了在每月 1 日中午 12 点调用邮件发送任务发送邮件。

3. 开启基于注解的定时任务

在项目启动类上使用@EnableScheduling 注解开启基于注解的定时任务支持，示例代码如下。

```
@EnableScheduling                          // 开启定时任务注解功能支持
@SpringBootApplication
public class BlogSystemApplication {
    ...
}
```

4. 效果展示

为了方便测试邮件的定时发送功能，建议读者将测试邮箱设置为自己的可用邮箱，将@Scheduled(cron = "0 0 12 1 * ?")配置修改为@Scheduled(cron = "0 */3 * * * ? ")，表示每隔 3 分钟执行一次调度任务。图 10-22 展示的是作者测试邮箱的邮件信息。

从图 10-22 可以看出，测试邮箱每隔 3 分钟会发送一次定时邮件，我们可以打开其中任意一封邮件，查看博客系统的流量数据。

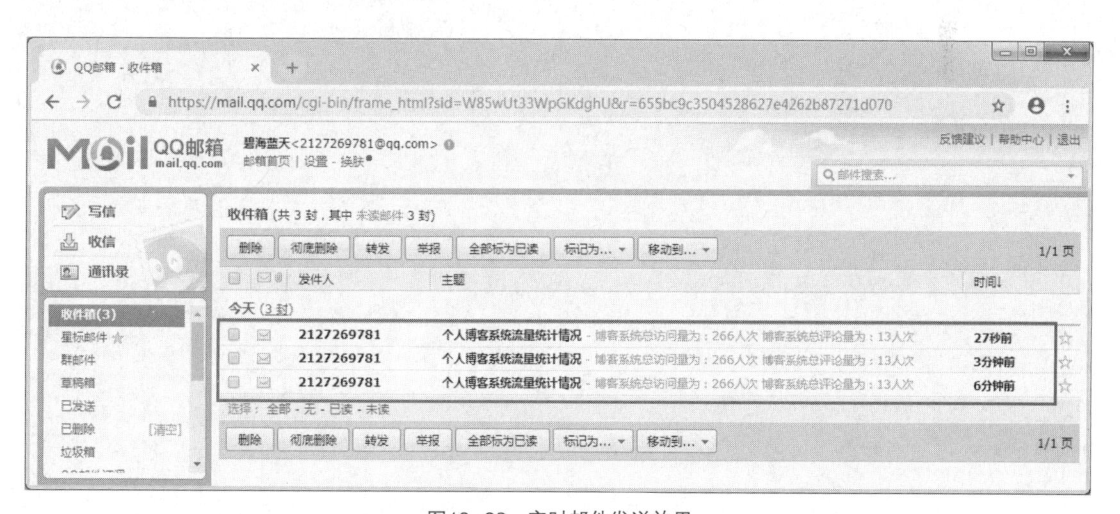

图10-22 定时邮件发送效果

至此完成了一个简单的个人博客系统。鉴于教材篇幅有限，我们做开发的个人博客系统还有很多功能需要完善，例如，用户注册、文章搜索、后台评论管理等，希望大家能够运用所学的技术，对个人博客系统进行完善。

10.8 本章小结

本章主要围绕 Spring Boot 框架，整合相关技术实现了一个简单的个人博客系统。通过本章的学习，读者可以更加熟悉项目系统的架构设计和相关组织结构，同时能够掌握 Spring Boot 项目的环境搭建方法，最重要的是能够学会 Spring Boot 框架整合其他技术进行业务的开发实现。在本章项目学习过程中，读者务必要理解并掌握相关配置文件的编写，同时要注意动手实践体验 Spring Boot 综合项目的开发流程。